新型职业农民培育工程规划教材

XINXING ZHIYE NONGMIN PEIYU GONGCHENG GUIHUA JIAOCAI

# 测土配方施肥技术及应用

杨首乐　李　平　黎　涛　主编

中国农业出版社

# 内容简介

　　本书主要介绍了测土配方施肥技术的理论基础、肥料效应田间试验与基本情况调查、土壤与作物样品的采集与测试、肥料配方设计、作物专用配方肥料施用、测土配方施肥技术总结与评估等内容，并重点介绍了测土配方施肥技术在主要粮食作物、经济作物、果树、蔬菜等 37 种作物上的应用。希望改变农民的传统施肥观念，为其科学合理地施肥提供参考，也为现代农业的可持续发展做出相应的贡献。

　　本书采用培训模块的模式进行编写，具有针对性强、实用价值高、适宜操作等特点。可作为生产经营型职业农民与农业技术人员的培训教材，也可供各级农业技术推广部门、肥料生产企业、土壤肥料科研教学部门的科技人员、肥料生产和经销人员、农业种植户阅读和使用参考。

## 编写人员

主　编　杨首乐　李　平　黎　涛
副主编　张海芝　宋志平　张耀民　赵　伟
　　　　周　朋　岳艳萍
参　编　徐进玉　刘轶群　张凤美　刘恩艳
　　　　陈　梦　师　博　李　源　刘　伟
　　　　姚易根　陈　丽

党中央、国务院十分重视测土配方施肥工作，早在 2005 年中央 1 号文件就明确提出："推广测土配方施肥，推行有机肥综合利用与无害化处理，引导农民多施农家肥，增加土壤有机质。"自 2005 年下半年农业部与财政部联合开展了"测土配方施肥试点补贴资金项目"，用于各县推广测土配方施肥技术工作。目前全国已累计推广测土配方施肥技术 11 亿亩*以上。2015 年，农业部制定了《到 2020 年化肥使用量零增长行动方案》，力争到 2020 年，主要农作物化肥使用量实现零增长，力求做到：优化施肥结构，改进施肥方式，稳步提高肥料利用率。

同时，为贯彻落实中央的战略部署，为各地培育新型职业农民提供基础保障——高质量培训教材，按照"科教兴农、人才强农、新型职业农民固农"的战略要求，开展新型职业农民教育培训，提高新型职业农民的综合素质、生产技能和经营能力，是加快现代农业发展，保障国家粮食安全，持续增加农民收入，建设社会主义新农村的重要举措。

基于以上现状，我们编写了《测土配方施肥技术及应用》一书，旨在将测土配方施肥技术推广与农业部化肥零增长行动方案结合起来。本书主要介绍了测土配方施肥技术的理论基础、肥料效应田间试验与基本情况调查、土壤与作物样品的采集与测试、肥料配方设

---

\* 亩为非法定计量单位，1 亩≈667 米²。——编者注

计、作物专用配方肥料施用、测土配方施肥技术总结与评估等技术内容，并重点介绍了测土配方施肥技术在主要粮食作物（冬小麦、春小麦、优质小麦、单季稻、双季稻、夏玉米、春玉米、夏大豆、春大豆、马铃薯等）、经济作物（华北棉花、长江流域棉花、西北内陆棉花、花生、冬油菜、春油菜、烟草、茶树等）、果树（苹果、梨、桃、葡萄、柑橘、荔枝、西瓜等）、蔬菜（大白菜、结球甘蓝、番茄、辣椒、芹菜、莴苣、黄瓜、西葫芦、萝卜、豇豆等）等 37 种作物上的应用。希望改变农民的传统施肥观念，为他们科学合理地施肥提供参考，为现代农业的可持续发展做出相应的贡献。

本书由杨首乐、李平、黎涛担任主编，张海芝、宋志平等担任副主编，参与本书编写的人员还有徐进玉、刘轶群等。全书由杨首乐统稿。本书在编写过程中得到了中国农业出版社、河南农业职业学院、周口市农业科学院、河南省尉氏县农业技术推广中心、河南省舞钢市农业技术推广中心、河南省杞县农业局及众多农业及肥料企业等单位领导和有关人员的大力支持，在此表示感谢。本书在编写过程中参考引用了许多文献资料，在此谨向其作者表示谢意。

由于编者水平有限，书中难免存在疏漏和错误之处，敬请专家、同行和广大读者批评指正。

编　者
2016 年 1 月

前言

**模块一　测土配方施肥技术理论基础** ·················· 1

　　任务一　我国测土配方施肥技术工作取得成效 ·············· 1
　　任务二　推广测土配方施肥技术的意义及作用 ·············· 3
　　任务三　测土配方施肥技术的指导思想与目标 ·············· 5
　　任务四　测土配方施肥技术的基本理论 ················· 6
　　任务五　测土配方施肥技术的基本内容 ················· 11

**模块二　肥料效应田间试验与基本情况调查** ············· 14

　　任务一　大田作物肥料效应田间试验 ·················· 14
　　任务二　蔬菜肥料田间试验 ······················ 20
　　任务三　果树肥料田间试验 ······················ 24
　　任务四　肥料利用率田间试验 ····················· 28
　　任务五　田间基本情况调查 ······················ 31

**模块三　土壤与作物样品的采集与测试** ··············· 34

　　任务一　土壤样品采集 ························· 34
　　任务二　土壤样品制备 ························· 37
　　任务三　植物样品的采集与制备 ···················· 38
　　任务四　土壤与植株样品的测试 ···················· 41

**模块四　肥料配方设计** ······················ 48

　　任务一　基于田块的肥料配方设计 ··················· 48
　　任务二　县域施肥分区与肥料配方设计 ················· 55

**模块五 作物专用配方肥料施用** ·················· 58

  任务一 常用化学肥料的种类与特性 ·················· 58

  任务二 常用有机肥料的种类与特性 ·················· 66

  任务三 生物肥料的种类与特性 ·················· 79

  任务四 新型复混肥料的种类与特性 ·················· 85

  任务五 主要作物专用肥配方推荐 ·················· 88

  任务六 作物专用肥的合理施用 ·················· 101

**模块六 测土配方施肥技术总结与评估** ·················· 105

  任务一 测土配方施肥技术示范与效果评价 ·················· 105

  任务二 测土配方施肥技术的培训 ·················· 111

  任务三 测土配方施肥技术项目效果评估 ·················· 113

**模块七 主要粮食作物测土配方施肥技术** ·················· 117

  任务一 冬小麦测土配方施肥技术 ·················· 117

  任务二 优质小麦测土配方施肥技术 ·················· 126

  任务三 春小麦测土配方施肥技术 ·················· 129

  任务四 单季稻测土配方施肥技术 ·················· 131

  任务五 双季稻测土配方施肥技术 ·················· 134

  任务六 夏玉米测土配方施肥技术 ·················· 142

  任务七 春玉米测土配方施肥技术 ·················· 152

  任务八 春大豆测土配方施肥技术 ·················· 155

  任务九 夏大豆测土配方施肥技术 ·················· 159

  任务十 马铃薯测土配方施肥技术 ·················· 161

**模块八 主要经济作物测土配方施肥技术** ·················· 166

  任务一 华北棉花测土配方施肥技术 ·················· 166

  任务二 长江流域棉花测土配方施肥技术 ·················· 170

  任务三 西北内陆棉花测土配方施肥技术 ·················· 171

  任务四 花生测土配方施肥技术 ·················· 176

  任务五 长江流域冬油菜测土配方施肥技术 ·················· 179

  任务六 北方春油菜测土配方施肥技术 ·················· 182

  任务七 烟草测土配方施肥技术 ·················· 184

任务八　茶树测土配方施肥技术 …………………………………… 187

**模块九　主要果树测土配方施肥技术** …………………………… 191

任务一　苹果测土配方施肥技术 …………………………………… 191

任务二　梨树测土配方施肥技术 …………………………………… 196

任务三　桃树测土配方施肥技术 …………………………………… 199

任务四　葡萄测土配方施肥技术 …………………………………… 204

任务五　柑橘测土配方施肥技术 …………………………………… 207

任务六　荔枝测土配方施肥技术 …………………………………… 211

任务七　香蕉测土配方施肥技术 …………………………………… 213

任务八　菠萝测土配方施肥技术 …………………………………… 216

任务九　西瓜测土配方施肥技术 …………………………………… 218

**模块十　主要蔬菜测土配方施肥技术** …………………………… 221

任务一　白菜测土配方施肥技术 …………………………………… 221

任务二　结球甘蓝测土配方施肥技术 ……………………………… 223

任务三　番茄测土配方施肥技术 …………………………………… 225

任务四　辣椒测土配方施肥技术 …………………………………… 228

任务五　芹菜测土配方施肥技术 …………………………………… 232

任务六　莴苣测土配方施肥技术 …………………………………… 234

任务七　黄瓜测土配方施肥技术 …………………………………… 236

任务八　西葫芦测土配方施肥技术 ………………………………… 239

任务九　萝卜测土配方施肥技术 …………………………………… 242

任务十　豇豆测土配方施肥技术 …………………………………… 244

**参考文献** …………………………………………………………… 247

# 模块一

# 测土配方施肥技术理论基础

随着人民生活水平的提高，农产品安全已成为保障人们生命安全的重要日程。耕地是生产农产品的基础，肥料是作物的"粮食"，合理施肥，特别是测土配方施肥是提高土壤肥力和保证农产品质量安全的最有效措施之一。

## 任务一　我国测土配方施肥技术工作取得成效

### 一、我国测土配方施肥技术的发展

1979 年开始，历时 10 年的全国第二次土壤普查为我国测土配方施肥工作奠定了大规模的人力、物力和技术基础。这次普查在全国范围内建立起了县级土壤肥料分析化验室，配备了相应的技术人员和分析化验人员，按统一规定面积采集土壤样品并进行分析，获得了上亿个化验数据，为土壤改良和科学施肥工作提供了宝贵的技术资料。

1992 年 6 月，联合国开发计划署与农业部签订了平衡施肥项目合作协议，在河北省唐山市、黑龙江省双城市、陕西省宝鸡市、江苏省盐城市、浙江省金华市、湖南省邵阳市、四川省泸县 7 个主要农作物带开展平衡施肥技术试验、示范和推广。该项目共在 33 个土壤类型上完成田间试验 651 个，获得数据 15 414 个。同时开展多点、多种形式的示范推广工作，设立对比示范田块 2 696 块，示范面积达到 59.9 公顷，为指导当地科学施肥起到了重要作用，也为目前我国测土配方施肥技术的应用与推广提供了理论和实践依据，基本形成了"测土—配方—生产—供肥—技术指导"全方位一条龙服务体系。

20 世纪 90 年代后期，由于缺乏推广力度和资金支持，测土配方施肥技术推广进度缓慢，应用不够广泛，按照习惯施肥的农民比例仍然很高，施肥过量和施肥不足各占 1/3，只有 1/3 的农户在施肥时基本控制在合理范围内。因此出现了作物产量徘徊不前、肥料浪费严重、经济效益下降和环境污染严重等问题。

在测土配方施肥技术推广的同时，土壤肥料管理体系和监测体系也初步建立，土壤监测工作已持续了 19 年，共有连续 3 年以上的国家级土壤监测点 157 个，分布在全国 17 个省（直辖市、自治区）、95 个县的 16 个土类上，带动建立省级土壤监测点 4 000 多个，地、县级监测点 20 000 多个，初步形成了国家、省级两层监测体系的雏型，为掌握和了解我国耕地质量的动态变化情况、指导我国耕地培肥及施肥工作起到了重要作用。

2004 年 12 月 31 日《中共中央国务院关于进一步加强农村工作提高农业综合生产能力若干政策的意见》（2005 年中央 1 号文件）提出：中央和省级财政要较大幅度增加农业综合开发投入，新增资金主要安排在粮食主产区集中用于中低产田改造，建设高标准基本农田。搞好"沃土工程"建设，增加投入，加大土壤肥力调查和监测工作力度，尽快建立全国耕地质量动态监测和预警系统，为农民科学种田提供指导和服务。改革传统耕作方法，发展保护性耕作。推广测土配方施肥，推行有机肥综合利用与无害化处理，引导农民多施农家肥，增加土壤有机质。

为贯彻落实 2005 年中央 1 号文件有关推广测土配方施肥的精神，农业部分别于春秋两季召开了全国测土配方施肥春季行动和秋季行动卫星视频动员大会。下发了《关于开展测土配方施肥春季行动的紧急通知》，制订了《测土配方施肥春季行动方案》和《测土配方施肥秋季行动方案》。测土配方施肥行动受到社会的广泛关注。各地积极响应，行动迅速，通过广泛宣传发动，创办示范样板，不仅促进了农民施肥观念的转变，而且形成了一些推广测土配方施肥技术的好模式，实现了测土配方施肥行动的主要目标。在测土配方施肥行动过程中，全国共建立测土配方施肥示范县 1 200 多个，示范面积 8 000 万亩，带动面积 2.5 亿亩。进村入户技术服务 30 多万人次，培训农民 6 000 多万人，发放施肥建议卡 8 800 万份，每亩增收节支 25 元。仅春季行动中就测试土壤样品 34.2 万个，为农民免费速测土样 31.9 万个，布置田间肥效试验 2 659 个。初步摸清了实施区的土壤养分含量，为当前和今后测土配方施肥技术的推广打下了基础。

在测土配方施肥春季行动的基础上，2005 年下半年农业部与财政部联合开展了"测土配方施肥试点补贴资金项目"，在全国选择 200 个县开展测土配方施肥试点工作。通过财政专项支持测土、配方、配肥等重点环节，实现每个项目县平均实施测土配方施肥面积达 40 万亩，其中配方肥施面积 20 万亩以上。项目区农户测土配方施肥建议卡入户率达到 95% 以上，培训乡镇、村组和示范农户 5 000 人次以上，为 5 万户农民提供免费测土配方施肥技术服务。通过项目的实施，减少不合理施肥 240 多万吨（实物量），提高了肥料利用率，平均每亩增收节支 25 元以上。

## 二、测土配方施肥技术推广中存在的技术问题

测土配方施肥技术是一项公认的、经实践证明了的节本增效技术。应大力普及应用。但是经调查发现，实施测土配方施肥工作中仍存在一些问题，并严重影响到测土配方施肥技术的推广应用。在这些问题中，除了对测土配方施肥不了解和认识不足外，主要还存在以下技术上的问题。

**1. 化肥用量与施用效果的关系问题**　近 20 年来，土地化肥用量增长了 80%，而作物产量只提高了 10% 左右，化肥用量的增加与作物产量的提高极不相称。在农业生产实际中，大多数农民仍认为化肥用的多，产量就高、收入就多。而目前的实际情况是化肥投入大了，效益却很低，甚至是亏本。

**2. 化肥与有机肥的关系问题**　目前，作物施肥已由往日的以有机肥为主，改为以化肥为主，有机肥亩用量只有 1 吨左右。在施肥上，绝大多数农民图省事，注重化肥的施用，忽视了有机肥的施用。直接导致耕地土壤肥力下降，土壤生态环境破坏，土壤理化性状变差，最终影响了作物产量的提高和农产品质量安全。

**3. 大量元素与微量元素的关系**　作物生长发育所必需的营养元素至少有 16 种，其中氮、磷、钾需求量很大，而铜、铁、锰、锌、硼、钼、氯等需求量很少，称为微量元素。在农业施肥上，绝大部分农民重视大量元素的施用，而忽视了微量元素的施用。即使有部分农民认识到微量元素的重要性，也施用缺乏的微量元素，但施用时不科学、不合理，应用效果不理想，致使有些作物在大量元素十分充足的情况下，其产量却逐年下降。

**4. 测土配方施肥技术推广应用阶段性与长期性的关系问题**　测土配方施肥技术是一项长期的、动态的技术措施。调查中发现，大多数农民误认为测土配方施肥技术应用一两年就行了，以后再不用进行，这种认识是错误的，其实测土配方施肥技术不是固定的和一成不变的，它是随着作物产量的提高、土壤肥力的变化及其他生产条件的改变而不断更新和完善的一项技术。

# 任务二　推广测土配方施肥技术的意义及作用

## 一、测土配方施肥技术的意义

**1. 测土配方施肥技术是推进科技兴农工作的需要**　2005 年，中央 1 号文件提出要"推广测土配方施肥，推行有机肥综合利用与无害化处理，引导农民多施用农家肥，增加土壤有机质"。2005 年开始，农业部在全国组织开展了测土配方施肥行动，并与财政部联合开展了"测土配方施肥试点补贴资金项目"，

大大推动了测土配方施肥技术在全国的广泛开展,全国已累计推广测土配方施肥技术 11 亿亩以上。

**2. 测土配方施肥技术是实现农业发展方式转变、粮食增产、农业增效与农民增收的需要**  近一二十年来,我国越来越多农民转移到高附加值的设施经济作物及名优特农产品的种植上来,导致化肥用量日益增加,有机肥施用量急剧减少,结果造成了土壤板结、结构变差;土壤微生物功能下降、土壤生态系统脆弱;耕地的生产能力和抵御自然灾害能力严重下降,从而影响了农产品数量和质量安全,影响了农业效益和农民收入的提高,而且严重影响了生态环境。而实践证明,实行测土配方施肥技术,对于提高果树、蔬菜、粮食单产,降低生产成本、保证农产品稳定增产和农民持续增收具有重要现实意义;对于提高肥料利用率、减少肥料浪费、保护农业生态环境、保证农产品质量安全、实现农业可持续发展具有深远的历史意义。

**3. 测土配方施肥技术是保护生态环境,促进农业可持续发展的需要**  土肥是农业的基础,直接关系到农业的可持续发展。目前,我国年化肥用量已经达到 5 000 多万吨,占世界化肥总用量的 30% 以上,但利用率仅为 35% 左右,远低于发达国家水平,浪费资源的同时还造成环境污染。无论是为了提高农业生产能力,促进农业节本增效、农民节支增收,还是为了从源头上解决食品安全问题,减少面源污染、保证生态安全,都亟需加强土肥科技的创新支持,转变农业发展方式,发展低碳、生态、高效、循环农业。测土配方施肥技术的应用推广正是其中的关键所在。

## 二、测土配方施肥技术的作用

目前农村农家肥施用过少,而盲目施用化肥和过量施肥现象较为严重,不仅造成了肥料资源的严重浪费,使农业生产成本增加,而且影响农产品品质,污染环境。开展测土配方施肥有利于推进农业节本增效,促进耕地质量建设,促进农作技术的发展,是贯彻落实科学发展观、维护农民切身利益的具体体现,是促进粮食稳定增产、农民持续增收、生态环境不断改善的重大举措。

**1. 测土配方施肥技术是提高作物单产、保障粮食安全的客观要求**  提高作物产量离不开土、肥、水、种四大要素。肥料在农业生产中的作用是不可或缺的,对农业产量的贡献约 40%。人增地减的基本国情使得提高单位耕地面积产量成为必由之路,合理施肥能大幅度地提高作物产量;在测土配方的基础上合理施肥,促进农作物对养分的吸收,可提高作物亩产 5%～20% 或更高。

**2. 测土配方施肥技术是降低生产成本、促进节本增效的重要途径**  在测土配方施肥条件下,由于肥料品种、配比、施肥量是根据土壤供肥状况和作物需肥特点确定的，因此既可以保持土壤均衡供肥，还可以提高化肥利用率，降低化肥使用量，节约成本。实践证明，通过合理施肥，农业生产平均每亩可节约纯氮 3～5 千克，亩节本增效可达 20 元以上。

**3. 测土配方施肥技术是减少肥料流失、保护生态环境的需要** 盲目施肥、过量施肥，不仅易造成农业生产成本增加，还会减少肥料利用率，带来严重的环境污染。在测土配方施肥条件下，作物生长健壮，抗逆性增强，减少农药施用量，可降低化肥、农药对农产品及环境的污染。目前，农民盲目偏施或过量施用氮肥的现象严重，氮肥大量流失，对水体营养和大气臭氧层的破坏十分严重。推行测土配方施肥技术是保护生态环境、促进农业可持续发展的必由之路。

**4. 测土配方施肥技术是提高农产品质量、增强农业竞争力的重要环节** 滥用化肥会使农产品质量降低，导致"瓜不甜、果不香、菜无味"。通过科学施肥，能克服过量施肥造成的徒长现象，减少作物倒伏，增强抗病虫害能力，从而减少农药施用量，降低农产品中农药残留的风险。同时，由于增加了钾等品质元素，可改善西瓜的甜度，防止棉花红叶茎枯病等。施肥方式不仅决定了农作物产量的高低，同时也决定了农产品品质的优劣。通过测土配方施肥技术，可实现合理用肥，科学施肥，从而改善农作物品质。

**5. 测土配方施肥技术是不断培肥地力、提高耕地产出能力的重要措施** 测土配方施肥技术是耕地质量建设的重要内容，通过有机与无机相结合，用地与养地相结合，做到缺素补素能改良土壤，最大限度地发挥耕地的增产潜力。农业生产中，施肥不合理主要表现在不施有机肥或少施有机肥，偏施、滥施氮肥，养分失衡，土壤结构受破坏，土壤肥力下降。测土配方施肥，能明白土壤中到底缺少什么养分，根据需要配方施肥，才能使土壤缺失的养分及时得到补充，从而维持土壤养分平衡，改善土壤理化性状。

**6. 测土配方施肥技术是节约能源消耗、建设节约型社会的重大行动** 化肥是资源依赖型产品，化肥生产需消耗大量的天然气、煤、石油、电力和有限的矿物资源。节省化肥生产性支出对于缓解能源的紧张矛盾具有十分重要的意义，节约化肥就是节约资源。

# 任务三 测土配方施肥技术的指导思想与目标

## 一、测土配方施肥技术的指导思想

坚持以科学发展观为指导，以服务三农为出发点和落脚点，以减少化肥不合理施用、提高技术入户率、到位率和覆盖率为目标，按照"测、配、产、供、施"的技术路线，坚持"统筹规划，分类指导，突出重点，分级负责，稳步推进"的原则，通过夯实基础工作，典型示范带动，加强培训指导，推进企业参与，强化配肥站建设，创新工作机制等措施，推进测土配方施肥技术进村入户到田，实行以农户地块为单元，测土、配肥，逐步达到测土配方肥料统配、统供专业化社会服务。全面深入推广测土配方施肥技术，着力提升广大农民科学施肥的水平。

## 二、测土配方施肥技术的目标

测土配方施肥技术不同于一般的项目或工程，是一项长期性、规范性、科学性、示范性和应用性都很强的农业科学技术，直接关系到作物稳定增产、农民稳步增收、生态环境不断改善的一项日常性工作。有效全面实施测土配方施肥技术，可达到 5 个目标。

**1. 节肥增产**  在合理施用有机肥料的前提下，不增加化肥投入量，调整养分配比平衡供应，使作物单产在原有基础上能最大限度地发挥其增产潜能。

**2. 减肥优质**  通过对农田土壤有效养分的测试，在掌握土壤供肥状况、减少化肥投入量的前提下，科学调控作物营养的均衡供应，有效降低农产品中的有害物质含量，以使作物在产品品质上得到明显改善。

**3. 配肥高效**  在准确掌握农田土壤供肥特性、作物需肥规律和肥料利用率的基础上合理设计养分配比，提高肥料利用率，降低生产成本，提高产投比，明显增加施肥效益。

**4. 生态环保**  实施测土配方施肥技术可有效控制化肥的投入量，减少肥料的面源污染，降低水源富营养化，投入与产出相平衡。要使作物—土壤—肥料形成物质和能量的良性循环，从而达到养分供应和作物需求的时空一致性，是协调作物高产和生态环保的有效措施。

**5. 培肥改土**  即通过有机肥和化肥配合施用，实现耕地用养平衡，在逐年提高设施作物单产的同时，使土壤肥力得到不断提高，达到培肥土壤、提高耕地综合生产能力的目标。

# 任务四  测土配方施肥技术的基本理论

## 一、测土配方施肥技术的基本术语

**1. 测土配方施肥**  测土配方施肥是以土壤测试和肥料田间试验为基础，根据作物需肥规律、土壤供肥性能和肥料效应，在合理施用有机肥料的基础上，提出氮、磷、钾及中、微量元素等肥料的施用品种、数量、施肥时期和施用方法的施肥技术。

**2. 配方肥料**　以土壤测试、肥料田间试验为基础，根据作物需肥规律、土壤供肥性能和肥料效应，用各种单质肥料和（或）复混肥料为原料，配制成的适合于特定区域、特定作物品种的肥料。

**3. 肥料效应**　肥料效应是肥料对作物产量或品质的作用效果，通常以肥料单位养分的施用量所能获得的作物增产量和效益表示。

**4. 施肥量**　施于单位面积耕地或单位质量生长介质中的肥料或养分的质量或体积。

**5. 常规施肥**　也称习惯施肥，指当地有代表性的农户前三年平均施肥量（主要指氮、磷、钾肥）、施肥品种、施肥方法和施肥时期。可通过农户调查确定。

**6. 空白对照**　无肥处理，用于确定肥料效应的绝对值，评价土壤自然生产力和计算肥料利用率等。

**7. 优化施肥**　指针对当地（一定区域）的土壤肥力水平、作物需肥特点、肥料利用效率和相关配套栽培技术而建立的作物高产高效或优质适产施肥种类、时期、数量、比例和方法。

**8. 地力**　是指在当前管理水平下，由土壤本身特性、自然背景条件和农田基础设施等要素综合构成的耕地生产能力。

**9. 耕地地力评价**　耕地地力评价是对耕地生态环境优劣、农作物种植适宜性、耕地潜在生物生产力高低进行评价。

**10. 肥料利用率**　是指肥料中被作物吸收的养分占所施肥料养分总量的百分率。

## 二、测土配方施肥技术的理论基础

测土配方施肥技术是一项科学性很强的综合施肥技术，涉及作物、土壤、肥料和环境条件，因此，继承一般施肥理论的同时又有新的发展。其理论依据主要有养分归还学说、最小养分律、报酬递减率、因子综合作用律、必需营养元素同等重要律和不可代替律、作物营养关键期等。

**1. 养分归还学说**　养分归还学说认为作物从土壤中吸收养分，每次收获必从土壤中带走某些养分，使土壤养分减少，土壤贫化，要维持地力和作物产量，就要归还作物带走的养分。用发展的观点看，主动补充从土壤中带走的养分，对恢复地力、保证作物持续增产有重要意义。但也不是要归还从土壤中取走的全部养分，有重点地向土壤归还必要的养分就可以了。

**2. 最小养分律**　最小养分律认为作物产量受土壤中相对含量最小的养分

所控制，作物产量的高低则随最小养分补充量的多少而变化。作物为了生长发育需要吸收各种养分，但是决定产量的却是土壤中那个相对含量最小的养分因素，产量也在一定限度内随着这个因素的增减而相对地变化，如果无视这个限制因素的存在，即使继续增加其他营养成分也难以再提高作物产量。但最小养分不是指土壤中绝对养分含量最小的养分；最小养分是限制作物生长发育和提高产量的关键，因此，在施肥时，必须首先补充这种养分；最小养分不是固定不变的，而是随条件变化而变化的。当土壤中某种最小养分增加到能够满足作物需要时，这种养分就不再是最小养分了，另一种元素又会成为新的最小养分。我国 20 世纪 60 年代，土壤中的氮、磷是最小养分；20 世纪 70 年代北方部分地区土壤中出现钾或微量元素为最小养分。

**3. 报酬递减律** 报酬递减律实际上是一个经济学定律。该定律的一般表述是从一定土壤上所得到的报酬随着向该土地投入的劳动资本量的增大而有所增加，但报酬的增加却在逐渐减小，亦即最初的劳力和投资所得到的报酬最高，以后递增的单位投资和劳力所得到的报酬是渐次递减的。

科学试验进一步证明，当施肥量（特别是氮）超过一定量时，作物产量与施肥量之间的关系就不再是曲线模式，而呈抛物线模式。报酬递减律是以其他技术条件不变（相对稳定）为前提，反映了投入（施肥）与产出（产量）之间具有报酬递减的关系。在推荐施肥中，重视施肥技术的改进，在提高施肥水平的前提下，力争发挥肥料最大的增产作用，以获得较高的经济效益。

**4. 因子综合作用律** 因子综合作用律的中心意思为作物产量是水分、养分、光照、温度、空气、品种以及耕作条件、栽培措施等因子综合作用的结果，但其中必有一个起主导作用的限制因子，产量在一定程度上受该因子的制约。为了充分发挥肥料的增产作用和提高肥料的经济效益，一方面，施肥措施必须与其他农业技术措施密切配合；另一方面，各种养分之间的配合施用，能使养分平衡供应。因此，在制订施肥方案时，应利用因子之间的相互作用效应，其中包括养分之间以及施肥与生产技术措施（如灌溉、良种、防治病虫害等）之间的相互作用效应是提高农业生产水平的一项有效措施，也是经济合理施肥的重要原理之一。

**5. 营养元素同等重要和不可代替律** 大量试验证实，各种必需营养元素对于作物所起的作用是同等重要的，它们各自所起的作用，不能被其他元素所代替。这是因为每一种元素在作物新陈代谢的过程中都各有独特的功能和生化作用。例如，棉花缺氮时，叶片失绿，缺铁时，叶片也失绿。氮是叶绿素的主要成分，而铁不是叶绿素的成分，但铁对叶绿素的形成同样是必需的元素。没有氮不能形成叶绿素，没有铁同样不能形成叶绿素。所以说铁和氮对作物营养来说都是同等重要的。

**6. 作物营养关键期**　作物在不同的生育时期，对养分吸收的数量是不同的，而有两个时期，如能及时满足作物对养分的要求，则能显著提高作物产量和改善产品品质。这两个时期是作物营养的临界期和作物营养最大效率期，即作物营养的关键时期。

（1）作物营养临界期。在作物生长发育过程中，某一时期虽对某种养分要求的绝对量不多，但要求迫切，不可缺少。如果此时缺少这种养分，就会明显影响作物的生长与发育，即使以后再多补施该种养分，也很难弥补由此而造成的损失。这个时期被称为作物营养的临界期。不同作物、不同营养元素的临界营养期是不同的。如棉花磷素营养临界期在二、三叶期，油菜在五叶期以前；棉花氮素营养临界期是现蕾初期；钾素营养临界期累积资料很少。

（2）作物营养最大效率期。在作物的生长发育过程中，有一个时期作物对养分的需要量最多，吸收速率最快；产生的肥效最大，增产效率最高，这一时期就是作物营养的最大效率期，也称强度营养期。不同作物的最大效率期是不同的，如棉花的氮、磷最大效率期在盛花始铃期。

## 三、测土配方施肥技术的基本原则

推广测土配方施肥技术在遵循养分归还学说、最小养分律、报酬递减律、因子综合作用律、必需营养元素同等重要律和不可代替律、作物营养关键期等基本原理的基础上，还需要掌握以下基本原则。

**1. 氮、磷、钾相配合**　氮、磷、钾相配合是测土配方施肥技术的重要内容。随着产量的不断提高，在土壤高强度消耗养分的情况下，必须强调氮、磷、钾相互配合，并补充必要的微量元素，才能获得高产稳产。

**2. 有机与无机相结合**　实施测土配方施肥技术必须以有机肥料施用为基础。增施有机肥料可以增加土壤有机质含量，改善土壤的理化性状，提高土壤保水保肥能力，增强土壤微生物的活性，促进化肥利用率的提高。因此，必须坚持多种形式的有机肥料投入，培肥地力，实现农业的可持续发展。

**3. 大量、中量、微量元素配合**　各种营养元素的配合是测土配方施肥技术的重要内容，随着产量的不断提高，在耕地高度集约利用的情况下，必须进一步强调氮、磷、钾肥的相互配合，并补充必要的中量、微量元素，才能获得高产稳产。

**4. 用地与养地相结合，投入与产出相平衡**　要使作物—土壤—肥料形成物质和能量的良性循环，必须坚持用养结合，使投入产出相平衡，维持或提高土壤肥力，增强农业可持续发展能力。

## 四、测土配方施肥技术的基本方法

我国测土配方施肥技术的方法归纳为三大类 6 种：第一类，地力分区（级）配方法；第二类，目标产量配方法，其中包括养分平衡法和地力差减法；第三类，田间试验配方法，其中包括养分丰缺指标法、肥料效应函数法和氮、磷、钾比例法。在确定施肥量的方法中以养分丰缺指标法、养分平衡法和肥料效应函数法应用较为广泛。

**1. 地力分区（级）配方法** 地力分区（级）配方法是指根据土壤肥力高低将田块分成若干等级或划出一个肥力相对均等的田块，作为一个配方区，利用土壤普查资料和肥料田间试验成果，结合群众的实践经验估算出这一配方区内比较适用的肥料种类及施用量。

**2. 目标产量配方法** 包括养分平衡法和地力差减法。

（1）养分平衡法。是以实现作物目标产量所需养分量与土壤供应养分量的差额作为施肥的依据，以达到养分收支平衡的目的。

$$肥料用量=\frac{目标产量所需养分总量-土壤养分测定值\times0.15\times校正系数}{肥料中养分含量\times肥料当季利用率}$$

（2）地力差减法。目标产量减去地力产量，就是施肥后增加的产量，肥料需要量可按下列公式计算：

$$肥料需要量=\frac{作物单位产量养分吸收量\times（目标产量-空白田产量）}{肥料中所含养分\times肥料当季利用率}$$

**3. 田间试验配方法** 包括养分丰缺指标法、肥料效应函数法和氮、磷、钾比例法。

（1）肥料效应函数法。肥料效应函数法是以田间试验为基础，采用先进的回归设计，将不同处理得到的产量和相应的施肥量进行数理统计，以求得在供试条件下作物产量与施肥量之间的数量关系，即肥料效应函数或称肥料效应方程式。从肥料效应方程式中不仅可以直观地看出不同肥料的增产效应和两种肥料配合施用的交互效应，而且还可以通过其计算出最大施肥量和最佳施肥量，作为配方施肥决策的重要依据。

（2）养分丰缺指标法。在一定区域范围内，土壤速效养分的含量与作物吸收养分的数量之间有良好的相关性，利用这种关系可以把土壤养分的测定值按照一定的级差划分养分丰缺等级，提出每个等级的施肥量。

（3）氮、磷、钾比例法。通过田间试验可确定不同地区、不同作物、不同地力水平和产量水平下氮、磷、钾三要素的最适用量，并计算三者比例。实际应用时，只要确定其中一种养分用量，然后按照比例就可确定其他养分的用量。

# 任务五　测土配方施肥技术的基本内容

测土配方施肥技术包括"测土、配方、配肥、供应、施肥指导"5个核心环节和"野外调查、田间试验、土壤测试、配方设计、校正试验、配方加工、示范推广、宣传培训、数据库建设、效果评价、技术创新"等11项重点内容。

## 一、测土配方施肥技术的核心环节

**1. 测土**　在广泛的资料收集整理、深入的野外调查和典型农户调查、掌握耕地的立地条件、土壤理化性质与施肥管理水平的基础上，按确定的取样单元及取样农户地块，采集有代表的土样1个；对采集的土样进行有机质、全氮、水解氮、有效磷、缓效钾、速效钾及中、微量元素等养分的化验，为制订配方和田间肥料试验提供基础数据。

**2. 配方**　以开展田间肥料小区试验，摸清土壤养分校正系数、土壤供肥量、作物需肥规律和肥料利用率等基本参数，建立不同施肥分区主要作物的氮、磷、钾肥料效应模式和施肥指标体系为基础，再由专家分区域、分作物，根据土壤养分测试数据、作物需肥规律、土壤供肥特点和肥料效应等在合理配施有机肥的基础上，制订氮、磷、钾及中、微量元素等肥料配方。

**3. 配肥**　依据施肥配方，以各种单质或复混肥料为原料，配制配方肥料。目前，在推广上有两种模式：一是农民根据配方建议卡自行购买各种肥料配合施用；二是由配肥企业按配方加工肥料，农民直接购买施用。

**4. 供应**　测土配方施肥技术最具活力的供肥模式是通过肥料招投标，以市场化运作、工厂化生产和网络化经营将优质配方肥料供应到户、到田。

**5. 施肥**　制订、发放测土配方施肥建议卡到户或供应配方肥到点，并建立测土配方施肥示范区，通过树立样板田的形式来展示测土配方施肥技术效果，引导农民应用测土配方施肥技术。

## 二、测土配方施肥技术的重点内容

**1. 野外调查**　资料收集整理与野外定点采样调查相结合，典型农户调查与随机抽样调查相结合，通过广泛深入的野外调查和取样地块农户调查，掌握耕地地理位置、自然环境、土壤状况、生产条件、农户施肥情况以及耕作制度等基本信息，以便有的放矢地开展测土配方施肥技术工作。

**2. 田间试验**　田间试验是获得各种经济作物最佳施肥量、施肥时期、施肥方法的根本途径，也是筛选、验证土壤养分测试技术、建立施肥指标体系的基本环节。通过田间试验掌握各个施肥单元不同作物的优化施肥量，基、追肥分配比例，施肥时期和施肥方法；摸清土壤养分校正系数、土壤供肥量、农作物需肥参数和肥料利用率等基本参数；构建作物施肥模型，为施肥分区和肥料配方依据。

**3. 土壤测试** 土壤测试是肥料配方的重要依据之一，随着我国种植业结构的不断调整，高产作物品种不断涌现，施肥结构和数量发生了很大的变化，土壤养分库也发生了明显改变。通过开展土壤氮、磷、钾及中、微量元素养分测试，可了解土壤供肥能力状况。

**4. 配方设计** 肥料配方设计是测土配方施肥的核心。通过总结田间试验、土壤养分数据等划分不同区域施肥分区；同时，根据气候、地貌、土壤、耕作制度等的相似性和差异性，结合专家经验，提出不同作物的施肥配方。

**5. 校正试验** 为保证肥料配方的准确性，最大限度地减少配方肥料批量生产和大面积应用的风险，应在每个施肥分区单元设置配方施肥、农户习惯施肥、空白施肥 3 个处理，以当地主要经济作物及其主栽品种为研究对象，对比配方施肥的增产效果，校验施肥参数，验证并完善肥料施用配方，改进测土配方施肥技术参数。

**6. 配方加工** 配方落实到农户田间是提高和普及测土配方施肥技术的最关键环节。目前不同地区有不同的模式，其中最主要的也是最具有市场前景的运作模式就是市场化运作、工厂化加工、网络化经营。这种模式适应我国农村农民科技水平低、土地经营规模小、技物分离的现状。

**7. 示范推广** 为促进测土配方施肥技术落实到田间地头，既要解决测土配方施肥技术市场化运作的难题，又要让广大农民亲眼看到实际效果，这是限制测土配方施肥技术推广的瓶颈。建立测土配方施肥示范区，为农民创建窗口，树立样板，全面展示测土配方施肥技术效果。将测土配方施肥技术物化成产品，打破技术推广"最后一公里"的坚冰。

**8. 宣传培训** 测土配方施肥技术宣传培训是提高农民科学施肥意识、普及技术的重要手段。农民是测土配方施肥技术的最终使用者，有关部门需要向农民传授科学的施肥方法和模式；同时还要加强对各级技术人员、肥料生产企业、肥料经销商的系统培训，逐步建立技术人员和肥料经销持证上岗制度。

**9. 数据库建设** 运用计算机技术、地理信息系统和全球卫星定位系统，按照规范化测土配方施肥数据字典，以野外调查、农户施肥状况调查、田间试验和分析化验数据为基础，时时整理历年土壤肥料田间试验和土壤监测的数据资料，建立不同层次、不同区域的测土配方施肥数据库。

**10. 效果评价** 农民是测土配方施肥技术的最终执行者和落实者，也是最终受益者。检验测土配方施肥的实际效果，需及时获得农民的反馈信息，不断完善管理体系、技术体系和服务体系。同时，为了科学地评价测土配方施肥的实际效果，必须对一定的区域进行动态调查。

**11. 技术创新**　技术创新是保证测土配方施肥工作长效性的科技支撑。应重点开展田间试验方法、土壤养分测试技术、肥料配制方法、数据处理方法等方面的创新研究工作，不断提升测土配方施肥技术水平。

# 2 模块二

## 肥料效应田间试验与基本情况调查

肥料效应田间试验主要包括大田作物肥料效应田间试验、蔬菜和果树作物田间试验。

## 任务一 大田作物肥料效应田间试验

### 一、试验目的

肥料效应田间试验是获得各种作物最佳施肥品种、施肥比例、施肥数量、施肥时期、施肥方法的根本途径，也是筛选、验证土壤养分测试方法、建立施肥指标体系的基本环节。通过田间试验，以期掌握各个施肥单元不同作物的优化施肥数量，基、追肥分配比例，施肥时期和施肥方法；摸清土壤养分校正系数、土壤供肥能力、不同作物养分吸收量和肥料利用率等基本参数；构建作物施肥模型，为施肥分区和肥料配方设计提供依据。

### 二、试验设计

肥料效应田间试验设计，取决于试验目的。对于一般大田作物施肥量研究，推荐采用"3414"方案设计，在具体实施过程中可根据研究目的选用"3414"完全实施方案、部分实施方案或其他试验方案。

**1. "3414"完全实施方案** "3414"方案设计吸收了回归最优设计处理少、效率高的优点，是目前应用较为广泛的肥料效应田间试验方案（表 2-1）。"3414"是指氮、磷、钾 3 个因素、4 个水平、14 个处理。4 个水平的含义：0 水平指不施肥，2 水平指当地推荐施肥量，1 水平（施肥不足）＝2 水平×0.5，3 水平（过量施肥）＝2 水平×1.5。如果需要研究有机肥料和中、微量元素肥料效应，可在此基础上增加处理。

该方案可用 14 个处理进行氮、磷、钾三元二次效应方程拟合，还可分别进行氮、磷、钾中任意二元或一元效应方程拟合。

表 2-1 "3414"试验方案处理（推荐方案）

| 试验编号 | 处理 | N | P | K |
|---|---|---|---|---|
| 1 | $N_0P_0K_0$ | 0 | 0 | 0 |
| 2 | $N_0P_2K_2$ | 0 | 2 | 2 |
| 3 | $N_1P_2K_2$ | 1 | 2 | 2 |
| 4 | $N_2P_0K_2$ | 2 | 0 | 2 |
| 5 | $N_2P_1K_2$ | 2 | 1 | 2 |
| 6 | $N_2P_2K_2$ | 2 | 2 | 2 |
| 7 | $N_2P_3K_2$ | 2 | 3 | 2 |
| 8 | $N_2P_2K_0$ | 2 | 2 | 0 |
| 9 | $N_2P_2K_1$ | 2 | 2 | 1 |
| 10 | $N_2P_2K_3$ | 2 | 2 | 3 |
| 11 | $N_3P_2K_2$ | 3 | 2 | 2 |
| 12 | $N_1P_1K_2$ | 1 | 1 | 2 |
| 13 | $N_1P_2K_1$ | 1 | 2 | 1 |
| 14 | $N_2P_1K_1$ | 2 | 1 | 1 |

　　例如：进行氮、磷二元效应方程拟合时，可选用处理 2～7、11、12，求得在以 $K_2$ 水平基础上的氮、磷二元二次效应方程；选用处理 2、3、6、11 可求得以 $P_2K_2$ 水平为基础的氮肥效应方程；选用处理 4、5、6、7 可求得在 $N_2K_2$ 水平为基础的磷肥效应方程；选用处理 6、8、9、10 可求得以 $N_2P_2$ 水平为基础的钾肥效应方程。此外，通过处理 1，可以获得基础地力产量，即空白区产量。

　　其具体操作参照有关试验设计与统计技术资料。

　　**2. "3414"部分实施方案** 试验氮、磷、钾某一个或两个养分的效应，或因其他原因无法实施"3414"完全实施方案时可在"3414"方案中选择相关处理，即"3414"的部分实施方案。这样既保持了测土配方施肥田间试验总体设计的完整性，又考虑到不同区域土壤养分的特点和不同试验目的要求，满足不同层次的需要。如有些区域重点要试验氮、磷效果，可在 $K_2$ 做肥底的基础上进行氮、磷二元肥料效应试验，但应设置 3 次重复。具体处理及其与 "3414" 方案处理编号对应列于表 2-2。

表 2-2  氮、磷二元二次肥料试验设计与 "3414" 方案处理编号对应

| 处理编号 | "3414" 方案处理编号 | 处理 | N | P | K |
|---|---|---|---|---|---|
| 1 | 1 | $N_0P_0K_0$ | 0 | 0 | 0 |
| 2 | 2 | $N_0P_2K_2$ | 0 | 2 | 2 |
| 3 | 3 | $N_1P_2K_2$ | 1 | 2 | 2 |
| 4 | 4 | $N_2P_0K_2$ | 2 | 0 | 2 |
| 5 | 5 | $N_2P_1K_2$ | 2 | 1 | 2 |
| 6 | 6 | $N_2P_2K_2$ | 2 | 2 | 2 |
| 7 | 7 | $N_2P_3K_2$ | 2 | 3 | 2 |
| 8 | 11 | $N_3P_2K_2$ | 3 | 2 | 2 |
| 9 | 12 | $N_1P_1K_2$ | 1 | 1 | 2 |

上述方案也可分别建立氮、磷一元效应方程。

在肥料试验中，为了取得土壤养分供应量、作物吸收养分量、土壤养分丰缺指标等参数，一般把试验设计为 5 个处理：空白对照（CK）、无氮区（PK）、无磷区（NK）、无钾区（NP）和氮、磷、钾区（NPK）。这 5 个处理分别是 "3414" 完全实施方案中的处理 1、2、4、8 和 6（表 2-3）。如要获得有机肥料的效应，可增加有机肥处理区（M）；试验某种中（微）量元素的效应，在 NPK 基础上，进行加与不加该中（微）量元素处理的比较。试验要求测试土壤养分和植株养分含量，进行考种和计产。试验设计中，氮、磷、钾、有机肥等用量应接近肥料效应函数计算的最高产量施肥量或用其他方法推荐的合理用量。

表 2-3  常规 5 处理试验设计与 "3414" 方案处理编号对应

| 处理编号 | "3414" 方案处理编号 | 处理 | N | P | K |
|---|---|---|---|---|---|
| 空白对照 | 1 | $N_0P_0K_0$ | 0 | 0 | 0 |
| 无氮区 | 2 | $N_0P_2K_2$ | 0 | 2 | 2 |

（续）

| 处理编号 | "3414"方案处理编号 | 处理 | N | P | K |
|---|---|---|---|---|---|
| 无磷区 | 4 | $N_2P_0K_2$ | 2 | 0 | 2 |
| 无钾区 | 8 | $N_2P_2K_0$ | 2 | 2 | 0 |
| 氮磷钾区 | 6 | $N_2P_2K_2$ | 2 | 2 | 2 |

**3. 其他试验方案**　各地可以结合几年来的"3414"试验结果，布置单因素多水平高产高效肥料运筹试验，为农业高产高效提供科学施肥配方。对于丘陵山区、黄土高原区可根据当地自然生态条件和技术推广水平，进行肥料梯度试验、配比试验、肥料运筹试验和施肥方法试验及相应的验证试验。

## 三、试验实施

**1. 试验地选择**　试验地应选择平坦、整齐、肥力均匀，具有代表性的不同肥力水平的地块；坡地应选择坡度平缓、肥力差异较小的田块；试验地应避开道路、堆肥场所及院、林遮阴阳光不充足等特殊地块。同一田块不能连续布置试验。

**2. 试验作物品种选择**　本规范中大田作物是指大田中种植的粮食、油菜、棉花、大豆等作物，田间试验应选择当地主栽的大田作物品种或拟推广品种。

**3. 试验准备**　整地、设置保护行、试验地区划；小区应单灌单排，避免串灌串排；试验前采集土壤样品；依测试项目不同分别制备新鲜或风干土样。

**4. 试验重复与小区排列**　为保证试验精度，减少人为因素、土壤肥力和气候因素的影响，田间试验一般设 3～4 个重复（或区组）。采用随机区组排列，区组内土壤、地形等条件应相对一致，区组间允许有差异。同一生长季、同一作物、同类试验在 10 个以上时可采用多点无重复设计。

小区面积：大田作物小区面积一般为 20～50 米²，密植作物可小些，中耕作物可大些。小区宽度：密植作物不小于 3 米，中耕作物不小于 4 米。

**5. 试验记载与测试**　参照肥料效应鉴定田间试验技术规程（NY/T 497—2002）执行，试验前采集基础土样进行测定，收获期采集植株样品进行考种和生物与经济产量测定。必要时进行植株分析，每个县每种作物应按高、中、低肥力分别取不少于 1 组 3414 试验中 1、2、4、8、6 处理的植株样品；有条件的地区应采集 3414 试验中所有处理的植株样品。

测土配方施肥田间试验结果汇总表见表 2-4。

## 表2-4 测土配方施肥____（作物名）田间试验结果汇总

编号：____

地点：____省____地市____县____（乡村农户地块名），邮编：____；东经____度____分____秒，北纬____度____分____秒；海拔____米

土名：____土类____亚类____土属____土种；地下水位通常____米 最高____米最低____米；灌溉能力____；耕层厚度____厘米

土体构型：____；地形部位及农田建设：____；侵蚀程度____；障碍因素____；代表面积____亩；肥力等级____；取土时期____年____月____日

土壤测试结果*

| 取样层次(厘米) | 有机质(克/千克) | 全氮(克/千克) | 碱解氮(毫克/千克) | 全磷(克/千克) | 有效磷(毫克/千克) | 全钾(克/千克) | 缓效钾(毫克/千克) | 速效钾(毫克/千克) | 交换量(厘摩/千克) | 碳酸钙(克/千克) | pH | 国际制质地 | 容重(克/厘米³) | 土壤结构 | 有效微量元素(毫克/千克) Fe | Mn | Cu | Zn | B | Mo | 其他(毫克/千克) Ca | Mg | S | Si |
|---|---|---|---|---|---|---|---|---|---|---|---|---|---|---|---|---|---|---|---|---|---|---|---|---|
| 0—____ | | | | | | | | | | | | | | | | | | | | | | | | |
| ____ | | | | | | | | | | | | | | | | | | | | | | | | |

二、试验目的、原理和方法：

三、供试作物品种、名称及特征描述（田间生长期：____年____月____日至____年____月____日）

三、田间操作、天气及灾害情况

| 日期(月、日) | | | 合计 | 生长季降水量(毫米) | 日期 | | | 合计 | 年降水总量 |
|---|---|---|---|---|---|---|---|---|---|
| 灌溉(米³/亩) | | | | | | | | | |
| 其他 | | | | | | | | 无霜期 | |
| 农事活动及灾害 | 活动 | | | | 生长季 | | | | ≥10℃积温 ℃ |
| | 现象 | | | | 全年 | | | | ℃ |

（续）

四、试验设计与结果

| 处理 序号 | 1 | 2 | 3 | 4 | 5 | 6 | 7 | 8 | 9 | 10 | 11 | 12 | 13 | 14 | 15 | 16 | 17 | 18 |
|---|---|---|---|---|---|---|---|---|---|---|---|---|---|---|---|---|---|---|
| 代码 | $N_0P_0K_0$ | $N_0P_2K_2$ | $N_1P_2K_2$ | $N_2P_0K_2$ | $N_2P_1K_2$ | $N_2P_2K_2$ | $N_2P_3K_2$ | $N_2P_2K_0$ | $N_2P_2K_1$ | $N_2P_2K_3$ | $N_3P_2K_2$ | $N_1P_1K_2$ | $N_1P_2K_1$ | $N_2P_1K_1$ | | | | |
| 重复Ⅰ | | | | | | | | | | | | | | | | | | |
| 重复Ⅱ | | | | | | | | | | | | | | | | | | |
| 苗产（千克） 重复Ⅲ | | | | | | | | | | | | | | | | | | |

注：1. 处理序号须与方案中的编号一致。
2. 本次试验是否代表常年情况：
3. 前季作物：名称：　　产量：
4. 试验2水平处理的施肥量（千克/亩）：N:　　$P_2O_5$:　　$K_2O$:
施肥量（千克/亩）：N:　　$P_2O_5$:　　$K_2O$:　　其他（注明元素及用量）：　　是否代表常年：

填报单位：　　邮编：　　电话：　　传真：　　联系人：　　填报时间：

＊土壤测试需注明具体测试方法（测试方法参照本规范），养分以单质表示。

## 四、试验统计分析

常规试验和回归试验的统计分析方法参见肥料效应鉴定田间试验技术规程或其他专业书籍。

# 任务二　蔬菜肥料田间试验

## 一、试验设计目的

蔬菜肥料田间试验设计推荐"2＋X"方法，分为基础施肥和动态优化施肥试验两部分，"2"是指各地均应进行的以常规施肥和优化施肥 2 个处理为基础的对比施肥试验研究，其中常规施肥是当地大多数农户在蔬菜生产中习惯采用的施肥技术，优化施肥则为当地近期获得的蔬菜高产高效或优质适产施肥技术；"X"是指针对不同地区、不同种类蔬菜可能存在一些对生产和养分高效有较大影响的未知因子而不断进行的修正优化施肥处理动态研究试验，未知因子包括不同种类蔬菜养分吸收规律、施肥量、施肥时期、养分配比、中微量元素等。为了进一步阐明各个因子的作用特点，可有针对性地进一步安排试验，目的是为确定施肥方法及数量、验证土壤和植物养分测试指标等提供依据，X的研究成果也将为进一步修正和完善优化施肥技术提供参考，最终形成新的测土配方施肥（集成优化施肥）技术，有利于在田间大面积应用和示范推广。

## 二、基础施肥试验设计

基础施肥试验取"2＋X"中的"2"为试验处理数。

（1）常规施肥，蔬菜的施肥种类、数量、时期、方法和栽培管理措施均按照当地大多数农户的生产习惯进行。

（2）优化施肥，即蔬菜的高产高效或优质适产施肥技术，可以是科技部门的研究成果，也可为科技种菜能手采用并经土壤肥料专家认可的优化施肥技术方案作为试验处理。

基础施肥试验是生产应用性试验，可将小区面积适当增大，不设置重复。

## 三、"X"动态优化施肥试验设计

"X"表示根据试验地区的土壤条件、蔬菜种类及品种、适产优质等内容确定急需优化的技术内容方案，旨在不断完善优化处理。"X"动态优化施肥试验可与基础施肥试验的两个处理在同一试验条件下进行，也可单独布置试验。"X"动态优化施肥试验需要设置 3～4 次重复，必须进行长期定位试验研究，至少有 3 年以上的试验结果。

"X"主要针对氮肥优化管理，包括 5 个方面的试验设计，分别如下。$X_1$：氮肥总量控制试验；$X_2$：氮肥分期调控试验；$X_3$：有机肥当量试验；$X_4$：肥水优化管理试验；$X_5$：蔬菜生长和营养规律研究试验。"X"处理中涉及有机肥、磷钾肥的用量、施肥时期等应接近优化管理。除有机肥当量试验外，其他试验中，有机肥根据各地实际情况选择施用或者不施（各处理保持一致），如果施用，则应该选用当地有代表性的有机肥种类；磷钾根据土壤磷钾测试值和目标产量确定施用量，根据作物养分规律确定施肥时期。各地根据实际情况，选择设置相应的"X"试验；如果认为磷或钾肥为限制因子，可根据需要将磷钾单独设置几个处理。

**1. 氮肥总量控制试验**（$X_1$）　为了不断优化蔬菜氮肥适宜用量，设置氮肥总量控制试验，包括 3 个处理。

① 优化施氮量。

② 70％的优化施氮量。

③ 130％的优化施氮量。

其中优化施氮量根据蔬菜目标产量、养分吸收特点和土壤养分状况确定，磷钾肥施用以及其他管理措施一致。各处理详见表 2-5。

表 2-5　蔬菜氮肥总量控制试验方案

| 试验编号 | 试验内容 | 处理 | N | P | K |
|---|---|---|---|---|---|
| 1 | 无氮区 | $N_0P_2K_2$ | 0 | 2 | 2 |
| 2 | 70％的优化氮区 | $N_1P_2K_2$ | 1 | 2 | 2 |
| 3 | 优化氮区 | $N_2P_2K_2$ | 2 | 2 | 2 |
| 4 | 130％的优化氮区 | $N_3P_2K_2$ | 3 | 2 | 2 |

注：0：不施该种养分；1：适合于当地生产条件下推荐值的 70％；2：适合于当地生产条件下的推荐值；3：该水平为过量施肥水平，为 2 水平氮肥适宜推荐量的 1.3 倍。

**2. 氮肥分期调控试验**（$X_2$）　蔬菜作物在施肥上需要考虑肥料分次施用，遵循"少量多次"原则。为了优化氮肥分配，达到以更少的施肥次数，获得更好的效益（养分利用效率，产量等）的目的，在优化施肥量的基础上设置如下 3 个处理。

① 农民习惯施肥。

② 考虑基追比（3:7）分次优化施肥，根据蔬菜营养规律分次施用。

③ 氮肥全部用于追肥，按蔬菜营养规律分次施用。

各地根据蔬菜种类，依据氮素营养需求规律和氮素营养关键需求时期以及灌溉管理措施来确定优化追肥次数。一般情况下，推荐追肥次数见表2-6，如果生育期发生很大变化，根据实际情况增加或减少追肥次数。每次推荐氮肥（N）量控制在2~7千克/亩。

表2-6 不同蔬菜及栽培灌溉模式下推荐追肥次数

| 蔬菜种类 | 栽培方式 | | 追肥次数 | |
| --- | --- | --- | --- | --- |
| | | | 畦灌 | 滴灌 |
| 叶菜类 | 露地 | | 2~4 | 5~8 |
| | 设施 | | 3~4 | 6~9 |
| 果类蔬菜 | 露地 | | 5~6 | 8~10 |
| | 设施 | 一年两茬 | 5~8 | 8~12 |
| | | 一年一茬 | 10~12 | 15~18 |

**3. 有机肥当量试验**（$X_3$） 目前在蔬菜生产中，特别是设施蔬菜生产中，有机肥的施用很普遍。按照有机肥的养分供应特点，养分有效性与化肥进行当量研究。试验设置6个处理（表2-7），分别为有机氮和化学氮的不同配比，所有处理的磷、钾养分投入一致，其中有机肥选用当地有代表性并完全腐熟的种类。

表2-7 有机肥当量试验方案处理

| 试验编号 | 处理 | 有机肥提供氮占总氮投入量比例 | 化肥提供氮占总氮投入量比例 | 肥料施用方式 |
| --- | --- | --- | --- | --- |
| 1 | 空白 | — | — | — |
| 2 | $M_1N_0$ | 1 | 0 | 有机肥基施 |
| 3 | $M_1N_2$ | 1/3 | 2/3 | 有机肥基施、化肥追施 |
| 4 | $M_1N_1$ | 1/2 | 1/2 | 有机肥基施、化肥追施 |
| 5 | $M_2N_1$ | 2/3 | 1/3 | 有机肥基施、化肥追施 |
| 6 | $M_0N_1$ | 0 | 1 | 化肥追施 |

注：其中有机肥提供的氮量以总氮计算。

**4. 肥水优化管理试验**（$X_4$） 蔬菜作物在施肥上需要考虑与灌溉结合。为不断优化蔬菜肥水总量控制和分期调控模式，明确优化灌溉前提下的肥水调控技术应用效果，提出适用于当地的肥水优化管理技术模式，设置肥水优化管理试验，试验设置3个处理。

　　① 农民传统肥水管理（常规灌溉模式，如沟灌或漫灌，习惯灌溉施肥管理）。

　　② 优化肥水模式（在常规灌溉模式如沟灌或漫灌下，依据作物水分需求规律调控节水灌溉量）。

　　③ 新技术应用（滴灌模式，依据作物水分需求规律调控灌溉量）。其中处理2和处理3施肥按照不同灌溉模式的优化推荐用量，氮素采用总量控制、分期调控，磷钾采用恒量监控或丰缺指标法确定。

　　**5. 蔬菜生长和营养规律研究试验**（$X_5$）　根据蔬菜生长和营养规律特点，采用氮肥量级试验设计，包括4个处理（表2-8），其中有机肥根据各地情况选择施用或者不施，但是4个处理应保持一致。有机肥、磷钾肥用量应接近推荐的合理用量。在蔬菜生长期间，分阶段采样，进行植株养分测定（表2-9）。

**表2-8　蔬菜氮肥量级试验方案处理**

| 试验编号 | 处理 | M | N | P | K |
|---|---|---|---|---|---|
| 1 | $MN_0P_2K_2 / N_0P_2K_2$ | +／- | 0 | 2 | 2 |
| 2 | $MN_1P_2K_2 / N_1P_2K_2$ | +／- | 1 | 2 | 2 |
| 3 | $MN_2P_2K_2 / N_2P_2K_2$ | +／- | 2 | 2 | 2 |
| 4 | $MN_3P_2K_2 / N_3P_2K_2$ | +／- | 3 | 2 | 2 |

　　注：表7中M代表有机肥料；-：不施有机肥。+：施用有机肥，其中有机肥的种类在当地应该有代表性，其施用数量与菜田种植历史（新老程度）有关。有机肥料需要测定全量氮磷钾养分。0水平：指不施该种养分；1水平：适合于当地生产条件下的推荐值的一半；2水平：指适合于当地生产条件下的推荐值；3水平：该水平为过量施肥水平，为2水平氮肥适宜推荐量的1.5倍。

**表2-9　不同菜田推荐的有机肥用量**

| 菜田 | | 新菜田；过沙、过黏、盐碱化严重菜田 | 2～3年新菜田 | 大于5年老菜田 | |
|---|---|---|---|---|---|
| 有机肥选择 | | 高 C/N 粗杂有机肥 | 粪肥、堆肥 | 堆肥 | 粪肥＋秸秆 |
| 推荐量<br>（米³/亩） | 设施 | 8～10 | 5～7 | 3～5 | 3+2 |
| | 露地 | 4～5 | 3～4 | 2～3 | 1+2 |

## 四、试验实施

　　**1. 试验地选择**　试验地应选择平坦、整齐、肥力均匀，具有代表性的不同肥力水平的地块；坡地应选择坡度平缓、肥力差异较小的田块；试验地应避开靠近道路、有土传病害、堆肥场所或者前期施用大量有机肥等的地块。

**2. 试验作物品种选择** 蔬菜田间试验建议选择主栽常见种类。瓜类：黄瓜（设施）；茄果类：番茄（设施）；根菜：萝卜；结球叶菜：大白菜；非结球叶菜：莴笋；块根茎类：马铃薯。

一个县至少选择两种蔬菜：一是上述主栽常见种类中的任意一种，二是本地区种植规模较大的具有代表性的蔬菜作物。此外北方地区应注意设施和露地蔬菜的试验设计个数要均衡。

**3. 试验准备** 整地、设置保护行、试验地区划，小区应单灌单排，避免串灌串排；蔬菜田需要在小区之间采用塑料膜或水泥板隔开，至少隔离50厘米深度，避免肥水相互渗透；试验前多点采集土壤混合样品；依测试项目不同，分别制备新鲜或风干土样。

**4. 试验重复与小区排列** 为保证试验精度，减少人为因素、土壤肥力和气候因素的影响，田间试验一般设3~4个重复（或区组）。采用随机区组排列，区组内土壤、地形等条件应相对一致，区组间允许有差异。对于氮磷钾试验同一生长季、同一作物、同类试验在10个以上时可采用多点无重复设计。

小区面积：露地蔬菜作物小区面积一般为12~20 米$^2$，密植作物可小些，中耕作物可大些；设施蔬菜作物一般为10~15 米$^2$，至少5行或者3畦以上。

小区宽度：密植作物不小于2米，中耕作物不小于3米。

**5. 施肥方法和肥料分配** 有机肥料作基肥一次施用，可撒施、条施或穴施；化学肥料分次施用，具体视试验地区供试蔬菜高产栽培的肥料分配比例而定，一般需要考虑与菜田的水分管理结合进行。

**6. 试验记载与测试** 参照肥料效应鉴定田间试验技术规程（NY/T 497）执行，试验前采集基础土样进行测定，收获期采集土壤和植株样品，进行考种和生物与经济产量测定，必要时在蔬菜生长期间进行植株样品的采集和分析，如蔬菜生长规律的研究试验。

## 五、试验统计分析

常规试验和回归试验的统计分析方法参见肥料效应鉴定田间试验技术规程（NY/T 497）或其他专业书籍。

# 任务三  果树肥料田间试验

## 一、试验设计目的

果树肥料田间试验设计推荐"2+X"方法，分为基础施肥和动态优化施肥试验两部分,"2"是指各地均应进行的以常规施肥和优化施肥2个处理为基础的对比施肥试验研究,其中常规施肥是当地大多数农户在果树生产中习惯采用的施肥技术,优化施肥则为当地近期获得的果树高产高效或优质适产施肥技术;"X"是指针对不同地区、不同种类果树可能存在一些对生产和养分高效有较大影响的未知因子而不断进行的修正优化施肥处理的动态研究试验,未知因子包括不同种类果树养分吸收规律、施肥量、施肥时期、养分配比、中微量元素等。为了进一步阐明各个因子的作用特点,可有针对性地进一步安排试验,目的是为确定施肥方法及数量、验证土壤和果树叶片养分测试指标等提供依据,X的研究成果也将为进一步修正和完善优化施肥技术提供参考,最终形成新的测土配方施肥(集成优化施肥)技术,有利于在田间大面积应用、示范推广。

## 二、基础施肥试验设计

基础施肥试验取"2+X"中的"2"为试验处理数。

**1. 常规施肥**　果树的施肥种类、数量、时期、方法和栽培管理措施均按照本地区大多数农户的生产习惯进行。

**2. 优化施肥**　即果树的高产高效或优质适产施肥技术,可以是科技部门的研究成果,也可为当地高产果园采用并经土壤肥料专家认可的优化施肥技术方案作为试验处理。优化施肥处理涉及施肥时期、肥料分配方式、水分管理、花果管理、整形修剪等技术应根据当地情况与有关专家协商确定。基础施肥试验是在大田条件下进行的生产应用性试验,可将面积适当增大,不设置重复。试验采用盛果期的正常结果树。

## 三、"X"动态优化施肥试验设计

"X"表示根据试验地区果树的立地条件、果树生长的潜在障碍因子、果园土壤肥力状况、果树种类及品种、适产优质等内容,确定急需优化的技术内容方案,旨在不断完善优化施肥处理。其中氮、磷、钾通过采用土壤养分测试和叶片营养诊断丰缺指标法进行,中量元素钙、镁、硫和微量元素铁、锌、硼、钼、铜、锰宜采用叶片营养诊断临界指标法。"X"动态优化施肥试验可与基础施肥试验的两个处理在同一试验条件下进行,也可单独布置试验。"X"动态优化施肥试验每个处理应不少于4棵,需要设置3~4次重复,必须进行长期定位试验研究,至少应有3年以上的试验结果。

"X"主要包括4个方面的试验设计,分别为:$X_1$,氮肥总量控制试验;$X_2$,氮肥分期调控试验;$X_3$,果树配方肥料试验;$X_4$,中微量元素试验。

"X"处理中涉及有机肥、磷钾肥的用量、施肥时期等应接近优化管理；磷钾根据土壤磷钾测试值和目标产量确定施用量和作物养分规律确定施肥时期。各地根据实际情况，选择设置相应的"X"试验；如果认为磷或钾肥为限制因子，可根据需要将磷钾单独设置几个处理。

**1. 氮肥总量控制试验（$X_1$）** 根据果树目标产量和养分吸收特点来确定氮肥适宜用量，主要设 4 个处理。

① 不施化学氮肥。

② 70%的优化施氮量。

③ 优化施氮量。

④ 130%的优化施氮量。其中优化施肥量根据果树目标产量、养分吸收特点和土壤养分状况确定，磷钾肥按照正常优化施肥量投入。各处理详见表 2-10。

表 2-10　果树氮肥总量控制试验方案

| 试验编号 | 试验内容 | 处理 | M | N | P | K |
|---|---|---|---|---|---|---|
| 1 | 无氮区 | $MN_0P_2K_2$ | + | 0 | 2 | 2 |
| 2 | 70%的优化氮区 | $MN_1P_2K_2$ | + | 1 | 2 | 2 |
| 3 | 优化氮区 | $MN_2P_2K_2$ | + | 2 | 2 | 2 |
| 4 | 130%的优化氮区 | $MN_3P_2K_2$ | + | 3 | 2 | 2 |

注：M代表有机肥料；+：施用有机肥，其中有机肥的种类在当地应该有代表性，其施用数量在当地为中等偏下水平，一般为 1~3 米³/亩。有机肥料的氮磷钾养分含量需要测定。0 水平：指不施该种养分；1 水平：适合于当地生产条件下的推荐值的 70%；2 水平：指适合于当地生产条件下的推荐值；3 水平：该水平为过量施肥水平，为 2 水平氮肥适宜推荐量的 1.3 倍。

**2. 氮肥分期调控技术（$X_2$）** 试验设 3 个处理。

① 一次性施氮肥，根据当地农民习惯的一次性施氮肥时期（如苹果在 3 月上中旬）。

② 分次施氮肥，根据果树营养规律分次施用（如苹果分春、夏、秋 3 次施用）。

③ 分次简化施氮肥，根据果树营养规律及土壤特性在处理 2 基础上进行简化（如苹果可简化为夏秋两次施肥）。在采用优化施氮肥量的基础上，磷钾应根据果树需肥规律与氮肥按优化比例投入。

**3. 果树配方肥料试验（$X_3$）** 试验设 4 个处理。

① 农民常规施肥。

② 区域大配方施肥处理（大区域的氮磷钾配比，包括基肥型和追肥型）。

③ 局部小调整施肥处理（根据当地土壤养分含量进行适当调整）。

④ 新型肥料处理（选择在当地有推广价值且养分配比适合供试果树的新型肥料如有机-无机复混肥、缓控释肥料等）。

**4. 中、微量元素试验**（$X_4$） 果树中微量元素主要包括 Ca、Mg、S、Fe、Zn、B、Mo、Cu、Mn 等，按照因缺补缺的原则，在氮磷钾肥优化的基础上，进行叶面施肥试验。试验设 3 个处理。

① 不施肥处理，即不施中微量元素肥料。

② 全施肥处理，施入可能缺乏的一种或多种中微量元素肥料。

③ 减素施肥处理，在处理 2 基础上，减去某一个中微量元素肥料。

可根据区域及土壤背景设置处理 3 的试验处理数量。试验以叶面喷施为主，在果树生长关键时期施用，喷施次数相同，喷施浓度根据肥料种类和养分含量换算成适宜的浓度。

## 四、试验实施

**1. 试验地选择** 果树试验地一般选择平坦或坡度平缓、整齐、肥力差异较小、具有代表性的不同肥力水平的地块；试验地应避开道路、堆肥场所等特殊地块。在不能进行大规模试验的情况下，通过调查进行相关分析以得到与配方施肥有关的参数；通过调查明确果园立地条件限制性因素（如土壤类型、土层厚度、障碍层、碳酸钙含量、土壤酸碱度等）。选作试验地的地块最好要有土地利用的历史记录，以便详细了解地块的情况。选择农户科技意识较强的地块布置试验，以便与农户沟通和严格的管理。

**2. 试验果树品种选择** 田间试验应选择当地主栽果树树种或拟推广树种：北方选苹果、梨、桃、葡萄和樱桃，南方选柑橘、香蕉、菠萝和荔枝作为模式品种。树龄以不同树种及品种盛果期树龄为主，乔砧果树建议以 10～20 年生盛果期大树为宜，矮化密植果树建议以 8～15 年生盛果期大树为宜。可从模式品种中选择果树种类，此外可以选择当地栽培面积较大且有代表性的主栽品种。

**3. 试验准备** 试验应选择树龄、树势和产量相对一致的果树。一般至少选择同行相邻 5～7 株果树做 1 个重复。试验前采集土壤样品，按照测试要求制备土样。

**4. 试验重复与小区排列** 为保证试验精度，减少人为因素、土肥因素和气候因素的影响，果树田间试验一般应设 3～5 次重复，采用随机区组排列，区组内土壤、地形等条件应相对一致。

小区面积：以供试果树栽培规格为基础，每个处理实际株数的树冠垂直投影区加行间面积计算小区面积。

**5. 施肥方法** 以放射沟和条沟法为主，或采用试验验证的高产施肥方法。

**6. 施肥时期** "X"动态优化施肥试验根据不同试验目的设计施肥时期，基础施肥试验根据果树年生长周期特点和高产栽培经验进行不同时期的肥料种类和数量（即肥料养分量比）分配，一般北方落叶果树按照萌芽期（3月上旬）、幼果期（6月中旬）、果实膨大期（7～8月）和采收后（秋冬季）分3～4个时期进行；常绿果树根据栽培目标分促梢肥、促花肥、膨果肥、采果肥等进行。

**7. 试验记载与测试** 参照肥料效应鉴定田间试验技术规程（NY/T 497）执行，试验前采集基础土样进行测定，在果树营养性春梢停长、秋梢尚未萌发（叶片养分相对稳定期）采集叶片样品，收获期采集果实样品，记载果实产量，进行果实品质和叶片养分测试。

## 五、试验统计分析

常规试验和回归试验的统计分析方法参见肥料效应鉴定田间试验技术规程（NY/T 497）或其他专业书籍。

# 任务四　肥料利用率田间试验

## 一、试验目的

通过多点田间氮肥、磷肥和钾肥的对比试验，摸清我国常规施肥下主要农作物氮肥、磷肥和钾肥的利用率现状和测土配方施肥提高氮肥、磷肥和钾肥利用率的效果，进一步推进测土配方施肥工作。

## 二、试验设计

常规施肥、测土配方施肥情况下主要农作物氮肥、磷肥和钾肥的利用率验证试验田间试验设计取决于试验目的。本规范推荐试验采用对比试验，大区无重复设计（表2-11）。具体办法是选择1个代表当地土壤肥力水平的农户地块，先分成常规施肥和配方施肥2个大区（每个大区不少于1亩）。在2个大区中，除相应设置常规施肥和配方施肥小区外还要划定20～30米$^2$的小区设置无氮、无磷和无钾小区（小区间要有明显的边界分隔），除施肥外，各小区其他田间管理措施相同。各处理布置如图2-1（小区随机排列）所示。

表 2 - 11 试验方案处理（推荐处理）

| 试验编号 | 处理 |
| --- | --- |
| 1 | 常规施肥 |
| 2 | 常规施肥无氮 |
| 3 | 常规施肥无磷 |
| 4 | 常规施肥无钾 |
| 5 | 配方施肥 |
| 6 | 配方施肥无氮 |
| 7 | 配方施肥无磷 |
| 8 | 配方施肥无钾 |

农户地块

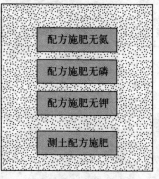

图 2-1 各处理布置图

## 三、试验实施

**1. 试验地选择** 试验地应选择平坦、整齐、肥力均匀、中等肥力水平的地块；坡地应选择坡度平缓、肥力差异较小的地块；试验地应避开道路、堆肥场所等特殊地块。同一地块不能连续布置试验。

**2. 试验作物品种选择** 田间试验以省（自治区、直辖市）为单位部署。每种作物选择当地推广面积较大品种（至少 5 个品种），每个品种至少布置 10 个试验点，每个品种试验点尽量在该品种种植区内均匀分布。

**3. 试验准备** 整地、设置保护行、试验地区划；小区应单灌单排，避免串灌串排；试验前采集土壤样品；依测试项目不同，分别制备新鲜或风干土样。

**4. 试验记载与测试** 参照肥料效应鉴定田间试验技术规程（NY/T 497）执行，试验前采集基础土样进行测定，收获期采集植株样品，进行考种和生物与经济产量测定，进行籽粒（经济收获物）和茎叶（植株）氮、磷、钾分析。采集对比试验中所有处理的籽粒和茎叶样品。

## 四、试验统计分析

### 1. 常规施肥下氮肥利用率的计算

（1）100 千克经济产量 N 养分吸收量。首先分别计算各个试验地点的常规施肥和常规无氮区每形成 100 千克经济产量的养分吸收量，计算公式如下。

$$\frac{100\ 千克经济产量\ N\ 养分吸收量} = \frac{籽粒产量×籽粒\ N\ 养分含量+茎叶产量×茎叶\ N\ 养分含量}{籽粒产量}×100$$

然后，将本地该品种所有试验测试结果汇总，计算出该品种的平均值（表2-12）。

表 2-12 ＿＿＿省＿＿＿作物主要品种 100 千克经济产量 N 养分吸收量

| 主要作物品种 | 常规施肥区 | | | | | 常规无氮区 | | | | |
|---|---|---|---|---|---|---|---|---|---|---|
| | 籽粒 | | 茎叶 | | 100 千克经济产量 N 养分吸收量 | 籽粒 | | 茎叶 | | 100 千克经济产量 N 养分吸收量 |
| | 产量 | N 养分含量 | 产量 | N 养分含量 | | 产量 | N 养分含量 | 产量 | N 养分含量 | |
| 单位 | 千克/亩 | ％ | 千克/亩 | ％ | 千克 | 千克/亩 | ％ | 千克/亩 | ％ | 千克 |
| 品种 1 | | | | | | | | | | |
| 品种 2 | | | | | | | | | | |
| 品种 3 | | | | | | | | | | |
| 品种 4 | | | | | | | | | | |
| 品种 5 | | | | | | | | | | |

（2）常规施肥下氮肥利用率（表 2-13）。常规施肥区作物吸氮总量＝常规施肥区产量×施氮下形成 100 千克经济产量养分吸收量/100

无氮区作物吸氮总量＝无氮区产量×无氮下形成 100 千克经济产量养分吸收量/100

$$氮肥利用率 = \frac{常规施肥区作物吸氮总量-无氮区作物吸氮总量}{所施肥料中氮素的总量}×100\%$$

表 2 - 13 _____省_____作物主要品种氮肥利用率

| 主要作物品种 | 氮肥利用率平均值（%） | 标准差（%） |
|---|---|---|
| 品种 1 | | |
| 品种 2 | | |
| 品种 3 | | |
| 品种 4 | | |
| 品种 5 | | |

**2. 测土配方施肥下氮肥利用率计算**

① 100 千克经济产量养分吸收量。首先分别计算各个试验地点的测土配方施肥和无氮区每形成 100 千克经济产量的养分吸收量，计算公式如下。

$$\text{100千克经济产量养分吸收量} = \frac{\text{籽粒产量×籽粒养分含量＋茎叶产量×茎叶养分含量}}{\text{籽粒产量}}$$

然后，将本地该品种所有结果汇总，计算出该品种的平均值（同表 11）。

② 测土配方施肥下氮肥利用率

测土配方施肥区作物吸氮总量＝测土配方施肥区产量×施氮下形成 100 千克经济产量养分吸收量/100

无氮区作物吸氮总量＝无氮区产量×无氮下形成 100 千克经济产量养分吸收量/100

氮肥利用率＝（测土配方施肥区作物吸氮总量－无氮区作物吸氮总量）/所施肥料中氮素的总量×100%

记载表同表 2 - 12。

③ 测土配方施肥提高肥料利用率的效果。利用上面结果，用测土配方施肥的利用率减去常规施肥的利用率即可计算出测土配方施肥提高肥料利用率的效果。

根据以上方法，分别计算出 100 千克经济产量 $P_2O_5$ 养分吸收量和计算出 100 千克经济产量 $K_2O$ 养分吸收量；测算出常规施肥情况下氮肥、磷肥、钾肥利用率，测土配方施肥情况下氮肥、磷肥、钾肥利用率以及测土配方施肥提高肥料利用率的效果。

# 任务五　田间基本情况调查

在土壤取样的同时，调查田间基本情况，填写测土配方施肥采样地块基本情况调查表，见表2-14。同时开展农户施肥情况调查，填写农户施肥情况调查表，见表2-15。

**表2-14　测土配方施肥采样地块基本情况调查表**

| | | | | | |
|---|---|---|---|---|---|
| | 统一编号： | | 调查组号： | | 采样序号： |
| | 采样目的： | | 采样日期： | | 上次采样日期： |
| 地理位置 | 省（市）名称 | | 地（市）名称 | | 县（旗）名称 |
| | 乡（镇）名称 | | 村组名称 | | 邮政编码 |
| | 农户名称 | | 地块名称 | | 电话号码 |
| | 地块位置 | | 距村距离（米） | | — |
| | 纬度（度：分：秒） | | 经度（度：分：秒） | | 海拔高度（米） |
| 自然条件 | 地貌类型 | | 地形部位 | | |
| | 地面坡度（度） | | 田面坡度（度） | | 坡向 |
| | 通常地下水位（米） | | 最高地下水位（米） | | 最深地下水位（米） |
| | 常年降雨量（毫米） | | 常年有效积温（℃） | | 常年无霜期（天） |
| 生产条件 | 农田基础设施 | | 排水能力 | | 灌溉能力 |
| | 水源条件 | | 输水方式 | | 灌溉方式 |
| | 熟制 | | 典型种植制度 | | 常年产量水平（千克/亩） |
| 土壤情况 | 土类 | | 亚类 | | 土属 |
| | 土种 | | 俗名 | | — |
| | 成土母质 | | 剖面构型 | | 土壤质地（手测） |
| | 土壤结构 | | 障碍因素 | | 侵蚀程度 |
| | 耕层厚度（厘米） | | 采样深度（厘米） | | — |
| | 田块面积（亩） | | 代表面积（亩） | | — |
| | 茬口 | 第一季 | 第二季 | 第三季 | 第四季　　第五季 |
| 来年种植意向 | 作物名称 | | | | |
| | 品种名称 | | | | |
| | 目标产量 | | | | |
| 采样调查单位 | 单位名称 | | | | 联系人 |
| | 地址 | | | | 邮政编码 |
| | 电话 | | 传真 | | 采样调查人 |
| | E-Mail | | | | |

注：每一取样地块一张表；与附表7联合使用，编号一致

## 表 2-15 农户施肥情况调查表

统一编号:

| 施肥相关情况 | 生长季节 | | | 作物名称 | | | | 品种名称 | | |
|---|---|---|---|---|---|---|---|---|---|---|
| | 播种季节 | | | 收获日期 | | | | 产量水平 | | |
| | 生长期内降水次数 | | | 生长期内降水总量 | | | | — | | — |
| | 生长期内灌水次数 | | | 生长期内灌水总量 | | | | 灾害情况 | | |

| 推荐施肥情况 | 是否推荐施肥指导 | | | 推荐单位性质 | | | | 推荐单位名称 | | |
|---|---|---|---|---|---|---|---|---|---|---|
| | 配方内容 | 目标产量(千克/亩) | 推荐肥料成本(元/亩) | 化肥(千克/亩) | | | | | 有机肥(千克/亩) | |
| | | | | 大量元素 | | | 其他元素 | | 肥料名称 | 实物量 |
| | | | | N | P₂O₅ | K₂O | 养分名称 | 养分用量 | | |

| 实际施肥总体情况 | 实际产量(千克/亩) | 实际肥料成本(元/亩) | 化肥(千克/亩) | | | | | 有机肥(千克/亩) | |
|---|---|---|---|---|---|---|---|---|---|
| | | | 大量元素 | | | 其他元素 | | 肥料名称 | 实物量 |
| | | | N | P₂O₅ | K₂O | 养分名称 | 养分用量 | | |

表格「实际施肥明细」部分:

| | 汇总 | | | | | 施肥情况 | | | | | |
|---|---|---|---|---|---|---|---|---|---|---|---|
| | | 施肥序次 | 施肥时期 | 项目 | | 第一种 | 第二种 | 第三种 | 第四种 | 第五种 | 第六种 |
| 实际施肥明细 | 施肥明细 | 第一次 | | 肥料种类 | | | | | | | |
| | | | | 肥料名称 | | | | | | | |
| | | | | 养分含量情况(%) | 大量元素 N | | | | | | |
| | | | | | 大量元素 P₂O₅ | | | | | | |
| | | | | | 大量元素 K₂O | | | | | | |
| | | | | | 其他元素 养分名称 | | | | | | |
| | | | | | 其他元素 养分含量 | | | | | | |
| | | | | 实物量(千克/亩) | | | | | | | |
| | | 第二次 | | 肥料种类 | | | | | | | |
| | | | | 肥料名称 | | | | | | | |
| | | | | 养分含量情况(%) | 大量元素 N | | | | | | |
| | | | | | 大量元素 P₂O₅ | | | | | | |
| | | | | | 大量元素 K₂O | | | | | | |
| | | | | | 其他元素 养分名称 | | | | | | |
| | | | | | 其他元素 养分含量 | | | | | | |
| | | | | 实物量(千克/亩) | | | | | | | |
| | | 第..次 | | 肥料种类 | | | | | | | |
| | | | | 肥料名称 | | | | | | | |
| | | | | 养分含量情况(%) | 大量元素 N | | | | | | |
| | | | | | 大量元素 P₂O₅ | | | | | | |
| | | | | | 大量元素 K₂O | | | | | | |
| | | | | | 其他元素 养分名称 | | | | | | |
| | | | | | 其他元素 养分含量 | | | | | | |
| | | | | 实物量(千克/亩) | | | | | | | |
| | | 第六次 | | 肥料种类 | | | | | | | |
| | | | | 肥料名称 | | | | | | | |
| | | | | 养分含量情况(%) | 大量元素 N | | | | | | |
| | | | | | 大量元素 P₂O₅ | | | | | | |
| | | | | | 大量元素 K₂O | | | | | | |
| | | | | | 其他元素 养分名称 | | | | | | |
| | | | | | 其他元素 养分含量 | | | | | | |
| | | | | 实物量(千克/亩) | | | | | | | |

注:每一季作物一张表,请填写齐全采样前一个年度的每季作物。农户调查点必须填写完"实际施肥明细",其他点必须填写完"实际施肥总体情况"及以上部分。与附表 3 联合使用,编号一致。

# 3 模块三

## 土壤与作物样品的采集与测试

采样人员要具有一定采样经验,熟悉采样方法和要求,了解采样区域农业生产情况。采样前要收集采样区域的土壤图、土地利用现状图、行政区划图等资料,绘制样点分布图,制订采样工作计划。准备 GPS、采样工具、采样袋(布袋、纸袋或塑料网袋)、采样标签等。

## 任务一 土壤样品采集

土壤样品采集应具有代表性和可比性,并根据不同分析项目采取相应的采样和处理方法。

### 一、采样单元

根据土壤类型、土地利用方式和行政区划将采样区域划分为若干个采样单元,每个采样单元的土壤性状要尽可能均匀一致。参考第二次土壤普查采样点确定采样点位,形成采样点位图。实际采样时严禁随意变更采样点,若有变更须注明理由。

大田作物平均每个采样单元为 100~200 亩(平原区每 100~500 亩采 1 个样,丘陵区每 30~80 亩采 1 个样)。采样集中在位于每个采样单元相对中心位置的典型地块(同一农户的地块),采样地块面积为 1~10 亩。

蔬菜平均每个采样单元为 10~20 亩,温室大棚作物每 20~30 个棚室或 10~15 亩采 1 个样。采样集中在位于每个采样单元相对中心位置的典型地块(同一农户的地块),采样地块面积为 1~10 亩。

果树平均每个采样单元为 20~40 亩(地势平坦的果园取高限,丘陵区的果园取低限)。采样集中在位于每个采样单元相对中心位置的典型地块(同一农户的地块),采样地块面积为 1~5 亩。

有条件的地区可以农户地块为土壤采样单元。采用 GPS 定位，记录采样地块中心点的经纬度，精确到 0.1″。

## 二、采样时间

大田作物一般在秋季作物收获后、整地施基肥前采集；蔬菜在收获后或播种施肥前采集，一般在秋后。设施蔬菜在凉棚期采集；果树在上一个生育期果实采摘后下一个生育期开始前，连续 1 个月未进行施肥后的任意时间采集土壤样品。

## 三、采样周期

项目实施三年以后，为保证测试土壤样本数据可比性，根据项目年度取样数量，对照前三年取样点，进行周期性原位取样。同一采样单元无机氮及植株氮营养快速诊断每季或每年采集 1 次；土壤有效磷、速效钾等一般 2～3 年采集 1 次；中、微量元素一般 3～5 年采集 1 次。肥料效应田间试验每年采样 1 次。

## 四、采样深度

大田作物采样深度为 0～20 厘米；蔬菜采样深度为 0～30 厘米；果树采样深度为 0～60 厘米，分为 0～30 厘米、30～60 厘米采集基础土壤样品。如果果园土层薄（＜60 厘米），则按照土层实际深度采集，或只采集 0～30 厘米土层；用于土壤无机氮含量测定的采样深度应根据不同作物、不同生育期的主要根系分布深度来确定。

## 五、采样点数量

要保证足够的采样点，使之能代表采样单元的土壤特性。采样必须多点混合，每个样点由 15～20 个分点混合而成。

## 六、采样路线

采样时应沿着一定的线路，按照"随机""等量"和"多点混合"的原则进行采样。一般采用 S 形布点采样。在地形变化小、地力较均匀、采样单元面积较小的情况下，也可采用梅花形布点采样（图 3-1）。要避开路边、田埂、沟边、肥堆等特殊部位。混合样点的样品采集要根据沟、垄面积的比例确定沟、垄采样点数量。

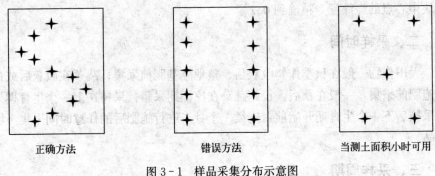

正确方法　　　　　　　错误方法　　　　　当测土面积小时可用

图 3-1　样品采集分布示意图

## 七、采样方法

每个采样分点的取土深度及采样量应保持一致，土样上层与下层的比例要相同。取样器应垂直于地面入土，深度相同。用取土铲取样应先铲出一个耕层断面，再平行于断面取土。所有样品都应采用不锈钢取土器或木、竹制器采样。果树要在树冠滴水线附近或以树干为圆点向外延伸到树冠边缘的 2/3 处采集，距施肥沟（穴）10 厘米左右，避开施肥沟（穴），每株对角采 2 点。滴灌要避开滴灌头湿润区。

## 八、样品量

混和土样以取土 1 千克左右为宜（用于田间试验和耕地地力评价的 2 千克以上，长期保存备用），可用四分法将多余的土壤弃去。方法是将采集的土壤样品放在盘子里或塑料布上，弄碎、混匀，铺成正方形，划对角线将土样分成四份，把对角的两份分别合并成一份，保留一份，弃去一份。如果所得的样品依然很多，可再用四分法处理，直至所需数量为止（图 3-2）。

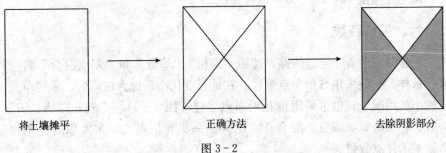

将土壤摊平　　　　　　　正确方法　　　　　　去除阴影部分

图 3-2

### 九、样品标记

采集的样品放入统一的样品袋，用铅笔写好标签，内外各一张。采样标签样式见附表 3-1。

#### 表 3-1　土壤采样标签（式样）

统一编号：（和农户调查表编号一致）　　　　　　　邮编：

采样时间：　　年　　月　　日　　时

采样地点：　省　　地　　县　　乡（镇）　村　　地块　农户名：

地块在村的（中部、东部、南部、西部、北部、东南、西南、东北、西北）

采样深度：① 0～20 厘米　②_____厘米（不是①的，在②填写）该土样由_____

点混合（规范要求 15～20 点）

经度：____度____分____秒　　纬度：____度____分____秒

采样人：　　　　　　　联系电话：

# 任务二　土壤样品制备

## 一、新鲜样品

某些土壤成分如二价铁、硝态氮、铵态氮等在风干过程中会发生显著变化，必须用新鲜样品进行分析。为了能真实反映土壤在田间自然状态下的某些理化性状，新鲜样品要及时送回室内进行处理分析，用粗玻璃棒或塑料棒将样品混匀后迅速称样测定。

新鲜样品一般不宜贮存，如需要暂时贮存，可将新鲜样品装入塑料袋，扎紧袋口，放在冰箱冷藏室或进行速冻保存。

## 二、风干样品

从野外采回的土壤样品要及时放在样品盘上，摊成薄薄一层，置于干净整洁的室内通风处自然风干，严禁暴晒，并注意防止酸、碱等气体及灰尘的污染。风干过程中要经常翻动土样并将大土块捏碎以加速干燥，同时剔除侵入体。

风干后的土样按照不同的分析要求研磨过筛，充分混匀后，装入样品瓶中备用。瓶内外各放标签一张，写明编号、采样地点、土壤名称、采样深度、样品粒径、采样日期、采样人及制样时间、制样人等项目。制备好的样品要妥善贮存，避免日晒、高温、潮湿和酸碱等气体的污染。全部分析工作结束，分析数据核实无误后，试样一般还要保存 12～18 个月，以备查询。对于试验价值大、需要长期保存的样品，须保存于广口瓶中，用蜡封好瓶口。

**1. 一般化学分析试样** 将风干后的样品平铺在制样板上，用木棍或塑料棍碾压，并将植物残体、石块等侵入体和新生体剔除干净。也可将土壤中侵入体和植株残体剔除后采用不锈钢土壤粉碎机制样。细小已断的植物须根，可采用静电吸附的方法清除。压碎的土样用 2 毫米孔径筛过筛，未通过的土粒重新碾压，直至全部样品通过 2 毫米孔径筛为止。将通过 2 毫米孔径筛的土样用四分法取出约 100 克继续碾磨，余下的通过 2 毫米孔径筛的土样用四分法取 500 克装瓶，用于 pH、盐分、交换性能及有效养分等项目的测定。取出约 100 克通过 2 毫米孔径筛的土样继续研磨，使之全部通过 0.25 毫米孔径筛，装瓶用于有机质、全氮、碳酸钙等项目的测定。

**2. 微量元素分析试样** 用于微量元素分析的土样，其处理方法同一般化学分析样品，但在采样、风干、研磨、过筛、运输、贮存等环节，不要接触容易造成样品污染的铁、铜等金属器具。采样、制样推荐使用不锈钢、木、竹或塑料工具，过筛使用尼龙网筛等。通过 2 毫米孔径尼龙筛的样品可用于测定土壤有效态微量元素。

**3. 颗粒分析试样** 将风干土样反复碾碎，用 2 毫米孔径筛过筛。留在筛上的碎石称量后保存，同时将过筛的土壤称重，计算石砾质量百分数。将通过 2 毫米孔径筛的土样混匀后盛于广口瓶内，用于颗粒分析及其他物理性状测定。

若风干土样中有铁锰结核、石灰结核或半风化体，不能用木棍碾碎，应首先将其细心拣出称量保存，然后再进行碾碎。

# 任务三 植物样品的采集与制备

## 一、采样要求

植物样品分析的可靠性受样品数量、采集方法及植株部位影响，因此，采样应具如下特点。一是代表性，采集样品能符合群体情况，采样量一般为1 千克。二是典型性，采样的部位能反映所要了解的情况。三是适时性，根据研究目的，在不同的生长发育阶段定期采样。四是粮食作物在成熟后收获前采集籽实部分及秸秆；果树在采果期采集同一植株的果实和叶片样品；发生偶然污染事故时，在田间完整地采集整株植株样品。

## 二、样品采集

**1. 粮食作物** 由于粮食作物生长的不均一性，一般采用多点取样，避开田边 1 米，按梅花形（适用于采样单元面积小的情况）或 S 形采样法采样。在采样区内采取10个样点的样品组成一个混合样。采样量根据检测项目而定，籽实样品一般1千克左右，装入纸袋或布袋。要采集完整植株样品可以稍多些，约2千克，用塑料纸包扎好。

**2. 棉花样品** 棉花样品包括茎秆、空桃壳、叶片、籽棉等部分。样株选择和采样方法参照粮食作物。按样区采集籽棉，第一次采摘后将籽棉放在通透性较好的网袋中晾干（或晒干），以后每次收获时均装入网袋中，各次采摘结束后，将同一取样袋中的籽棉作为该采样区籽棉混合样。

**3. 油菜样品** 油菜样品包括籽粒、角壳、茎秆、叶片等部分。样株选择和采样方法参照粮食作物。鉴于油菜在开花后期开始落叶，至收获期植株上叶片基本全部掉落，叶片的取样应在开花后期，每区采样点不应少于10个（每点至少1株），采集油菜植株全部叶片。

**4. 蔬菜样品** 蔬菜品种繁多，可大致分成叶菜、根菜、瓜果三类，按需要确定采样对象。菜地采样可按对角线或S形法布点，采样点不应少于10个，采样量根据样本个体大小确定，一般每个点的采样量不少于1千克。

（1）叶类蔬菜样品。从多个样点采集的叶类蔬菜样品按四分法进行缩分，其中个体大的样本，如大白菜等可采用纵向对称切成4份或8份，取其2份的方法进行缩分，最后分取3份，每份约1千克，分别装入塑料袋，粘贴标签，扎紧袋口。如需用鲜样进行测定，采样时最好连根带土一起挖出，用湿布或塑料袋装好，防止萎蔫。采集根部样品时，在抖落泥土或洗净泥土过程中应尽量保持根系的完整。

（2）瓜果类蔬菜样品。果菜类植株采样一定要均匀，取10棵左右植株，各器官按比例采集、最后混合均匀。收集老叶的生物量，同时收获时茎秆、叶片等都要收集称重。设施蔬菜地应该统一在每行中间取植物样，以保正样品的代表性。收获期如果多次计产，则在收获中期采集果实样品进行养分测定；对于经常打掉老叶的设施果类蔬菜试验，需要记录老叶的干物质重量，多次采收计产的蔬菜需要计算经济产量及最后收获时的茎叶重量即打掉老叶的重量；所有试验的茎叶果实分别计重，并进行氮磷钾养分测定。

**5. 果树样品** 主要包括果实和叶片样品。

（1）果实样品。进行"X"动态优化施肥试验的果园要求每个处理都必须采样。基础施肥试验面积较大时，在平坦果园可采用对角线法布点采样，由采样区的一角向另一角引一对角线，在此线上等距离布设采样点，山地果园应按等高线均匀布点，采样点一般不应少于10个。对于树型较大的果树，采样时应在果树上、中、下、内、外部的果实着生方位（东南西北）均匀采摘果实。将各点采摘的果品进行充分混合，按四分法缩分，根据检验项目要求，最后分取所需份数，每份 20～30 个果实，分别装入袋内，粘贴标签，扎紧袋口。

（2）叶片样品。一般分为落叶果树和常绿果树采集叶片样品。落叶果树在 6 月中下旬至 7 月初营养性春梢停长秋梢尚未萌发即叶片养分相对稳定期，采集新梢中部第 7～9 片成熟正常叶片（完整无病虫叶），分树冠中部外侧的四个方位进行；常绿果树在 8～10 月（当年生营养春梢抽出后 4～6 个月）采集叶片，应在树冠中部外侧的四个方位采集生长中等的当年生营养春梢顶部向下第 3 叶（完整无病虫叶）。采叶时间一般以上午 8～10 时为宜。一个样品采 10 株，样品数量根据叶片大小确定，苹果等大叶一般为 50～100 片；杏、柑橘等一般为 100～200 片；葡萄要分叶柄和叶肉两部分，用叶柄进行养分测定。

### 三、标签内容

包括采样序号、采样地点、样品名称、采样人、采集时间和样品处理号等。

### 四、采样点调查内容

包括作物品种、土壤名称（或当地俗称）、成土母质、地形地势、耕作制度、前茬作物及产量、化肥农药施用情况、灌溉水源、采样点地理位置简图和坐标。

### 五、植株样品处理与保存

**1. 大田作物**　粮食籽实样品应及时晒干脱粒，充分混匀后用四分法缩分至所需量。需要洗涤时注意时间不宜过长并及时风干。为了防止样品变质或被虫咬，需定期进行风干处理。使用不污染样品的工具将籽实粉碎，用 0.5 mm 筛子过筛制成待测样品。带壳类粮食如稻谷应去壳制成糙米再进行粉碎过筛。测定微量元素含量时不要使用能造成污染的器械。

完整的植株样品先洗干净，用不污染待测元素的工具剪碎后充分混匀用四分法缩分至所需的量，制成鲜样或于 60 ℃烘箱中烘干后粉碎备用。

**2. 蔬菜**　完整的植株样品先洗干净，根据作物生物学特性差异，采用能反映特征的植株部位，用不污染待测元素的工具剪碎样品，充分混匀用四分法缩分至所需的数量，制成鲜样或于 85 ℃烘箱中杀酶 10 分钟后，保持 65～70 ℃恒温烘干后粉碎备用。田间所采集的新鲜蔬菜样品若不能马上进行分析测定，应将新鲜样品装入塑料袋，扎紧袋口，放在冰箱冷藏室或进行速冻保存。

**3. 果树** 完整的植株叶片样品先洗干净，洗涤方法是先将中性洗涤剂配成 0.1% 的水溶液，再将叶片置于其中洗涤 30 秒，取出后尽快用清水冲掉洗涤剂，再用 0.2% HCl 溶液洗涤约 30 秒，然后用去离子水洗净。整个操作必须在 2 分钟内完成，以避免某些养分的损失。叶片洗净后必须尽快烘干，一般是将洗净的叶片用滤纸吸去水分，先置于 105 ℃ 鼓风干燥箱中杀酶 15～20 分钟，然后保持在 75～80 ℃ 条件下恒温烘干。烘干的样品从烘箱取出冷却后随即放入塑料袋里，用手在袋外轻轻搓碎，然后在玛瑙研钵或玛瑙球磨机或不锈钢粉碎机中磨细（若仅测定大量元素的样品可使用瓷研钵或一般植物粉碎机磨细），用 60 目（直径 0.25 毫米）尼龙筛过筛。干燥磨细的叶片样品，可用磨口玻璃瓶或塑料瓶贮存。若需长期保存则应将密封瓶置于 −5 ℃ 下冷藏。

果实样品测定品质（糖酸比等）时，应及时将果皮洗净并尽快进行，若不能马上进行分析测定，应暂时放入冰箱保存。需测定养分的果实样品，洗净果皮后将果实切成小块，充分混匀后用四分法缩分至所需的数量，仿叶片干燥、磨细、贮存方法进行处理。

# 任务四　土壤与植株样品的测试

土壤和植株样品测试是测土配方施肥技术的重要环节，也是制订肥料配方的重要依据。

## 一、土壤测试

**1. 土壤测试项目** 测土配方施肥和耕地地力评价土壤样品测试项目如表 3-2。

表 3-2　测土配方施肥和耕地地力评价土壤样品测试项目汇总

| | 测试项目 | 大田作物测土施肥 | 蔬菜测土施肥 | 果树测土施肥 | 耕地地力评价 |
|---|---|---|---|---|---|
| 1 | 土壤质地（指测法） | 必测 | | | |
| 2 | 土壤质地（比重计法） | 选测 | | | |
| 3 | 土壤容重 | 选测 | | | |
| 4 | 土壤含水量 | 选测 | | | |
| 5 | 土壤田间持水量 | 选测 | | | |

（续）

| | 测试项目 | 大田作物测土施肥 | 蔬菜测土施肥 | 果树测土施肥 | 耕地地力评价 |
|---|---|---|---|---|---|
| 6 | 土壤 pH | 必测 | 必测 | 必测 | 必测 |
| 7 | 土壤交换酸 | 选测 | | | |
| 8 | 石灰需要量 | pH<6 的样品必测 | pH<6 的样品必测 | pH<6 的样品必测 | |
| 9 | 土壤阳离子交换量 | 选测 | | 选测 | |
| 10 | 土壤水溶性盐分 | 选测 | 必测 | 必测 | |
| 11 | 土壤氧化还原电位 | 选测 | | | |
| 12 | 土壤有机质 | 必测 | 必测 | 必测 | 必测 |
| 13 | 土壤全氮 | 选测 | | | 必测 |
| 14 | 土壤水解性氮 | | | 必测 | |
| 15 | 土壤铵态氮 | 至少测试 1 项 | 至少测试 1 项 | | |
| 16 | 土壤硝态氮 | | | | |
| 17 | 土壤有效磷 | 必测 | 必测 | 必测 | 必测 |
| 18 | 土壤缓效钾 | 必测 | | | 必测 |
| 19 | 土壤速效钾 | 必测 | 必测 | 必测 | 必测 |
| 20 | 土壤交换性钙镁 | pH<6.5 的样品必测 | 选测 | 必测 | |
| 21 | 土壤有效硫 | 必测 | | | |
| 22 | 土壤有效硅 | 选测 | | | |
| 23 | 土壤有效铁、锰、铜、锌、硼 | 必测 | 选测 | 选测 | |
| 24 | 土壤有效钼 | 选测，豆科作物产区必测 | 选测 | | |

注：用于耕地地力评价的土壤样品，除以上养分指标必测外，项目县如果选择其他养分指标作为评价因子，也应当进行分析测试。

**2. 土壤测试方法**　目前常用的分析方法有 4 种：第一种是目前广泛应用的土壤养分常规农化分析方法，是测土配方施肥工作最基本的常规分析方法，测试项目主要有是土壤有机质、土壤无机氮、土壤有效磷、土壤速效钾、作物样品全量养分的分析等。第二种是 Mehlich 3（M3）法的土壤有效养分测试，该法可一次浸提时同时测定除氮以外的土壤有效养分。第三种是以土壤养分系统研究法（ASI）为主的土壤测试法。第四种是农田土壤与植株样品的快速测试法。测土配方施肥和耕地地力评价土壤样品测试方法如表 3 - 3。

## 表 3-3　测土配方施肥和耕地地力评价土壤样品测试方法汇总

| | 测试项目 | 测试方法 |
|---|---|---|
| 1 | 土壤质地指测法 | 国际制；指测法或密度计法（粒度分布仪法）测定 |
| 2 | 土壤容重 | 环刀法测定 |
| 3 | 土壤含水量 | 烘干法测定 |
| 4 | 土壤田间持水量 | 环刀法测定 |
| 5 | 土壤 pH | 土液比 1：2.5，电位法测定 |
| 6 | 土壤交换酸 | 氯化钾交换—中和滴定法测定 |
| 7 | 石灰需要量 | 氯化钙交换—中和滴定法测定 |
| 8 | 土壤阳离子交换量 | EDTA—乙酸铵盐交换法测定 |
| 9 | 土壤水溶性盐分 | 电导率法或重量法测定 |
| 10 | 土壤氧化还原电位 | 电位法测定 |
| 11 | 土壤有机质 | 油浴加热重铬酸钾氧化容量法测定 |
| 12 | 土壤全氮 | 凯氏蒸馏法测定 |
| 13 | 土壤水解性氮 | 碱解扩散法测定 |
| 14 | 土壤铵态氮 | 氯化钾浸提—靛酚蓝比色法（分光光度法）测定 |
| 15 | 土壤硝态氮 | 氯化钙浸提—紫外分光光度计法或酚二磺酸比色法（分光光度法）测定 |
| 16 | 土壤有效磷 | 碳酸氢钠或氟化铵—盐酸浸提—钼锑抗比色法（分光光度法）测定 |
| 17 | 土壤缓效钾 | 硝酸提取—火焰光度计、原子吸收分光光度计法或 ICP 法测定 |
| 18 | 土壤速效钾 | 乙酸铵浸提—火焰光度计、原子吸收分光光度计法或 ICP 法测定 |
| 19 | 土壤交换性钙、镁 | 乙酸铵交换—原子吸收分光光度计法或 ICP 法测定 |
| 20 | 土壤有效硫 | 磷酸盐—乙酸或氯化钙浸提—硫酸钡比浊法测定 |
| 21 | 土壤有效硅 | 柠檬酸或乙酸缓冲液浸提—硅钼蓝比色法（分光光度法）测定 |
| 22 | 土壤有效铁、锰、铜、锌、硼 | DTPA 浸提—原子吸收分光光度计法或 ICP 法测定 |
| 23 | 土壤有效硼 | 沸水浸提—甲亚胺—H 比色法（分光光度法）或姜黄素比色法（分光光度法）或 ICP 法测定 |
| 24 | 土壤有效钼 | 草酸—草酸铵浸提—极谱法测定 |

## 二、植株样品测试

**1. 植株样品测试项目**  植株样品测试项目参考表 3-4。

表 3-4　测土配方施肥植株样品测试项目汇总

| | 测试项目 | 大田作物测土配方施肥 | 蔬菜测土配方施肥 | 果树测土配方施肥 |
|---|---|---|---|---|
| 1 | 全氮、全磷、全钾 | 必测 | 必测 | 必测 |
| 2 | 水分 | 必测 | 必测 | 必测 |
| 3 | 粗灰分 | 选测 | 选测 | 选测 |
| 4 | 全钙、全镁 | 选测 | 选测 | 选测 |
| 5 | 全硫 | 选测 | 选测 | 选测 |
| 6 | 全硼、全钼 | 选测 | 选测 | 选测 |
| 7 | 全量铜、锌、铁、锰 | 选测 | 选测 | 选测 |
| 8 | 硝态氮田间快速诊断 | 选测 | 选测 | 选测 |
| 9 | 冬小麦/夏玉米植株氮营养田间诊断 | 选测 | | |
| 10 | 水稻氮营养快速诊断 | 选测 | | |
| 11 | 蔬菜叶片营养诊断 | | 必测 | |
| 12 | 果树叶片营养诊断 | | | 必测 |
| 11 | 叶片金属营养元素快速测试 | | 选测 | 选测 |
| 12 | 维生素 C | | 选测 | 选测 |
| 13 | 硝酸盐 | | 选测 | 选测 |
| 14 | 可溶性固形物 | | | 选测 |
| 15 | 可溶性糖 | | | 选测 |
| 16 | 可滴定酸 | | | 选测 |

**2. 植株样品测试方法**  植株样品测试方法参考表 3-5。

表 3-5　测土配方施肥植株样品测试项目汇总

| | 测试项目 | 测试方法 |
|---|---|---|
| 1 | 全氮、全磷、全钾 | 硫酸—过氧化氢消煮，或水杨酸—锌粉还原，硫酸—加速剂消煮，全氮采用蒸馏滴定法测定；全磷采用钒钼黄或钼锑抗比色法（分光光度法）测定；全钾采用火焰光度法或原子吸收分光光度计法测定 |
| 2 | 水分 | 常压恒温干燥法或减压干燥法测定 |

（续）

| | 测试项目 | 测试方法 |
|---|---|---|
| 3 | 粗灰分 | 干灰化法测定 |
| 4 | 全钙、全镁 | 干灰化—稀盐酸溶解法或硝酸—高氯酸消煮，原子吸收分光光度计法或 ICP 法测定 |
| 5 | 全硫 | 硝酸—高氯酸消煮法或硝酸镁灰化法，硫酸钡比浊法或 ICP 法测定 |
| 6 | 全硼、全钼 | 干灰化—稀盐酸溶解，硼采用姜黄素或甲亚胺比色法（分光光度法）测定，钼采用石墨炉原子吸收法或极谱法测定 |
| 7 | 全量铜、锌、铁、锰 | 干灰化或湿灰化，原子吸收分光光度计法或 ICP 法测定 |
| 8 | 硝态氮田间快速诊断 | 水浸提，硝酸盐反射仪法测定 |
| 9 | 冬小麦/夏玉米植株氮营养田间诊断 | 小麦茎基部、夏玉米最新展开叶叶脉中部榨汁，硝酸盐反射仪法测定 |
| 10 | 水稻氮营养快速诊断 | 叶绿素仪或叶色卡法测定 |
| 11 | 蔬菜叶片营养诊断 | 取幼嫩成熟叶片的叶柄，剪碎加纯水或 2%醋酸研磨成浆状，稀释定容，提取液用紫外分光光度法或反射仪法测定硝态氮，钼锑抗显色分光光度法测无机磷（必须在 2 小时内完成），火焰光度法或原子吸收分光光度计法测定全钾 |
| 12 | 果树叶片营养诊断 | 按照采样方法采集和制备叶片样品，用硫酸—过氧化氢消煮，蒸馏滴定法测定全氮，钒钼黄显色分光光度法测定全磷，火焰光度法或原子吸收分光光度计法测定全钾 |
| 13 | 叶片金属营养元素快速测试 | 采用稀盐酸浸提快速法，称取样品 1 克（称准至 0.1 毫克）置于三角瓶中，加入 1 摩尔/升 HCl 50 毫升，置于振荡机上振荡 1.5 小时，过滤。滤液供原子吸收分光光度法或电感耦合等离子体发射光谱法（ICP）测定钾、钙、镁、铁、锰、铜、锌等元素 |
| 14 | 维生素 C | 草酸提取—2，6—二氯靛酚滴定法或盐酸提取—碘酸钾滴定法 |
| 15 | 硝酸盐 | 水提取—紫外分光光度计法测定 |
| 16 | 可溶性固形物 | 手持式糖量计测定法或阿贝折射仪测定法 |
| 17 | 可溶性糖 | 斐林氏容量法或手持式糖量计测定法 |
| 18 | 可滴定酸 | 氢氧化钠中和滴定法 |

土壤测试结果可汇总至表 3-6，植株样品测试结果可汇总至表 3-7。

**表 3 - 6 测土配方施肥土壤测试结果汇总**

地点：_____，省_____ 地市_____ 县_____ 乡村_____ 农户名_____ 地块名_____，邮编：_____

| 编号 | 取样层次（厘米） | 质地 国际制 | 容重（克/厘米³） | 全氮（克/千克） | 有机质（克/千克） | 铵态氮（毫克/千克） | 水解氮（毫克/千克） | 硝态氮（毫克/千克） | 全磷（克/千克） | 有效磷（毫克/千克） | 全钾（克/千克） | 缓效钾（毫克/千克） | 速效钾（毫克/千克） |
|---|---|---|---|---|---|---|---|---|---|---|---|---|---|
| | 0～ | | | | | | | | | | | | |
| | ～ | | | | | | | | | | | | |

| 编号 | 土壤水分（%） | | pH | 交换性酸 [厘摩（+）/千克] | 阳离子交换量 [厘摩（+）/千克] | 电导率（西门子/米） | 水溶性盐总量（克/千克） | 交换性钙镁 毫克/千克 | 水溶阴离子（克/千克） | | | 氧化还原电位 毫伏 |
|---|---|---|---|---|---|---|---|---|---|---|---|---|
| | 自然含水量 | 田间持水量 | | | | | | | CO₃²⁻+HCO₃⁻ | Cl⁻ | SO₄²⁻ | 原电位 |

中微量元素（毫克/千克）

| Ca | Mg | Fe | Mn | Cu | Zn | B | Mo | S | Si |
|---|---|---|---|---|---|---|---|---|---|
| | | | | | | | | | |

表 3 - 7　测土配方施肥植物测试结果表

编号及_____，地点：_____，省_____县_____乡村_____农户名_____地块名_____，邮编：_____

| 区组及处理号 | 全氮(%) | 全磷(%) | 全钾(%) | 水分(%) | 粗灰分(%) | 全钙(毫克/千克) | 全镁(毫克/千克) | 全硫(毫克/千克) | 全硼(毫克/千克) | 全钼(毫克/千克) | 全铜(毫克/千克) | 全锌(毫克/千克) | 全铁(毫克/千克) | 全锰(毫克/千克) |
|---|---|---|---|---|---|---|---|---|---|---|---|---|---|---|
| | | | | | | | | | | | | | | |

# 模块四

# 肥料配方设计

肥料配方设计涉及两个层面，一是从微观层面，指针对具体田块的肥料配方设计；二是从宏观层面，指针对某个施肥区域的肥料配方进行设计。

## 任务一 基于田块的肥料配方设计

基于田块的肥料配方设计首先确定氮、磷、钾的用量，然后确定相应的肥料组合，通过提供配方肥料或发放配肥通知单指导农民使用。肥料用量的确定方法主要包括土壤与植物测试推荐施肥方法、肥料效应函数法、土壤养分丰缺指标法和养分平衡法。

### 一、土壤与植物测试推荐施肥方法

对于大田作物，在综合考虑有机肥、作物秸秆应用和管理措施的基础上，根据氮、磷、钾和中、微量元素养分的不同特征，采取不同的养分优化调控与管理策略。其中，氮肥推荐根据土壤供氮状况和作物需氮量进行实时动态监测和精确调控，包括基肥和追肥的调控；磷、钾肥通过土壤测试和养分平衡进行监控；中、微量元素采用因缺补缺的矫正施肥策略。该技术包括氮素实时监控、磷钾养分恒量监控和中、微量元素养分矫正施肥技术。

**1. 氮素实时监控施肥技术** 根据不同土壤、不同作物、同一作物的不同品种、不同目标产量确定作物需氮量，以需氮量的30%~60%作为基肥用量。具体基施比例根据土壤全氮含量，并参照当地丰缺指标来确定。一般在全氮含量偏低时采用需氮量的50%~60%作为基肥；在全氮含量居中时，采用需氮量的40%~50%作为基肥；在全氮含量偏高时，采用需氮量的30%~40%作为基肥。30%~60%基肥比例可根据上述方法确定，并通过"3414"田间试验进行校验，建立当地不同作物的施肥指标体系。有条件的地区可在播种前对0~20厘米土壤无机氮（或硝态氮）进行监测，调节基肥用量。

基肥用量（千克/亩）$=\dfrac{（目标产量需氮量－土壤无机氮）\times（30\%\sim60\%）}{肥料中养分含量\times肥料当季利用率}$

其中：土壤无机氮（千克/亩）＝土壤无机氮测试值（毫克/千克）×0.15×校正系数

氮肥追肥用量推荐以作物关键生育期的营养状况诊断或土壤硝态氮的测试为依据，这是实现氮肥准确推荐的关键环节，也是控制过量施氮或施氮不足、提高氮肥利用率和减少损失的重要措施。测试项目主要是土壤全氮含量、土壤硝态氮含量或小麦拔节期茎基部硝酸盐浓度、玉米最新展开叶叶脉中部硝酸盐浓度，水稻采用叶色卡或叶绿素仪进行叶色诊断。

**2. 磷钾养分恒量监控施肥技术**　根据土壤有效磷、钾含量水平，以土壤有效磷、钾养分不成为实现目标产量的限制因子为前提，通过土壤测试和养分平衡监控，使土壤有（速）效磷、钾含量保持在一定范围内。对于磷肥，基本思路是根据土壤有效磷测试结果和养分丰缺指标进行分级，当有效磷水平处在中等偏上时，可以将目标产量需要量（只包括带出田块的收获物）的 100%～110% 作为当季磷肥用量；随着有效磷含量的增加，需要减少磷肥用量，直至不施；随着有效磷的降低，需要适当增加磷肥用量，在极缺磷的土壤上可以施到需要量的 150%～200%。在 2～3 年后再次测土时，根据土壤有效磷和产量的变化再对磷肥用量进行调整。钾肥首先需要确定施用是否有效，再参照上面的方法确定钾肥用量，但需要考虑有机肥和秸秆还田带入的钾量。一般大田作物磷、钾肥料全部做基肥。

**3. 中、微量元素养分矫正施肥技术**　中、微量元素养分含量变幅大，作物对其需要量也各不相同。主要与土壤特性（尤其是母质）、作物种类和产量水平等有关。矫正施肥就是通过土壤测试评价土壤中、微量元素养分的丰缺状况，进行有针对性的因缺补缺的施肥。

## 二、肥料效应函数法

根据"3414"方案田间试验结果建立当地主要作物的肥料效应函数，直接获得某一区域、某种作物的氮、磷、钾肥料的最佳施用量，为肥料配方和施肥推荐提供依据。

## 三、土壤养分丰缺指标法

通过土壤养分测试结果和田间肥效试验结果建立大田作物不同区域的土壤养分丰缺指标，提供肥料配方。

土壤养分丰缺指标田间试验也可采用"3414"部分实施方案。"3414"方案中的处理 1 为空白对照（CK），处理 6 为全肥区（NPK），处理 2、4、8 为缺素区（PK、NK 和 NP）。收获后计算产量，用缺素区产量占全肥区产量百分数即相对产量的高低来表达土壤养分的丰缺情况。相对产量低于 60%（不含）的土壤养分为低；相对产量 60%～75%（不含）为较低，75%～90%（不含）为中，90%～95%（不含）为较高，95%（含）以上为高，从而确定适用于某一区域、某种作物的土壤养分丰缺指标及对应的肥料施用数量。对该区域其他田块，通过土壤养分测试，就可以了解土壤养分的丰缺状况，提出相应的推荐施肥量。

## 四、养分平衡法

**1. 基本原理与计算方法**　根据作物目标产量需肥量与土壤供肥量之差估算施肥量，计算公式如下。

$$\text{施肥量（千克/亩）} = \frac{\text{目标产量所需养分总量} - \text{土壤供肥量}}{\text{肥料中养分含量} \times \text{肥料当季利用率}}$$

养分平衡法涉及目标产量、作物需肥量、土壤供肥量、肥料利用率和肥料中有效养分含量五大参数。土壤供肥量即为"3414"方案中处理 1 的作物养分吸收量。目标产量确定后因土壤供肥量的确定方法不同，形成了地力差减法和土壤有效养分校正系数法两种。

地力差减法是根据作物目标产量与基础产量之差来计算施肥量的一种方法。其计算公式如下。

$$\frac{\text{施肥量}}{\text{（千克/亩）}} = \frac{\text{目标产量} \times \text{全肥区经济产量单位养分吸收量} - \text{缺素区产量} \times \text{缺素区经济产量单位养分吸收量}}{\text{肥料中养分含量} \times \text{肥料利用率}}$$

土壤有效养分校正系数法是通过测定土壤有效养分含量来计算施肥量。其计算公式如下。

$$\frac{\text{施肥量}}{\text{（千克/亩）}} = \frac{\text{作物单位产量养分吸收量} \times \text{目标产量} - \text{土壤测试值} \times 0.15 \times \text{土壤有效养分校正系数}}{\text{肥料中养分含量} \times \text{肥料利用率}}$$

**2. 有关参数的确定**

（1）目标产量。目标产量可采用平均单产法来确定。平均单产法是利用施肥区前三年平均单产和年递增率为基础确定目标产量，其计算公式如下。

$$\text{目标产量（千克/亩）} = (1 + \text{递增率}) \times \text{前 3 年平均单产}$$

一般作物的递增率为 10%～15%。

（2）作物需肥量。通过对正常成熟的作物全株养分的分析，测定各种作物百千克经济产量所需养分量，乘以目标常量即可获得作物需肥量。

$$\text{作物目标产量所需养分量（千克）} = \frac{\text{目标产量}}{100} \times \text{百千克产量}$$

所需养分量（千克）

如果没有试验条件，常见粮食作物平均百千克经济产量吸收的养分量可参考表4-1进行确定。

**表4-1 不同作物形成百千克经济产量所需养分（千克）**

| 作物名称 | 收获物 | 从土壤中吸收 N、P₂O₅、K₂O 数量 | | |
|---|---|---|---|---|
| | | N | P₂O₅ | K₂O |
| 水稻 | 稻谷 | 2.1～2.4 | 1.25 | 3.13 |
| 冬小麦 | 籽粒 | 3.00 | 1.25 | 2.50 |
| 春小麦 | 籽粒 | 3.00 | 1.00 | 2.50 |
| 大麦 | 籽粒 | 2.70 | 0.90 | 2.20 |
| 荞麦 | 籽粒 | 3.30 | 1.60 | 4.30 |
| 玉米 | 籽粒 | 2.57 | 0.86 | 2.14 |
| 谷子 | 籽粒 | 2.50 | 1.25 | 1.75 |
| 高粱 | 籽粒 | 2.60 | 1.30 | 3.00 |
| 甘薯 | 块根 | 0.35 | 0.18 | 0.55 |
| 马铃薯 | 块茎 | 0.50 | 0.20 | 1.06 |
| 大豆 | 豆粒 | 7.20 | 1.80 | 4.00 |
| 豌豆 | 豆粒 | 3.09 | 0.86 | 2.86 |

如果没有试验条件，常见经济作物平均百千克经济产量吸收的养分量可参考表4-2确定。

**表4-2 主要经济作物形成百千克经济产量所需养分（千克）**

| 作物名称 | 收获物 | 从土壤中吸收 N、P₂O₅、K₂O 数量 | | |
|---|---|---|---|---|
| | | N | P₂O₅ | K₂O |
| 花生 | 荚果 | 6.80 | 1.30 | 3.80 |
| 棉花 | 籽棉 | 5.00 | 1.80 | 4.00 |
| 油菜 | 菜籽 | 5.80 | 2.50 | 4.30 |
| 大豆 | 豆粒 | 7.20 | 1.80 | 4.00 |
| 芝麻 | 籽粒 | 8.23 | 2.07 | 4.41 |
| 烟草 | 鲜叶 | 4.10 | 0.70 | 1.10 |
| 大麻 | 纤维 | 8.00 | 2.30 | 5.00 |
| 甜菜 | 块根 | 0.40 | 0.15 | 0.60 |
| 甘蔗 | 蔗茎 | 0.15～0.2 | 0.1～0.15 | 0.2～0.25 |
| 茶叶 | 干茶 | 12～14 | 2～2.8 | 4.3～7.5 |
| 食用型向日葵 | 籽粒 | 6.62 | 1.33 | 14.6 |
| 油用型向日葵 | 籽粒 | 7.44 | 1.86 | 16.6 |

如果没有试验条件，常见果树平均百千克经济产量吸收的养分量可参考表4-3确定。

**表4-3　不同果树形成100千克经济产量所需养分（千克）**

| 果树名称 | 收获物 | 从土壤中吸收 N、$P_2O_5$、$K_2O$ 数量 | | |
| --- | --- | --- | --- | --- |
| | | N | $P_2O_5$ | $K_2O$ |
| 苹果树 | 果实 | 0.30～0.34 | 0.08～0.11 | 0.21～0.32 |
| 梨树 | 果实 | 0.4～0.6 | 0.1～0.25 | 0.4～0.6 |
| 桃树 | 果实 | 0.4～1.0 | 0.2～0.5 | 0.6～1.0 |
| 枣树 | 果实 | 1.5 | 1.0 | 1.3 |
| 葡萄 | 果实 | 0.75 | 0.42 | 0.83 |
| 猕猴桃 | 果实 | 1.31 | 0.65 | 1.50 |
| 板栗树 | 果实 | 1.47 | 0.70 | 1.25 |
| 杏树 | 果实 | 0.53 | 0.23 | 0.41 |
| 核桃树 | 果实 | 1.46 | 0.19 | 0.47 |
| 李子树 | 果实 | 0.15～0.18 | 0.02～0.03 | 0.3～0.76 |
| 石榴树 | 果实 | 0.3～0.6 | 0.1～0.3 | 0.3～0.7 |
| 樱桃树 | 果实 | 1.04 | 0.14 | 1.37 |
| 柑橘 | 果实 | 0.12～0.19 | 0.02～0.03 | 0.17～0.26 |
| 脐橙 | 果实 | 0.45 | 0.23 | 0.34 |
| 荔枝 | 果实 | 1.36～1.89 | 0.32～0.49 | 2.08～2.52 |
| 龙眼 | 果实 | 1.3 | 0.4 | 1.1 |
| 杧果 | 果实 | 0.17 | 0.02 | 0.20 |
| 枇杷 | 果实 | 0.11 | 0.04 | 0.32 |
| 菠萝 | 果实 | 0.38～0.88 | 0.11～0.19 | 0.74～1.72 |
| 香蕉 | 果实 | 0.95～2.15 | 0.45～0.6 | 2.12～2.25 |
| 西瓜 | 果实 | 0.29～0.37 | 0.08～0.13 | 0.29～0.37 |
| 甜瓜 | 果实 | 0.35 | 0.17 | 0.68 |
| 草莓 | 果实 | 0.6～1.0 | 0.25～0.4 | 0.9～1.3 |

如果没有试验条件，常见蔬菜平均百千克经济产量吸收的养分量可参考表4-4进行确定。

表4-4 不同蔬菜形成百千克经济产量所需养分

| 蔬菜名称 | 收获物 | N、P₂O₅、K₂O需要数量（千克） | | |
| --- | --- | --- | --- | --- |
| | | N | $P_2O_5$ | $K_2O$ |
| 大白菜 | 叶球 | 1.8～2.2 | 0.4～0.9 | 2.8～3.7 |
| 小油菜 | 全株 | 2.8 | 0.3 | 2.1 |
| 结球甘蓝 | 叶球 | 3.1～4.8 | 0.5～1.2 | 3.5～5.4 |
| 花椰菜 | 花球 | 10.8～13.4 | 2.1～3.9 | 9.2～12.0 |
| 芹菜 | 全株 | 1.8～2.6 | 0.9～1.4 | 3.7～4.0 |
| 菠菜 | 全株 | 2.1～3.5 | 0.6～1.8 | 3.0～5.3 |
| 莴苣 | 全株 | 2.1 | 0.7 | 3.2 |
| 番茄 | 果实 | 2.8～4.5 | 0.5～1.0 | 3.9～5.0 |
| 茄子 | 果实 | 3.0～4.3 | 0.7～1.0 | 3.1～4.6 |
| 辣椒 | 果实 | 3.5～5.4 | 0.8～1.3 | 5.5～7.2 |
| 黄瓜 | 果实 | 2.7～4.1 | 0.8～1.1 | 3.5～5.5 |
| 冬瓜 | 果实 | 1.3～2.8 | 0.5～1.2 | 1.5～3.0 |
| 南瓜 | 果实 | 3.7～4.8 | 1.6～2.2 | 5.8～7.3 |
| 架芸豆 | 豆荚 | 3.4～8.1 | 1.0～2.3 | 6.0～6.8 |
| 豇豆 | 豆荚 | 4.1～5.0 | 2.5～2.7 | 3.8～6.9 |
| 胡萝卜 | 肉质根 | 2.4～4.3 | 0.7～1.7 | 5.7～11.7 |
| 萝卜 | 肉质根 | 2.1～3.1 | 0.8～1.9 | 3.8～5.1 |
| 大蒜 | 鳞茎 | 4.5～5.1 | 1.1～1.3 | 1.8～4.7 |
| 韭菜 | 全株 | 3.7～6.0 | 0.8～2.4 | 3.1～7.8 |
| 大葱 | 全株 | 1.8～3.0 | 0.6～1.2 | 1.1～4.0 |
| 洋葱 | 鳞茎 | 2.0～2.7 | 0.5～1.2 | 2.3～4.1 |
| 生姜 | 块茎 | 4.5～5.5 | 0.9～1.3 | 5.0～6.2 |
| 马铃薯 | 块茎 | 4.7 | 1.2 | 6.7 |

（3）土壤供肥量。土壤供肥量可以通过测定基础产量、土壤有效养分校正系数两种方法估算。

通过基础产量估算（处理1产量）：不施肥区作物所吸收的养分量作为土壤供肥量。

$$土壤供肥量（千克）= \frac{不施养分区农作物产量（千克）}{100} \times 百千克产量所需养分量（千克）$$

如果没有试验条件，不同肥力菜地土壤的有效养分校正系数也可参考表4-5进行确定。

表 4-5　不同肥力菜地的土壤有效养分校正系数参考值

| 蔬菜种类 | 土壤养分 | 土壤有效养分校正系数 | | |
|---|---|---|---|---|
| | | 低肥力 | 中肥力 | 高肥力 |
| 早熟甘蓝 | 碱解氮 | 0.72 | 0.58 | 0.45 |
| | 有效磷 | 0.50 | 0.22 | 0.16 |
| | 速效钾 | 0.72 | 0.54 | 0.38 |
| 中熟甘蓝 | 碱解氮 | 0.85 | 0.72 | 0.64 |
| | 有效磷 | 0.75 | 0.34 | 0.23 |
| | 速效钾 | 0.93 | 0.84 | 0.52 |
| 大白菜 | 碱解氮 | 0.81 | 0.64 | 0.44 |
| | 有效磷 | 0.67 | 0.44 | 0.27 |
| | 速效钾 | 0.77 | 0.45 | 0.21 |
| 番茄 | 碱解氮 | 0.77 | 0.74 | 0.36 |
| | 有效磷 | 0.52 | 0.51 | 0.26 |
| | 速效钾 | 0.86 | 0.55 | 0.47 |
| 黄瓜 | 碱解氮 | 0.44 | 0.35 | 0.30 |
| | 有效磷 | 0.68 | 0.23 | 0.18 |
| | 速效钾 | 0.41 | 0.32 | 0.14 |
| 萝卜 | 碱解氮 | 0.69 | 0.58 | — |
| | 有效磷 | 0.63 | 0.37 | 0.20 |
| | 速效钾 | 0.68 | 0.45 | 0.33 |

（4）肥料利用率。一般通过差减法来计算，利用施肥区作物吸收的养分量减去不施肥区农作物吸收的养分量，其差值视为肥料供应的养分量，再除以所用肥料养分量就是肥料利用率。

$$肥料利用率=\frac{施肥区农作物吸收养分量-缺素区农作物吸收养分量}{肥料施用量×肥料中养分含量}×100\%$$

上述公式以计算氮肥利用率为例来进一步说明。施肥区（NPK区）农作物吸收养分量（千克/亩）："3414"方案中处理 6 的作物总吸氮量；缺氮区（PK区）农作物吸收养分量（千克/亩）："3414"方案中处理 2 的作物总吸氮量；肥料施用量（千克/亩）：施用的氮肥肥料用量；肥料中养分含量（％）：施用的氮肥肥料所标明的含氮量。如果同时使用了不同品种的氮肥，应计算所用的不同氮肥品种的总氮量。

如果没有试验条件，常见肥料的利用率也可参考表4-6。

**表4-6 肥料当年利用率**

| 肥料 | 利用率（%） | 肥料 | 利用率（%） |
|------|-----------|------|-----------|
| 堆肥 | 25～30 | 尿素 | 60 |
| 一般圈粪 | 20～30 | 过磷酸钙 | 25 |
| 硫酸铵 | 70 | 钙镁磷肥 | 25 |
| 硝酸铵 | 65 | 硫酸钾 | 50 |
| 氯化铵 | 60 | 氯化钾 | 50 |
| 碳酸氢铵 | 55 | 草木灰 | 30～40 |

（5）肥料养分含量。供施肥料包括无机肥料与有机肥料。无机肥料、商品有机肥料含量按其标明量，不明养分含量的有机肥料养分含量可参照当地不同类型有机肥养分平均含量获得。

# 任务二　县域施肥分区与肥料配方设计

县域测土配方施肥以土壤类型（土种）、土地利用方式和行政区划（村）的结合作为施肥指导单元，具体工作中可应用土壤图、土地利用现状图和行政区划图叠加求交生成施肥指导单元。应用最适合于当地实际情况的肥料用量推荐方式计算每一个施肥指导单元所需要的氮肥、磷肥、钾肥及微肥用量，根据氮、磷、钾的比例，结合当地肥料生产、销售、使用的实际情况为不同作物设计肥料配方，形成县域施肥分区图。

## 一、施肥指导单元目标产量的确定及单元肥料配方设计

施肥指导单元目标产量确定可采用平均单产法或其他适合于当地的计算方法。根据每一个施肥指导单元氮、磷、钾及微量元素肥料的需要量设计肥料配方，设计配方时可只考虑氮、磷、钾的比例，暂不考虑微量元素肥料。在氮、磷、钾3种元素中，可优先考虑磷、钾的比例设计肥料配方。

## 二、区域肥料配方设计

区域肥料配方一般以县为单位设计，施肥指导单元肥料配方要做到科学性、实用性的统一，应该突出个性化，区域肥料配方在此基础上还要兼顾企业生产供应的可行性，数量不宜太多。

区域肥料配方设计以施肥指导单元肥料配方为基础，应用相应的数学方法（如聚类分析）将大量的配方综合形成几种有限的配方。

设计配方时不仅要考虑农艺需要，还要综合考虑肥料生产厂家、销售商及农民用肥习惯等多种因素，确保设计的肥料配方不仅科学合理，还切实可行。

### 三、制作县域施肥分区图

区域肥料配方设计完成后，按照最大限度节省肥料的原则为每一个施肥指导单元推荐肥料配方，具有相同肥料配方的施肥指导单元即为同一个施肥分区。将施肥指导单元图根据肥料配方进行渲染后即形成了区域施肥分区图。

### 四、肥料配方校验

在肥料配方区域内针对特定作物进行肥料配方验证试验。

### 五、测土配方施肥建议发布

充分应用信息手段如报纸、电视、互联网、触摸屏、掌上电脑、智能手机等发布施肥建议信息。也可制作配方施肥建议卡（表4-7）。

**表4-7　测土配方施肥建议卡**

农户姓名：_____　_____省_____地（市）_____县___乡（镇）_____村　编号_____

地块面积：_____亩　地块位置：_____距村距离：_____

| | 测试项目 | 测试值 | 丰缺指标 | 养分水平评价 | | |
|---|---|---|---|---|---|---|
| | | | | 偏低 | 适宜 | 偏高 |
| 土壤测试数据 | 全氮（克/千克） | | | | | |
| | 碱解氮（毫克/千克） | | | | | |
| | 有效磷（毫克/千克） | | | | | |
| | 速效钾（毫克/千克） | | | | | |
| | 缓效钾（毫克/千克） | | | | | |
| | 有机质（克/千克） | | | | | |
| | pH | | | | | |
| | 有效铁（毫克/千克） | | | | | |
| | 有效锰（毫克/千克） | | | | | |
| | 有效铜（毫克/千克） | | | | | |
| | 有效锌（毫克/千克） | | | | | |
| | 有效硼（毫克/千克） | | | | | |
| | 有效钼（毫克/千克） | | | | | |
| | 交换性钙（毫克/千克） | | | | | |
| | 交换性镁（毫克/千克） | | | | | |
| | 有效硫（毫克/千克） | | | | | |
| | 有效硅（毫克/千克） | | | | | |

（续）

| 作物名称 | | | 作物品种 | | 目标产量<br>（千克/亩） | |
|---|---|---|---|---|---|---|
| | | 肥料配方 | 用量<br>（千克/亩） | 施肥时间 | 施肥方式 | 施肥方法 |
| 推荐方案一 | 基肥 | | | | | |
| | | | | | | |
| | 追肥 | | | | | |
| | | | | | | |
| 推荐方案二 | 基肥 | | | | | |
| | | | | | | |
| | 追肥 | | | | | |
| | | | | | | |

技术指导单位： 　　　　联系方式： 　　　　联系人： 　　　　日期：

# 5 模块五

# 作物专用配方肥料施用

配方施肥是保证农产品安全的重要途径之一，由于不同产区的生态条件差异很大，使得同一种作物在不同产区或不同种植季节，其生长发育不同阶段对养分的需求变化也很大。因此，应根据作物的需肥特性科学地施用肥料，以充分发挥肥料的最大增产、增质效能。

## 任务一 常用化学肥料的种类与特性

### 一、常见氮、磷、钾肥的合理施用技术

农业生产中常见氮肥主要有碳酸氢铵、硝酸铵、尿素等。常见的磷肥主要有过磷酸钙、重过磷酸钙和钙镁磷肥等。常见钾肥主要有硫酸钾和氯化钾等。这些常见的氮、磷、钾肥性质、施用技术及注意事项见表5-1。

为了方便群众施用，我们总结了常见氮、磷、钾肥施用要点歌如下。

碳酸氢铵：碳酸氢铵偏碱性，施入土壤变为中；含氮十六到十七，各种作物都适宜；

高温高湿易分解，施用千万要深埋；牢记莫混钙镁磷，还有草灰人尿粪。

尿素：尿素性平呈中性，各类土壤都适用；含氮高达四十六，根外追肥称英雄；

施入土壤变碳铵，然后才能大水灌；千万牢记要深施，提前施用最关键。

硝酸铵：硝酸铵、生理酸，内含三十四个氮；铵态硝态各一半，吸湿性强易爆燃；

施用最好作追肥，不施水田不混碱；掺和钾肥氯化钾，理化性质大改观。

过磷酸钙：过磷酸钙水能溶，各种作物都适用；混沤厩肥分层施，减少土壤磷固定；

配合尿素硫酸铵，以磷促氮大增产；含磷十八性呈酸，运贮施用莫遇碱。

重过磷酸钙：过磷酸钙名加重，也怕铁铝来固定；含磷高达四十六，俗称重钙呈酸性；

### 表 5-1　常见氮、磷、钾肥的性质、施用及注意事项

| 肥料名称 | 基本性质 | 施用技术 | 注意事项 |
| --- | --- | --- | --- |
| 碳酸氢铵 | 简称碳铵，含氮 16.5%～17.5%。白色或微灰色，呈粒状、板状或柱状结晶。易溶于水，碱性，容易吸湿结块、易挥发，有强烈的刺激性臭味 | 适宜作基肥，也可作追肥，但要深施。旱地作基肥每亩 30～50 千克，追肥每亩 20～40 千克。稻田作基肥每亩 30～40 千克，作追肥每亩 30～40 千克 | 生理中性肥料，适用于各类作物和各种土壤。化学性质不稳定，温度稍高易分解挥发损失。产生的氨气对种子和叶片有腐蚀作用，故不宜作种肥和叶面施肥 |
| 尿素 | 含氮 45%～46%。为白色或浅黄色结晶体，无味无臭，稍有清凉感；易溶于水，水溶液呈中性反应。吸湿性强，肥料级尿素吸湿明显下降。是生理中性肥料，在土壤中不残留任何有害物质，长期施用无不良影响 | 适宜作基肥和追肥，也可作种肥。北方小麦基肥一般每亩 15～20 千克，水田每亩用量为 15～20 千克。作追肥时每亩用尿素 10～15 千克。旱作农作物可采用沟施或穴施，施肥深度 7～10 厘米，施后覆土。水田追肥可采用"以水带氮"深施法。尿素作追肥应提前 4～8 天施入。尿素最适宜根外追肥，一般稻、麦喷施浓度为 1.5%～2.0%，甘薯、花生的喷施浓度为 0.4%～0.80% | 生理中性肥料适用于各类作物和各种土壤。尿素中缩二脲含量超过 1% 时不能作种肥、苗肥和叶面肥。尿素易随水流失，水田施尿素时应注意不要灌水太多，并应结合耘田使之与土壤混合，减少尿素流失 |
| 硝酸铵 | 简称硝铵，含氮量 34%～35%。白色或浅黄色结晶，有颗粒和粉末状。粉末状硝酸铵吸湿性强，易结块；颗粒状硝酸铵吸湿性小。易溶于水，易燃烧和爆炸，为生理中性肥料 | 适宜作追肥，不宜作种肥和基肥。硝酸铵特别适宜于北方旱地作追肥，每亩可施 10～15 千克。没有浇水的旱地应开沟或挖穴施用；水浇地施用后，浇水量不宜过大。雨季应采用少量多次的方式施用 | 一般不建议用于稻田。贮存时要防火、防爆、防潮。在水田中施用效果差，不宜与未腐熟的有机肥混合施用 |
| 过磷酸钙 | 主要成分为磷酸一钙和硫酸钙的复合物，其有效磷（$P_2O_5$）含量为 14%～20%。深灰色、灰白色或淡黄色等粉状物，或制成粒径为 2～4 毫米的颗粒。其水溶液呈酸性反应，具有腐蚀性，易吸湿结块。贮运过程要注意防潮 | 可以作基肥、种肥和追肥，旱地以条施、穴施、沟施效果为好，水稻采用塞秧根和蘸秧根的方法。可与有机肥料混合施用，酸性土壤配施石灰。根外追肥浓度为：水稻、大麦、小麦用 1%～2%；棉花、油菜用 0.5%～1% | 过磷酸钙适宜各种农作物及大多数土壤。过磷酸钙不宜与碱性肥料混 |

（续）

| 肥料名称 | 基本性质 | 施用技术 | 注意事项 |
| --- | --- | --- | --- |
| 重过磷酸钙 | 也称三料磷肥，简称重钙，含磷（$P_2O_5$）42%～45%。一般为深灰色颗粒或粉状，性质与过磷酸钙类似。粉末状重钙易吸潮、结块；含游离磷酸4%～8%，呈酸性，腐蚀性强 | 宜作基肥、追肥和种肥，施用量比过磷酸钙减少一半以上，施用方法同过磷酸钙 | 适用于各种土壤和植物，但在喜硫作物上施用效果不如过磷酸钙 |
| 钙镁磷肥 | 有效磷（$P_2O_5$）含量为14%～20%。黑绿色、灰绿色粉末，不溶于水，溶于弱酸，物理性状好，呈碱性反应 | 多作基肥，施用时要深施、均匀施；在酸性土壤上也可作种肥或蘸秧根；与有机肥料混施有较好效果 | 适宜各种作物和缺磷的酸性土壤，特别是南方酸性红壤；不能与酸性肥料混用，要与普钙、氮肥分开施用 |
| 硫酸钾 | 含钾（$K_2O$）48%～52%。一般呈白色或淡黄色结晶，易溶于水，物理性状好，不易吸湿结块，是化学中性、生理酸性肥料 | 可作基肥、追肥、种肥和根外追肥。旱田作基肥，应深施覆土，减少钾的固定；作追肥时，应集中条施或穴施到农作物根系较密集的土层；沙性土壤一般易追肥；作种肥时，一般每亩用量1.5～2.5千克。叶面施用时配成2%～3%的溶液喷施 | 适宜各种农作物和土壤，对忌氯作物和喜硫作物（油菜、大蒜等）有较好效果；酸性土壤、水田上应与有机肥、石灰配合施用，不易在通气不良的土壤上施用 |
| 氯化钾 | 含钾（$K_2O$）50%～60%。一般为白色或粉红色或淡黄色结晶，易溶于水，物理性状良好，不易吸湿结块，水溶液呈化学中性，属于生理酸性肥料 | 宜作基肥深施，作追肥要早施，不宜作种肥。作基肥通常要在播种前10～15天，结合耕地施入；作早期追肥，一般要求在农作物苗长大后再追 | 适于大多数作物和土壤，但忌氯植物不宜施用，如茶树、马铃薯、甘薯、甜菜等，尤其是幼苗或幼龄期更要少用或不用；盐碱地不宜施用 |

　　用量掌握要灵活，它与普钙用法同；由于含磷比较高，不宜拌种蘸根苗。

　　钙镁磷肥：钙镁磷肥水不溶，溶于弱酸属枸溶；作物根系分泌酸，土壤酸液也能溶；

含磷十八呈碱性，还有钙镁硅锰铜；酸性土壤施用好，石灰土壤不稳定；
小麦油料和豆科，施用效果各不同；施用应作基肥使，一般不作追肥用；
五十千克施一亩，用前堆沤肥效增；若与铵态氮肥混，氮素挥发不留情。

硫酸钾：硫酸钾、较稳定，易溶于水性为中；吸湿性小不结块，生理反应呈酸性；

含钾四八至五十，基种追肥均可用；集中条施或穴施，施入湿土防固定；
酸土施用加矿粉，中和酸性又增磷；石灰土壤防板结，增施厩肥最可行；
每亩用量十千克，块根块茎用量增；易溶于水肥效快，氮磷配合增效应。

氯化钾：氯化钾、早当家，钾肥家族数它大；易溶于水性为中，生理反应呈酸性；

白色结晶似食盐，也有淡黄与紫红；含钾五十至六十，施用不易作种肥；
酸性土施加石灰，中和酸性增肥力；盐碱土上莫用它，莫施忌氯作物地；
亩用一十五千克，基肥追肥都可以；更适棉花和麻类，提高品质增效益。

## 二、常见微量元素肥料的合理施用技术

微量元素肥料主要是一些含硼、锌、钼、锰、铁、铜等营养元素的无机盐类和氧化物。目前常用品种如表5-2。

表5-2　微量元素肥料的种类和性质

| 肥料类型 | 主要成分 | 有效成分含量（%）（以元素计） | 性　质 |
|---|---|---|---|
| 硼酸 | $H_3BO_3$ | 17.5 | 白色结晶或粉末，溶于水 |
| 硼砂 | $Na_2B_4O_7 \cdot 10H_2O$ | 11.3 | 白色结晶或粉末，溶于水 |
| 硫酸锌 | $ZnSO_4 \cdot 7H_2O$ | 23 | 白色或淡橘红色结晶，易溶于水 |
| 钼酸铵 | $(NH_4)_2MoO_4$ | 49 | 青白色结晶或粉末，溶于水 |
| 硫酸锰 | $MnSO_4 \cdot 3H_2O$ | 26~28 | 粉红色结晶，易溶于水 |
| 硫酸亚铁 | $FeSO_4 \cdot 7H_2O$ | 19 | 淡绿色结晶，易溶于水 |
| 硫酸铜 | $CuSO_4 \cdot 5H_2O$ | 25 | 蓝色结晶，溶于水 |

微量元素肥料有多种施用方法。既可作基肥、种肥或追肥施入土壤，又可直接作用于作物，如种子处理、蘸秧根或根外喷施等。常见微量元素肥料的具体施用方法列于表5-3。

### 表5-3 常见微量元素肥料的施用方法

| 肥料 | 基肥 | 拌种 | 浸种 | 根外喷施 |
|------|------|------|------|----------|
| 硼肥 | 硼泥 15～25 千克/亩，硼砂 0.5～1.5 千克/亩，可持续 3～5 年 | — | — | 硼沙或硼酸浓度0.1%～0.2%，喷施 2～3 次 |
| 锌肥 | 硫酸锌 1～2 千克/亩，可持续 2～3 年 | 硫酸锌每千克种子 4 克左右 | 硫酸锌浓度为 0.02%～0.05%；用于水稻时为 0.1% | 硫酸锌浓度 0.1%～0.2%，喷施 2～4 次 |
| 钼肥 | 钼渣 0.25 千克/亩左右，可持续 2～4 年 | 钼酸铵每千克种子 1～2 克左右 | 钼酸铵浓度 0.05%～0.1% | 钼酸铵浓度 0.05%～0.1%，喷施 1～2 次 |
| 锰肥 | 硫酸锰 1～3 千克/亩，可持续 1～2 年，效果较差 | 硫酸锰每千克种子 4～8 克左右 | 硫酸锰浓度为 0.1% | 硫酸锰浓度 0.1%～0.2%，果树 0.3%，喷施 2～3 次 |
| 铁肥 | 大田作物硫酸亚铁2～5 千克/亩，果树55～10 千克/亩 | — | — | 农作物硫酸亚铁浓度0.2%～1.0%；果树0.3%～0.4%，喷 3～4 次 |
| 铜肥 | 硫酸铜 1～2 千克/亩，可持续 3～5 年 | 硫酸铜每千克种子 4～8 克左右 | 硫酸铜浓度为 0.01%～0.05% | 硫酸铜浓度为0.02%～0.04%，喷 1～2 次 |

为了方便群众施用，我们总结了常见微量元素肥料施用要点歌如下。

硼肥：常用硼肥有硼酸，硼砂已经用多年。硼酸弱酸带光泽，三斜晶体粉末白；

有效成分近十八，热水能够溶解它。四硼酸钠称硼砂，干燥空气易风化；含硼十一性偏碱，适应各类酸性田。作物缺硼植株小，叶片厚皱色绿暗。棉花缺硼蕾不花，多数作物花不全。增施硼肥能增产，关键还需巧诊断。麦棉烟麻苜蓿薯，甜菜油菜及果树；这些作物都需硼，用作喷洒浸拌种。浸种浓度掌握稀，万分之一就可以。叶面喷洒作追肥，浓度万分三至七。硼肥拌种经常用，千克种子一克肥。用于基肥农肥混，每亩莫过一千克。

钼肥：常用钼肥钼酸铵，五十四钼六个氮。粒状结晶易溶水，也溶强碱及强酸。

太阳暴晒易风化，失去晶水以及氨。作物缺钼叶失绿，首先表现叶脉间。豆科作物叶变黄，番茄叶边向上卷。柑橘失绿黄斑状，小麦成熟要迟延。

最适豆科十字科，小麦玉米也喜欢。不适葱韭等蔬菜，用作基肥混普钙。
每亩仅用一百克，严防施用超剂量。经常用于浸拌种，根外喷洒最适应。
浸种浓度千分一，根外追肥也适宜。拌种千克需两克，兑水因种各有异。
还有钼肥钼酸钠，含钼有达三十八。白色晶体易溶水，酸地施用加石灰。

锰肥：常用锰肥硫酸锰，结晶白色或淡红。含锰二六至二八，易溶于水易风化。

作物缺锰叶肉黄，出现病斑烧焦状。严重全叶都失绿，叶脉仍绿特性强。
对照病态巧诊断，科学施用是关键。一般亩施三千克，生理酸性农肥混。
拌种千克用八克，二十克重用甜菜。浸种叶喷浓度同，千分之一就可用。
另有氯锰含十七，碳酸锰含三十一。氯化锰含六十八，基肥常用锰废渣。
对锰敏感作物多，甜菜麦类及豆科；玉米谷子马铃薯，葡萄花生桃苹果。

锌肥：常用锌肥硫酸锌，按照剂型有区分：一种七水化合物，白色颗粒或白粉。

含锌稳定二十三，易溶于水为弱酸。二种含锌三十六，菱状结晶性有毒。
最适土壤石灰性，还有酸性沙质土。适应玉米和甜菜，稻麻棉豆和果树。
是否缺锌要诊断，酌情增锌能增产。玉米对锌最敏感，缺锌叶白穗秃尖。
小麦缺锌叶缘白，主脉两侧条状斑。果树缺锌幼叶小，缺绿斑点连成片。
水稻缺锌草丛状，植株矮小生长慢。亩施莫超两千克，混合农肥生理酸。
遇磷生成磷酸锌，不易溶水肥效减。玉米常用根外喷，浓度一定要定真。
若喷百分零点五，外添一半石灰熟。这个浓度经常用，还可用来喷果树。
其他作物千分三，连喷三次效明显。拌种千克四克肥，浸种一克就可以。
另有锌肥氯化锌，白色粉末锌氯粉。含锌较高四十八，制造电池常用它。
还有锌肥氧化锌，又叫锌白锌氧粉。含锌高达七十八，不溶于水和乙醇。
百分之一悬浊液，可用秧苗来蘸根。能溶醋酸碳酸铵，制造橡胶可充填。
医药可用作软膏，油漆可用作颜料。最好锌肥熬合态，易溶于水肥效高。

铁肥：常用铁肥有黑矾，又名亚铁色绿蓝。含铁十九硫十二，易溶于水性为酸。

南方稻田多缺硫，施用一季壮一年。北方土壤多缺铁，直接施地肥效减；
应混农肥人粪尿，用于果树大增产；施用黑矾五千克，二百千克农肥掺；
集中施于树根下，增产效果更可观；为免土壤来固定，最好根外追肥用；
亩需黑矾二百克，兑水一百千克整；时间掌握出叶芽，连喷三次效果明；
也可树干钻小孔，株塞两克入孔中；还可针注果树干，浓度百分零点三。
作物缺铁叶失绿，增施黑矾肥效速。最适作物有玉米，高粱花生大豆蔬。

铜肥：前铜肥有多种，溶水只有硫酸铜。五水含铜二十五，蓝色结晶有毒性。

　　应用铜肥有技术，科学诊断看苗情。作物缺铜叶尖白，叶缘多呈黄灰色。
果树缺铜顶叶簇，上部顶梢多死枯。认准缺铜才能用，多用基肥浸拌种。
基肥亩施一千克，可掺十倍细土混。重施石来沙壤土，土壤肥沃富钾磷；
麦麻玉米及莴苣，洋葱菠菜果树敏。浸种用水十千克，兑肥零点两克准。
外加五克氢氧钙，以免作物受毒害。根外喷洒浓度大，氢氧化钙加百克。
掺拌种子一千克，仅需铜肥为一克。硫酸铜加氧化钙，波尔多液防病害。
常用浓度百分一，掌握等量五百克。铜肥减半用苹果，小麦柿树和白菜。
石灰减半用葡萄，番茄瓜类及辣椒。由于铜肥有毒性，浓度宁稀不要浓。

## 三、复混肥料的合理施用技术

　　复混肥料是指氮、磷、钾三种养分中至少有两种养分标明量的，由化学方法和（或）掺混方法制成的肥料。按其制造方法一般可分为复合肥料、复混肥料和掺混肥料。复混肥料的有效成分一般用 $N - P_2O_5 - K_2O$ 的百分含量来表示。如含 $N$ 13%、$K_2O$ 44% 的硝酸钾，可用 13 - 0 - 44 来表示。

　　**1. 常见复合肥料的合理施用技术**　常见的主要包括磷酸铵、硝酸磷肥、磷酸二氢钾等。各种常见复合肥料的性质、施用技术见表 5 - 4。

表 5 - 4　常见复合肥料的性质、施用技术

| 肥料名称 | 基本性质 | 施用技术 | 注意事项 |
|---|---|---|---|
| 磷酸铵系列 | 　　磷酸一铵的分子式为 $NH_4 H_2PO_4$，含氮 10%～14%、五氧化二磷 42%～44%。外观为灰白色或淡黄色颗粒或粉末，不易吸潮、结块，易溶于水，其水溶液为酸性，性质稳定，氨不易挥发。<br>　　磷酸二铵的分子式为 $(NH_4)_2 HPO_4$，含氮 18%、五氧化二磷计 46%。纯品白色，一般商品外观为灰白色或淡黄色颗粒或粉末，易溶于水，水溶液中性至偏碱，不易吸潮、结块，相对于磷酸一铵，性质不是十分稳定，在湿热条件下氨易挥发。<br>　　目前，用作肥料磷酸铵产品，实际是磷酸一铵、磷酸二铵的混合物，含氮 12%～18%、五氧化二磷 47%～53%。产品多为颗粒状，性质稳定，并加有防湿剂以防吸湿分解。易溶于水，水溶液中性 | 　　可用作基肥、种肥，也可以叶面喷施。作基肥一般每亩用量 15～25 千克，通常在整地前结合耕地将肥料施入土壤；也可在播种后开沟施入。作种肥时，通常将种子和肥料分别播入土壤，每亩用量 2.5～5 千克 | 　　基本适合所有土壤和作物。磷酸铵不能和碱性肥料混合施用。当季如果施用足够的磷酸铵，后期一般不需再施磷肥，应以补充氮肥为主。施用磷酸铵的作物应补充施用氮、钾肥，同时应优先用在需磷较多的作物和缺磷土壤。磷酸铵用作种肥时要避免与种子直接接触 |

（续）

| 肥料名称 | 基本性质 | 施用技术 | 注意事项 |
|---|---|---|---|
| 硝酸磷肥 | 主要成分是磷酸二钙、硝酸铵、磷酸一铵，另外还含有少量的硝酸钙、磷酸二铵。含氮 13％～26％、五氧化二磷 12％～20％。冷冻法生产的硝酸磷肥中有效磷 75％为水溶性磷，25％为弱酸溶性磷；碳化法生产的硝酸磷肥中磷基本都是弱酸溶性磷；硝酸—硫酸法生产的硝酸磷 30％～50％为水溶性磷。硝酸磷肥一般为灰白色颗粒，有一定的吸湿性，部分溶于水，水溶液与酸性反应 | 硝酸磷肥主要作基肥和追肥。作基肥条施、深施效果较好，每亩用量 45～55 千克。一般是在底肥不足的情况下作追肥施用 | 易助燃和爆炸。呈酸性，适宜施用在北方石灰质的碱性土壤上，不适宜施用在南方酸性土壤上。硝酸磷肥含硝态氮，容易随水流失。水田作物上应尽量避免施用该肥料。硝酸磷肥做追肥时应避免根外喷施 |
| 硝酸钾 | 含 N 13％，含 $K_2O$ 46％。纯净的硝酸钾为白色结晶，粗制品略带黄色，有吸湿性，易溶于水，为化学中性，生理中性肥料。在高温下易爆炸，属于易燃易爆物质，在贮运、施用时要注意安全 | 适作旱地追肥，每亩用量一般 5～10 千克。可做根外追肥，适宜浓度为 0.6％～1％。在干旱地区还可以与有机肥混合作基肥施用，每亩用量 10 千克。硝酸钾还可用来拌种、浸种，浓度为 0.2％ | 硝酸钾适合各种作物，对马铃薯、烟草、甜菜、葡萄、甘薯等喜钾而忌氯的作物具有良好的肥效，在豆科作物上反应也比较好。运输、贮存和施用时要注意防高温，切忌与易燃物接触 |
| 磷酸二氢钾 | 含五氧化二磷 52％、氧化钾 35％，灰白色粉末，吸湿性小，物理性状好，易溶于水，是一种很好的肥料，但价格高 | 可作基肥、追肥和种肥。因其价格贵，多用于根外追肥和浸种。喷施浓度 0.1％～0.3％，在作物生殖生长期开始时使用；浸种浓度为 0.2％ | 主要用作叶面喷施、拌种和浸种，适宜各种作物。磷酸二氢钾和一些氮素化肥、微肥及农药等做到合理配合，进行混施 |

为了方便群众施用，我们总结了磷酸铵施用要点歌。

磷酸一铵：磷酸一铵性为酸，四十四磷十一氮。我国土壤多偏碱，适应尿素掺一铵。

氮磷互补增肥效，省工省钱又高产。

磷酸二铵：磷酸二铵性偏碱，四十六磷十八氮。国产二铵含量低，四十五磷氮十三。

按理应施酸性地，碱地不如施一铵。施用最好掺尿素，随掺随用能增产。

硝酸磷肥：硝酸磷肥性偏酸，复合成分有磷氮。二十六氮十三磷，最适中等小麦田。

由于含有硝态氮，最好施用在旱田。遇碱也能放出氨，储运都要严加管。

磷酸二氢钾：复肥磷酸二氢钾，适宜根外来喷洒。一亩土地百余克，提前成熟籽粒大。

内含五十二个磷，还含三十四个钾；易溶于水呈酸性，还可用来浸拌种。

**2. 复混肥料** 按对作物的用途划分，可分为专用肥和通用肥两种。

专用肥是针对不同作物对氮、磷、钾三元素的需求规律而生产出的氮、磷、钾含量和比例差异的复混肥料。目前常用的品种有果树专用肥（9-7-9-Fe）、西瓜专用肥（9-7-9）、叶菜类蔬菜专用肥（12-5-8-B）、果菜类蔬菜专用肥（9-7-9-Zn-B）、根菜类蔬菜专用肥（8-10-7-S-Mg）、小麦专用肥（8-10-7-Mn）、棉花专用肥（9-9-9-B）、春玉米专用肥（12-5-8-Zn）、夏玉米专用肥（9-6-10-Zn）、花生大豆专用肥（7-10-8-Mo）、水稻专用肥（12-6-7-Si）、烟草专用肥（6-7-12-Mg）等。专用肥一般做基肥。

通用肥是大的生产厂家为了保持常年生产或在不同用肥季节交替时加工的产品，主要品种有 15-15-15、10-10-10、8-8-9 等，适宜于各种作物和土壤，一般做基肥。

# 任务二 常用有机肥料的种类与特性

有机肥料是指利用各种有机废弃物料，加工积制而成的含有有机物质的肥料总称。目前已有工厂化积制的有机肥料出现，这些有机肥料被称作商品有机肥料。有机肥料按其来源、特性、积制方法、未来发展等方面综合考虑，可以分为四类，即农家肥、秸秆肥、绿肥、商品有机肥等。

## 一、农家肥

农家肥是农村就地取材、就地积制、就地施用的一类自然肥料。主要包括人畜粪尿、厩肥、禽粪、堆肥、沤肥、饼肥等。

**1. 人粪尿肥** 人粪尿是一种养分含量高、肥效快的有机肥料。

（1）基本性质。人粪含有 70%～80% 的水分、20% 左右的有机物和 5% 左右的无机物，新鲜人粪一般呈中性；人尿约含 95% 的水分、5% 左右的水溶性有机物和无机盐类，新鲜的尿液为淡黄色透明液体，不含有微生物，因含有少量磷酸盐和有机酸而呈弱酸性。

　　人粪尿的排泄量和其中的养分及有机质含量因人而异，不同的年龄、饮食状况和健康状况都不相同（表5-5）。

表5-5　人粪尿的养分含量

| 种　　类 | 主要成分含量（鲜基，%） | | | | |
|---|---|---|---|---|---|
| | 水分 | 有机物 | N | $P_2O_5$ | $K_2O$ |
| 人粪 | >70 | 约20 | 1.00 | 0.50 | 0.37 |
| 人尿 | >90 | 约3 | 0.50 | 0.13 | 0.19 |
| 人粪尿 | >80 | 5~10 | 0.5~0.8 | 0.2~0.4 | 0.2~0.3 |

　　（2）安全施用。人粪尿适合于大多数经济作物，尤其是纤维类植物（如麻类等）施用效果更为显著。但对忌氯的经济作物（甜菜、烟草等）应当少用。

　　人粪尿适用于各种土壤，尤其是含盐量在0.05%以下的土壤，具有灌溉条件的土壤，以及雨水充足地区的土壤。但对于干旱地区灌溉条件较差的土壤和盐碱土，施用人粪尿时应加水稀释，以防止土壤盐渍化加重。

　　人粪尿可作基肥和追肥施用，人尿还可以作种肥用来浸种。人粪尿每亩施用量一般为500~1 000千克，还应配合其他有机肥料和磷、钾肥等。

　　**2. 家畜粪尿**　家畜粪尿主要指人们饲养的牲畜，如猪、牛、羊、马、驴、骡、兔等的排泄物及鸡、鸭、鹅等禽类排泄的粪便。

　　（1）基本性质。家畜粪尿中养分的含量常因家畜的种类、年龄、饲养条件等而有差异，表5-6是各种家畜粪尿中主要养分的平均含量。

表5-6　新鲜家畜粪尿中主要养分的平均含量（%）

| 家畜种类 | | 水分 | 有机质 | 氮（N） | 磷（$P_2O_5$） | 钾（$K_2O$） | C/N |
|---|---|---|---|---|---|---|---|
| 猪 | 粪 | 81.5 | 15.0 | 0.60 | 0.40 | 0.44 | |
| | 尿 | 96.7 | 2.8 | 0.30 | 0.12 | 1.00 | |
| 马 | 粪 | 75.8 | 21.0 | 0.58 | 0.30 | 0.24 | |
| | 尿 | 90.1 | 7.1 | 1.20 | 微量 | 1.50 | |
| 牛 | 粪 | 83.3 | 14.5 | 0.32 | 0.25 | 0.16 | |
| | 尿 | 93.8 | 3.5 | 0.95 | 0.03 | 0.95 | |
| 羊 | 粪 | 65.5 | 31.4 | 0.65 | 0.47 | 0.23 | |
| | 尿 | 87.2 | 8.3 | 1.68 | 0.03 | 2.10 | |

　　（2）安全施用。各类家畜粪的性质与施用可参考表5-7。

表 5-7 家畜粪尿的性质与施用

| 家畜粪尿 | 性 质 | 施 用 |
|---|---|---|
| 猪粪 | 质地较细，含纤维少，C/N 低，养分含量较高，且蜡质含量较多；阳离子交换量较高；含水量较多，纤维分解细菌少，分解较慢，产热少 | 适宜于各种土壤和经济作物，可作基肥和追肥 |
| 牛粪 | 粪质地细密，C/N 21：1，含水量较高，通气性差，分解较缓慢，释放出的热量较少，称为冷性肥料 | 适宜于有机质缺乏的轻质土壤，作基肥 |
| 羊粪 | 质地细密干燥，有机质和养分含量高，C/N 12：1分解较快，发热量较大，热性肥料 | 适宜于各种土壤，可作基肥 |
| 马粪 | 纤维素含量较高，疏松多孔，水分含量低，C/N 13：1，分解较快，释放热量较多，称为热性肥料 | 适宜于质地黏重的土壤，多作基肥 |
| 兔粪 | 富含有机质和各种养分，C/N 窄，易分解，释放热量较多，热性肥料 | 多用于茶、桑、瓜等植物，可作基肥和追肥 |
| 禽粪 | 纤维素较少，粪质细腻，养分含量高于家畜粪，分解速度较快，发热量较低 | 适宜于各种土壤和经济作物，可作基肥和追肥 |

**3. 厩肥** 厩肥是以家畜粪尿为主，和各种垫圈材料（如秸秆、杂草、黄土等）和饲料残渣等混和积制的有机肥料统称。北方称为"土粪"或"圈粪"，南方称为"草粪"或"栏粪"。

（1）基本性质。不同的家畜，由于饲养条件不同和垫圈材料的差异，可使各种和各地厩肥的成分有较大差异，特别是有机质和氮素的含量差异更显著，见表 5-8。

表 5-8 新鲜厩肥中主要养分的平均含量（%）

| 种类 | 水分 | 有机质 | N | $P_2O_5$ | $K_2O$ | CaO | MgO |
|---|---|---|---|---|---|---|---|
| 猪厩肥 | 72.4 | 25.0 | 0.45 | 0.19 | 0.60 | 0.08 | 0.08 |
| 牛厩肥 | 77.5 | 20.3 | 0.34 | 0.16 | 0.40 | 0.31 | 0.11 |
| 马厩肥 | 71.3 | 25.4 | 0.58 | 0.28 | 0.53 | 0.21 | 0.14 |
| 羊厩肥 | 64.3 | 31.8 | 0.083 | 0.23 | 0.67 | 0.33 | 0.28 |

（2）安全施用。厩肥中的养分大部分是迟效性的，养分释放缓慢，因此应作基肥施用。但腐熟的优质厩肥也可用追肥，只是肥效不如基肥效果好。施用时应撒施均匀，随施随耕翻。

施用厩肥不一定用完全腐熟的，一般应根据作物种类、土壤性质、气候条件、肥料本身的性质以及施用的主要目的而有所区别。一般来说，块根、块茎作物对厩肥的利用率较高，可施用半腐熟厩肥；而禾本科作物对厩肥的利用率较低，应选用腐熟程度高的厩肥。生育期短的，应施用腐熟厩肥；生育期长的可用半腐熟厩肥。若施用厩肥的目的是为了改良土壤，就可以选择腐熟程度稍差的，让厩肥在土壤中进一步分解，这样有助于改良土质；若用做苗肥施用，则应选择腐熟程度较好的厩肥。就土壤条件而言，质地黏重，排水差的土壤，应施用腐熟的厩肥，而且不宜耕翻过深；沙质土壤则可施用半腐熟厩肥，翻耕深度可适当加深。

**4. 堆肥**　堆肥是利用秸秆、杂草、绿肥、泥炭、垃圾和人畜粪尿等废弃物为原料，混合后按一定方式进行堆制的肥料。

（1）基本性质。堆肥的性质基本和厩肥类似，其养分含量因堆肥原料和堆制方法不同而有差别（表 5 - 9）。堆肥一般含有丰富的有机质，碳氮比较小，养分多为速效态；堆肥还含有维生素、生长素及微量元素等。

表 5 - 9　堆肥的养分含量（%）

| 种类 | 水分 | 有机质 | 氮（N） | 磷（$P_2O_5$） | 钾（$K_2O$） | C/N |
|------|------|--------|---------|---------|---------|-----|
| 高温堆肥 | — | 24～42 | 1.05～2.00 | 0.32～0.82 | 0.47～2.53 | 9.7～10.7 |
| 普通堆肥 | 60～75 | 15～25 | 0.4～0.5 | 0.18～0.26 | 0.45～0.70 | 16～20 |

（2）安全施用。堆肥主要作基肥，每亩施用量一般为 1 000～2 000 千克。用量较多时，可以全耕层均匀混施；用量较少时，可以沟施或穴施。在温暖多雨季节或地区，或在土壤疏松通透性较好的条件下，或种植生育期较长的经济作物和多年生经济作物时，或当施肥与播种或插秧期相隔较远时，可以使用半腐熟或腐熟程度更低的堆肥。

堆肥还可以作种肥和追肥使用。作种肥时常与过磷酸钙等磷肥混匀后施用，作追肥时应提早施用，并尽量施入土中，以利于养分的保持和肥效的发挥。堆肥和其他有机肥料一样，虽然是营养较为全面的肥料，氮养分含量相对较低，需要和化肥一起配合施用，以更好地发挥堆肥和化肥的肥效。

**5. 沤肥**　沤肥是利用秸秆、杂草、绿肥、泥炭、垃圾和人畜粪尿等废弃物为原料混合后，按一定方式进行沤制的肥料。沤肥因积制地区、积制材料和积制方法的不同而名称各异，如江苏的草塘泥，湖南的凼肥，江西和安徽的窖肥，湖北和广西的挡肥，北方地区的坑凼肥等，都属于凼肥。

（1）基本性质。凼肥的养分含量因材料配比和积制方法的不同而有较大的差异，一般而言，凼肥的 pH 为 6～7，有机质含量为 3%～12%，全氮量为 2.1～4.0 克/千克，速效氮含量为 50～248 毫克/千克，全磷含量（$P_2O_5$）为 1.4～2.6 克/千克，有效磷（$P_2O_5$）含量为 17～278 毫克/千克，全钾（$K_2O$）含量为 3.0～5.0 克/千克，速效钾（$K_2O$）含量为 68～185 毫克/千克。

（2）安全施用。凼肥一般作基肥施用，多用于水田，也可用于旱地。在水田中施用时，应在耕作和灌水前将凼肥均匀施入土壤，然后进行翻耕、耙地，再进行插秧。在旱地上施用时，也应结合耕地作基肥。每亩凼肥的施用量一般在 2 000～5 000 千克，并注意配合化肥和其他肥料一起施用，以解决凼肥肥效长，但速效养分供应强度不大的问题。

**6. 沼气发酵肥**　沼气发酵产生的沼气可以缓解农村能源的紧张，协调农牧业的均衡发展，发酵后的废弃物（池渣和池液）还是优质的有机肥料，即沼气发酵肥料，也称沼气池肥。

（1）基本性质。沼气发酵产物除沼气可作为能源使用、粮食储藏、沼气孵化和柑橘保鲜外，沼液（占总残留物的 13.2%）和池渣（占总残留物的 86.8%）还可以进行综合利用。沼液含有效氮 0.03%～0.08%，有效磷 0.02%～0.07%，速效钾 0.05%～1.40%，同时还含有钙、镁、硫、硅、铁、锌、铜、钼等各种矿质元素，以及各种氨基酸、维生素、酶和生长素等活性物质。池渣含全氮 5～12.2 克/千克（其中速效氮占全氮的 82%～85%），有效磷 50～300 毫克/千克，速效钾 170～320 毫克/千克，以及大量的有机质。

（2）安全施用。沼液是优质的速效性肥料，可作追肥施用。一般土壤追肥每亩施用量为 2 000 千克，并且要深施覆土。沼气池液还可以作叶面追肥，又以烟草、西瓜等经济植物最佳，将沼液和水按 1∶1～2 稀释，7～10 天喷施 1 次，可获得很好的效果。除了单独施用外，沼液还可以用来浸种，可以和池渣混合作基肥和追肥施用。

池渣可以和沼液混合施用，作基肥每亩施用量为 2 000～3 000 千克，作追肥每亩施用量 1 000～1 500 千克。池渣也可以单独作基肥或追肥施用。

**7. 其他农家肥**　除上述农家肥以外的农家肥，也称为杂肥，包括泥炭及腐殖酸类肥料、饼肥或菇渣、城市有机废弃物等，它们的养分含量及施用方法如表 5-10。

表 5-10 杂肥类有机肥料的养分含量与施用

| 名称 | 养分含量 | 安全科学施用 |
|---|---|---|
| 泥炭 | 含有机质 40%～70%，腐殖酸 20%～40%；全氮 0.49%～3.27%，全磷 0.05%～0.6%，全钾 0.05%～0.25%，多酸性至微酸性反应 | 多作垫圈或堆肥材料、肥料生产原料、营养钵无土栽培基质，一般较少直接施用 |
| 饼肥 | 主要有大豆饼、菜籽饼、花生饼等，含有机质 75%～85%、全氮 1.1%～7.0%、全磷 0.4%～3.0%、全钾 0.9%～2.1%、蛋白质及氨基酸等 | 一般作饲料，不做肥料。若用作肥料可作基肥和追肥，但需腐熟 |
| 菇渣 | 含有机质 60%～70%、全氮 1.62%、全磷 0.454%、钾 0.9%～2.1%、速效氮 212 毫克/千克、有效磷 188 毫克/千克，并含丰富微量元素 | 可作饲料、吸附剂、栽培基质。腐熟后可作基肥和追肥 |
| 城市垃圾 | 处理后垃圾肥含有机质 2.2%～9.0%、全氮 0.18%～0.20%、全磷 0.23%～0.29%、全钾 0.29%～0.48% | 经腐熟并达到无害化后多作基肥施用 |

## 二、商品有机肥料

商品有机肥料是以植物和动物残体积畜禽粪便等富含有机物质的资源为主要原料，采用工厂化方式生产的有机肥料。商品有机肥料主要有精制有机肥料、生物有机肥、有机无机复混肥等，一般主要是指精制有机肥料。

**1. 商品有机肥料的技术指标** 商品有机肥料必须按肥料登记管理办法办理肥料登记，并取得登记证号，方可在农资市场上流通销售。商品有机肥料外观要求为褐色或灰褐色，粒状或粉状，无机械杂质，无恶臭。其技术指标如表 5-11。

表 5-11 商品有机肥的技术指标（NY 525—2002）

| 项 目 | 指 标 |
|---|---|
| 有机质（以干基计）（%） | ≥30.0 |
| 总养分（$N+P_2O_5+K_2O$）（%） | ≥4.0 |
| 水分（游离水）（%） | ≤20.0 |
| pH | 5.5～8.0 |

有机肥料中的重金属含量、蛔虫卵死亡率和大肠杆菌值应符合 GB 8172 的要求指标。

**2. 商品有机肥料的安全施用** 商品有机肥料一般作基肥施用，也可作追肥。一般每亩施用 100～300 千克。施用时应根据土壤肥力，推荐量有所不同。如果用作基肥时，最好配合氮磷钾复混肥，肥效会更佳。

### 三、秸秆肥

秸秆用作肥料的基本方法是将秸秆粉碎埋于农田中自然发酵，或者发酵后施于农田中。

**1. 催腐剂堆肥技术**　催腐剂就是根据微生物中的钾细菌、氨化细菌、磷细菌、放线菌等有益微生物的营养要求，以有机物（包括作物秸秆、杂草、生活垃圾）为培养基，选用适合有益微生物营养要求的化学药品制成定量氮、磷、钾、钙、镁、铁、硫等营养的化学制剂，有效地改善了有益微生物的生态环境，加速了有机物腐烂分解。该技术在玉米、小麦秸秆的堆沤中应用效果很好，目前在我国北方一些省市已开始推广。

秸秆催腐方法为选择靠水源的场所、地头、路旁平坦地。堆腐 1 吨秸秆需用催腐剂 1.2 千克，1 千克催腐剂需用 80 千克清水溶解。先将秸秆与水按 1:1.7 充分湿透后，用喷雾器将溶解的催腐剂均匀喷洒于秸秆中，然后把喷洒过催腐剂的秸秆堆成宽 1.5 米、高 1 米左右的堆垛，用泥密封，防止水分蒸发和养分流失，冬季为了缩短堆腐时间，可在泥上加盖薄膜提温保温（厚约 1.5 厘米）。

使用催腐剂堆腐秸秆后，能加速有益微生物的繁殖，促进其中粗纤维、粗蛋白的分解，并释放大量热量，使堆温快速提高，平均堆温达 54℃。不仅能杀灭秸秆中的致病真菌、虫卵和杂草种子，加速秸秆腐解，提高堆肥质量，使堆肥有机质含量比碳酸氢铵堆肥提高 54.9%、速效氮提高 10.3%、有效磷提高 76.9%、速效钾提高 68.3%，而且能使堆肥中的氨化细菌比碳酸氢铵堆肥增加 265 倍、钾细菌增加 1231 倍、磷细菌增加 11.3%、放线菌增加 5.2%，成为高效活性生物有机肥。

**2. 速腐剂堆肥技术**　秸秆速腐剂是在"301"菌剂的基础上发展起来的，由多种高效有益微生物和数二种酶类以及无机添加剂组成的复合菌剂。将速腐剂加入秸秆中，在有水的条件下，菌株能大量分泌纤维酶，能在短期内将秸秆粗纤维分解为葡萄糖，因此施入土壤后可迅速培肥土壤，减轻作物病虫害，刺激作物增产，实现用地养地相结合。实际堆腐应用表明，采用速腐剂腐烂秸秆，高效快速，不受季节限制，且堆肥质量好。

秸秆速腐剂一般由两部分构成：一部分是以分解纤维能力很强的腐生真菌等为中心的秸秆腐熟剂，质量为 500 克，占速腐剂总数的 80%，属于高湿型菌种，在堆沤秸秆时能产生 60℃以上的高温，20 天左右将种类秸秆堆腐成肥料。另一部分是由固氮、有机、无机磷细菌和钾细菌组成的增肥剂，质量为 200 克（每种菌均为 50 克），它要求 30~40℃的中温，在翻捣肥堆时加入，旨在提高堆肥肥效。

秆秸速腐方法如下：按秸秆重的 2 倍加水，使秸秆湿透，含水量约达 65%，再按秸秆重的 0.1%加速腐剂，另加 0.5%～0.8%的尿素调节 C/N 值，亦可用 10%的人畜粪尿代替尿素。堆沤分三层，第一层、第二层各厚 60 厘米，第三层（顶层）厚 30～40 厘米，速腐剂和尿素用量比自下而上按 4：4：2 分配，均匀撒入各层，将秸秆堆垛（宽 2 米，高 1.5 米），堆好后用铁锹轻轻拍实，就地取泥封堆交加盖农膜，以保水、保温、保肥，防止雨水冲刷。此法不受季节和地点限制，干草、鲜草均可利用，扒制的成肥有机质可达 60%，且含有 8.5%～10%的氮、磷、钾及微量元素，主要用作基肥，一般每亩施用 250 千克。

**3. 酵素菌堆肥技术** 酵素菌是由能够产生多种酶的好（兼）氧细菌、酵母菌和霉菌组成的有益微生物群体。利用酵素菌产生的水解酶的作用，在短时间内，可以把作物秸秆等有机质材料进行糖化和氮化分解，产生低分子的糖、醇、酸，这些物质是封中有益微生物生长繁殖的良好培养基，可以促进堆肥中放射线菌的大量繁殖，从而改善土壤的微生态环境，创造作物生长发育所需的良好环境。利用酵素菌把大田作物秸秆堆沤成优质有机肥后，可施用于经济作物上。

堆腐材料有秸秆 1 吨，麸皮 120 千克，钙镁磷肥 20 千克，酵素菌扩大菌 16 千克，红糖 2 千克，鸡粪 400 千克。堆腐方法是：先将秸秆在堆肥池外喷水湿透，使含水量达到 50%～60%，依次将鸡粪均匀铺撒在秸秆上，麸皮和红糖（研细）均匀撒到鸡粪上，钙镁磷肥和扩大酵素菌均匀搅拌在一起，再均匀撒在麸皮和红糖上；然后用叉拌匀后挑入简易堆肥池里，底宽 2 米左右，堆高 1.8～2 米，顶部呈圆拱形，顶端用塑料薄膜覆盖，防止雨水淋入。

## 四、绿肥

利用植物生长过程中所产生的全部或部分绿色体，直接或间接翻压到土壤中作肥料，称为绿肥。

**1. 绿肥的养分含量** 绿肥植物鲜草产量高，含较丰富的有机质，有机质含量一般在 12%～15%（鲜基），而且养分含量较高（表 5 - 12）。

表 5 - 12 主要绿肥植物养分含量

| 绿肥品种 | 鲜草主要成分（鲜基%） | | | 干草主要成分（干基%） | | |
| --- | --- | --- | --- | --- | --- | --- |
| | N | $P_2O_5$ | $K_2O$ | N | $P_2O_5$ | $K_2O$ |
| 草木樨 | 0.52 | 0.13 | 0.44 | 2.82 | 0.92 | 2.42 |
| 毛叶苕子 | 0.54 | 0.12 | 0.40 | 2.35 | 0.48 | 2.25 |
| 紫云英 | 0.33 | 0.08 | 0.23 | 2.75 | 0.66 | 1.91 |
| 黄花苜蓿 | 0.54 | 0.14 | 0.40 | 3.23 | 0.81 | 2.38 |

（续）

| 绿肥品种 | 鲜草主要成分（鲜基%） | | | 干草主要成分（干基%） | | |
| --- | --- | --- | --- | --- | --- | --- |
| | N | $P_2O_5$ | $K_2O$ | N | $P_2O_5$ | $K_2O$ |
| 紫花苜蓿 | 0.56 | 0.18 | 0.31 | 2.32 | 0.78 | 1.31 |
| 田菁 | 0.52 | 0.07 | 0.15 | 2.60 | 0.54 | 1.68 |
| 沙打旺 | — | — | — | 3.08 | 0.36 | 1.65 |
| 柽麻 | 0.78 | 0.15 | 0.30 | 2.98 | 0.50 | 1.10 |
| 肥田萝卜 | 0.27 | 0.06 | 0.34 | 2.89 | 0.64 | 3.66 |
| 紫穗槐 | 1.32 | 0.36 | 0.79 | 3.02 | 0.68 | 1.81 |
| 箭筈豌豆 | 0.58 | 0.30 | 0.37 | 3.18 | 0.55 | 3.28 |
| 水花生 | 0.15 | 0.09 | 0.57 | — | — | — |
| 水葫芦 | 0.24 | 0.07 | 0.11 | — | — | — |
| 水浮莲 | 0.22 | 0.06 | 0.10 | — | — | — |
| 绿萍 | 0.30 | 0.04 | 0.13 | 2.70 | 0.35 | 1.18 |

**2. 绿肥的合理利用** 目前，我国绿肥主要利用方式有直接翻压、作为原材料积制有机肥料和用作饲料。绿肥直接翻压（也叫压青）施用后的效果与翻压绿肥的时期、翻压深度、翻压量和翻压后的水肥管理密切相关。

（1）绿肥翻压时期。常见绿肥品种中紫云英应在盛花期；苕子和田菁应在现蕾期至初花期；豌豆应在初花期；柽麻应在初花期至盛花期。翻压绿肥时期的选择除了根据不同品种绿肥植物的生长特性外，还要考虑经济作物的播种期和需肥时期。一般应与播种和移栽期有一段时间间距，大约 10 天左右。

（2）绿肥翻压量与深度。绿肥翻压量一般根据绿肥中的养分含量、土壤供肥特性和植物的需肥量来考虑，每亩应控制在 1 000～1 500 千克，然后再配合施用适量的其他肥料，来满足植物对养分的需求。绿肥翻压深度一般考虑耕作深度，大田应控制在 15～20 厘米，不宜过深或过浅。

（3）翻压后水肥管理。绿肥在翻压后，应配合施用磷、钾肥，既可以调整 N/P，还可以协调土壤中氮、磷、钾的比例，从而充分发挥绿肥的肥效。对于干旱地区和干旱季节，还应及时灌溉，尽量保持充足的水分，加速绿肥的腐熟。

## 五、腐殖酸肥料

腐殖酸肥料过去常作为有机肥料的一种利用，由于近年来人们对作物品质要求较高，以及肥料生产技术的改进，腐殖酸肥料的产品越来越多，已得到农民群众的认可。

**1. 腐殖酸肥料性质** 腐殖酸肥料品种主要有腐殖酸铵、硝基腐殖酸铵、腐殖酸磷、腐殖酸铵磷、腐殖酸钠、腐殖酸钾等。

(1) 腐殖酸铵。简称腐铵，化学分子式为 $R-COONH_4$，一般水溶性腐殖酸铵 25% 以上，有效氮 3% 以上。外观为黑色有光泽颗粒或黑色粉末，溶于水，呈微碱性，无毒，在空气中稳定。可做基肥（亩用量 40～50 千克）、追肥、浸种或浸根等，适用于各种土壤和经济作物。

(2) 硝基腐殖酸铵。是腐殖酸与稀硝酸共同加热氧化分解形成的。一般含水溶性腐殖酸铵 45% 以上，速效氮 2% 以上。外观为黑色有光泽颗粒或黑色粉末，溶于水，呈微碱性，无毒，在空气中较稳定。可做基肥（亩用量 40～75 千克）、追肥、浸种或浸根等，适用于各种土壤和经济作物。

(3) 腐殖酸钠、腐殖酸钾。腐殖酸钠、腐殖酸钾的化学分子式 $R-COONa$、$R-COOK$，一般腐殖酸钠含腐殖酸 40%～70%、腐殖酸钾含腐殖酸 70% 以上。二者呈棕褐色，易溶于水，水溶液呈强碱性。可作基肥（0.05%～0.1% 浓度液肥与农家肥拌在一起施用）、追肥（每亩用 0.01%～0.1% 浓度液肥 250 千克浇灌）、种子处理（浸种浓度 0.005%～0.05%、浸根插条等浓度 0.01%～0.05%）、根外追肥（喷施浓度 0.01%～0.05%）等。

(4) 黄腐酸。又称富里酸、富啡酸、抗旱剂 1 号、旱地龙等，溶于水、酸、碱，水溶液呈酸性，无毒，性质稳定。黑色或棕黑色。含黄腐酸 70% 以上，可作拌种（用量为种子量的 0.5%）、蘸根（100 克加水 20 千克加黏土调成糊状）、叶面喷施（经济作物稀释 1 000 倍）等。

**2. 固体腐殖酸肥安全施用** 腐殖酸肥与化肥混合制成腐殖酸复混肥，可以作基肥、种肥、追肥或根外追肥；可撒施、穴施、条施或压球造粒施用。

(1) 作基肥，可以采用撒施、穴施、条施等办法，不过集中施用比撒施效果好，深施比浅施、表施效果好，一般每亩可施腐殖酸铵等 40～50 千克、腐殖酸复混肥 25～50 千克。

(2) 作种肥，可穴施于种子下面 12 厘米附近，每亩腐殖酸复混肥 10 千克左右。

(3) 作追肥，应该早施，应在距离作物根系 6～9 厘米附近穴施或条施，追施后结合中耕覆土。可将硝基腐殖酸铵作为增效剂与化肥混合施用效果较好，每亩施用量 10～20 千克。

(4) 秧田施用，利用泥炭、褐煤、风化煤粉覆盖秧床，对于培育壮秧、增强秧苗抗逆性具有良好作用。

**3. 水溶腐殖酸肥安全施用** 液体腐殖酸肥是以适合植物生长所需比例的

矿物源腐植酸，添加适量比例的氮、磷、钾大量元素或铜、铁、锰、锌、硼、钼微量元素而制成的液体或固体水溶肥料。其技术指标见表 5-13、表 5-14。

**表 5-13 含腐殖酸水溶肥料（大量元素型）技术指标**

| 项　目 | 固体指标 | 液体指标 |
|---|---|---|
| 游离腐植酸含量 | ≥3.0% | ≥30 克/升 |
| 大量元素含量 | ≥20.0% | ≥200 克/升 |
| 水不溶物含量 | ≤5.0% | ≤50 克/升 |
| pH（1∶250 倍稀释） | | 3.0~10.0 |
| 水分（$H_2O$）（%） | ≤5.0% | — |
| 汞（Hg）（以元素计）（毫克/千克） | ≤5 | — |
| 砷（As）（以元素计）（毫克/千克） | ≤10 | — |
| 镉（Cd）（以元素计）（毫克/千克） | ≤10 | — |
| 铅（Pb）（以元素计）（毫克/千克） | ≤50 | — |
| 铬（Cr）（以元素计）（毫克/千克） | ≤50 | — |

大量元素含量指总 N、$P_2O_5$、$K_2O$ 含量之和。产品应至少包含两种大量元素。单一大量元素含量不低于 2.0%（20 克/升）。

**表 5-14 含腐殖酸水溶肥料（微量元素型）技术指标**

| 项　目 | 指　标 |
|---|---|
| 游离腐殖酸含量 | ≥3.0% |
| 大量元素含量 | ≥6.0% |
| 水不溶物含量 | ≤5.0% |
| pH（1∶250 倍稀释） | 3.0~9.0 |
| 水分（$H_2O$）（%） | ≤5.0% |
| 汞（Hg）（以元素计）（毫克/千克） | ≤5 |
| 砷（As）（以元素计）（毫克/千克） | ≤10 |
| 镉（Cd）（以元素计）（毫克/千克） | ≤10 |
| 铅（Pb）（以元素计）（毫克/千克） | ≤50 |
| 铬（Cr）（以元素计）（毫克/千克） | ≤50 |

微量元素含量指铜、铁、锰、锌、硼、钼元素含量之和。产品应至少包含一种微量元素。含量不低于 0.05% 的单一微量元素均应计入微量元素含量中。钼元素含量不高于 0.5%。

（1）浸种。可将水溶腐殖酸肥配成 0.01％～0.05％浓度，一般经济作物浸种 5～10 小时，棉花等纤维作物浸种 24 小时，浸种后捞出阴干即可播种。

（2）蘸秧根、浸插条。可将水溶腐殖酸肥配成 0.05％～0.1％浓度的溶液，将移栽作物或插条浸泡 11～24 小时，捞出移栽。也可在移栽前将腐植酸肥料溶液加泥土调制成糊状，将移栽作物根系或插条蘸一下，立即移栽。

（3）根外喷施。可将水溶腐殖酸肥配成 0.01％～0.05％浓度的溶液，每亩喷施 50 千克，喷洒时间在每天的 14～18 时，喷施 2～3 次。喷施时期一般在作物生殖生长时期结合其他叶面喷肥进行。

（4）浇灌。可将水溶腐殖酸肥溶于灌溉水中，随水浇灌到作物根系。旱地可在浇底墒水或生育期内灌水时在入水口加入原液，原液浓度为 0.05％～0.1％，每亩用量 50 千克。稻田可结合各生育期灌水分次施用，浓度、用量与旱地基本一样。

**4. 注意事项**　腐殖酸肥效缓慢，后效较长，应尽量早施，并在作物生长前期施用。腐殖酸本身不是肥料，必须与其他肥料配合施用才能发挥作用。腐殖酸肥料作为水溶肥料施用时必须注意浓度适宜，过高会抑制作物生长，过低则不起作用。腐殖酸肥料作为水溶肥料施用配制时最好不要使用含钙、镁较多的硬水，以免产生沉淀影响效果，pH 要控制在 7.2～7.5。

**5. 腐殖酸肥料特性及施用要点歌谣**　为方便施用腐殖酸肥料肥料，可熟记下面歌谣。

腐肥内含腐殖酸，具有较多功能团；
与钙结合成团粒，最适沙黏及盐碱；
基肥追肥都能用，还可浸种秧根蘸；
根外喷施肥效好，提早成熟粒饱满；
腐肥产生刺激素，施用关键是浓度；
浸种一般万分三，蘸根莫过万分五；
适宜作物有多种，白菜番茄与萝卜；
油菜豆科肥效好，烟叶茶叶和果树；
要想质优产量高，掌握浓度与温度。

## 六、氨基酸肥料

氨基酸肥料过去常作为有机肥料的一种来利用，由于近年来人们对作物品质要求较高，以及肥料生产技术的改进，氨基酸肥料的品种越来越多，已得到农民群众的认可。

**1. 氨基酸的基本性质**　氨基酸的分子通式为 $H_2N \cdot R \cdot COOH$，同时含有羧基和氨基，因此具有羧酸羧基的性质和氨基的性质。纯品是无色结晶体，能溶于水。

**2. 水溶性氨基酸肥料安全施用** 水溶性氨基酸肥料是以游离氨基酸为主体的，按作物生长所需比例，添加适量钙、镁中量元素或铜、铁、锰、锌、硼、钼微量元素而制成的液体或固体水溶肥料。其技术指标见表 5-15 和表 5-16。

表 5-15 含氨基酸水溶肥料（中量元素型）技术指标

| 项　　目 | 固体指标 | 液体指标 |
|---|---|---|
| 游离氨基酸含量 | ≥10.0% | ≥100 克/升 |
| 中量元素含量 | ≥3.0% | ≥30 克/升 |
| 水不溶物含量 | ≤5.0% | ≤50 克/升 |
| pH（1∶250 倍稀释） | | 3.0～9.0 |
| 水分（$H_2O$）（%） | ≤4.0% | — |
| 汞（Hg）（以元素计）（毫克/千克） | ≤5 | |
| 砷（As）（以元素计）（毫克/千克） | ≤10 | |
| 镉（Cd）（以元素计）（毫克/千克） | ≤10 | |
| 铅（Pb）（以元素计）（毫克/千克） | ≤50 | |
| 铬（Cr）（以元素计）（毫克/千克） | ≤50 | |

中量元素含量指钙、镁元素含量之和。产品应至少包含一种中量元素。含量不低于 0.1%（1 克/升）的单一中量元素均应计入中量元素中。

表 5-16 含氨基酸水溶肥料（微量元素型）技术指标

| 项　　目 | 固体指标 | 液体指标 |
|---|---|---|
| 游离氨基酸含量（克/升） | ≥10.0% | ≥100 |
| 微量元素含量（克/升） | ≥2.0% | ≥20 |
| 水不溶物含量（克/升） | ≤5.0% | ≤50 |
| pH（1∶250 倍稀释） | | 3.0～9.0 |
| 水分（$H_2O$），% | ≤4.0% | — |
| 汞（Hg）（以元素计）（毫克/千克） | ≤5 | |
| 砷（As）（以元素计）（毫克/千克） | ≤10 | |
| 镉（Cd）（以元素计）（毫克/千克） | ≤10 | |
| 铅（Pb）（以元素计）（毫克/千克） | ≤50 | |
| 铬（Cr）（以元素计）（毫克/千克） | ≤50 | |

微量元素含量指铜、铁、锰、锌、硼、钼元素含量之和。产品应至少包含一种微量元素。含量不低于 0.05%（0.5 克/升）的单一微量元素均应计入微量元素含量中。钼元素含量不高于 0.5%（5 克/升）。

水溶性氨基酸肥料一般采用叶面喷施、拌种、浸种、蘸根、灌根、滴灌等。

(1) 叶面喷施。按作物种类和不同生长期一般用水稀释 800～1 600 倍，喷施于经济作物叶面至湿润而不滴流为宜，一般喷施 2～3 次，一般每隔 7～10 天 1 次。

(2) 拌种。用 1∶600 倍的稀释液与种子拌匀（稀释液量为种子的 3% 左右），放置 6 小时后播种。

(3) 浸种。用 1∶1 200 倍的稀释液，软皮种子浸种 10～30 分钟；硬壳种子浸种 10～24 小时，捞出阴干后播种。

(4) 蘸根。移栽时秧苗在稀释 600～800 倍的肥料溶液中蘸根浸泡 5～10 分钟，捞出移栽。也可在移栽前将腐植酸肥料溶液加泥土调制成糊状，将移栽作物根系或插条蘸一下，立即移栽。

(5) 灌根。将肥料液稀释 1 000～1 200 倍，浇入经济作物根部，每亩 100～200 千克。

(6) 滴灌。将肥料液稀释 300～600 倍，然后按经济作物的不同调整滴流速度。

**3. 注意事项** 为提高喷施效果，可将氨基酸水溶肥料与肥料或农药混合喷施，但应注意营养元素之间的关系、肥料与农药之间是否有害。

**4. 氨基酸肥料特性及施用要点歌谣** 为方便施用氨基酸肥料肥料，可熟记下面歌谣。

> 氨基酸肥性为酸，主要用于喷叶面；
> 即可用来浸拌种，又可用来秧根蘸；
> 产品多为棕色液，无毒无害无污染；
> 叶面喷施三百倍，促根苗壮植株健；
> 光合作用能增强，抗灾抗病又增产；
> 适于麦棉花生豆，油菜甜菜及烟草；
> 还有作物和果树，生育期中喷三遍；
> 果正色艳风味好，优质高产又高效。

# 任务三 生物肥料的种类与特性

微生物肥料是指一类含有活微生物的特定制品，应用于农业生产中能够获得特定的肥料效应，在这种效应的产生中，制品中的活微生物起关键作用，符合上述定义的制品均归于微生物肥料。生物肥料主要有根瘤菌肥料、固氮菌肥料、磷细菌肥料、钾细菌肥料、复合微生物肥料等。

## 一、根瘤菌肥料

根瘤菌能和豆科作物共生、结瘤、固氮，将人工选育出来的高效根瘤菌株经大量繁殖后，用载体吸附制成的生物菌剂称为根瘤菌肥料。

**1. 基本性质**　根瘤菌肥料按剂型不同分为固体、液体、冻干剂3种。固体根瘤菌肥料的吸附剂多为草炭，为黑褐色或褐色粉末状固体，湿润松散，含水量20%～35%，一般菌剂含活菌1亿～2亿/克，杂菌小于15%，pH 6～7.5。液体根瘤菌肥料应无异臭味，含活菌数5亿～10亿/升，杂菌数小于5%，pH 5.5～7。冻干根瘤菌肥料不加吸附剂，为白色粉末状，含菌量比固体型高几十倍，但生产上应用很少。

**2. 安全施用**　根瘤菌肥料多用于拌种，用量为每亩地用30～40克菌剂加3.75千克水混匀后拌种，或根据产品说明书施用。拌种时要掌握互接种族关系，选择与作物相对应的根瘤菌肥。作物出苗后，发现结瘤效果差时，可在幼苗附近浇泼兑水的根瘤菌肥料。

**3. 注意事项**　根瘤菌结瘤最适温度为20～40℃，土壤含水量为田间持水量的60%～80%，适宜中性到微碱性（pH6.5～7.5）土壤，良好的通气条件有利于结瘤和固氮；在酸性土壤上使用时需加石灰调节土壤酸度；拌种及风干过程切忌阳光直射，已拌菌的种子需当天播完；不可与速效氮肥及杀菌农药混合使用，如果种子需要消毒，需在根瘤菌拌种前2～3周使用，使菌、药有较长的间隔时间，以免影响根瘤菌的活性。

## 二、固氮菌肥料

固氮菌肥料是指含有大量好气性自生固氮菌的生物制品。具有自生固氮作用的微生物种类很多，在生产上得到广泛应用的有固氮菌科的固氮菌属，以圆褐固氮菌应用较多。

**1. 基本性质**　固氮菌肥料可分为自生固氮菌肥和联合固氮菌肥。自生固氮菌肥是指由人工培育的自生固氮菌制成的微生物肥料，能直接固定空气中的氮素，并产生很多激素类物质刺激经济作物生长。联合固氮菌是指在固氮菌中有一类自由生活的类群，生长于经济作物的根表和近根土壤中，靠根系分泌物生存，与植物根系关系密切。联合固氮菌肥是指利用联合固氮菌制成的微生物肥料，对增加经济作物氮素来源、提高产量、促进经济作物根系的吸收作用，增强抗逆性有重要作用。

固氮菌肥料的剂型有固体、液体、冻干剂3种。固体剂型多为黑褐色或褐色粉末状，湿润松散，含水量20%～35%，一般菌剂含活菌数1亿/克以上，杂菌数小于 15％，pH 6～7.5。液体剂型为乳白色或淡褐色，浑浊，稍有沉淀，无异臭味，含活菌数 5 亿/升以上，杂菌数小于 5％，pH 5.5～7。冻干剂型为乳白色结晶，无味，含活菌数 5 亿/升以上，杂菌数小于 2％，pH 6.0～7.5。

**2. 安全施用**　固氮菌肥料适用于各种经济作物，可作基肥、追肥和种肥，施用量按说明书确定。也可与有机肥、磷肥、钾肥及微量元素肥料配合施用。

（1）基肥。作基肥施用时可与有机肥配合沟施或穴施，施后立即覆土。也可蘸秧根或作基肥施在苗床上、与棉花盖种肥混施。

（2）追肥。作追肥时把菌肥用水调成糊状，施于作物根部，施后覆土，一般在经济作物开花前施用较好。

（3）种肥。种肥一般作拌种施用，加水混匀后拌种，种子阴干后即可播种。对于移栽作物可采取蘸秧根的方法施用。

固体固氮菌肥一般每亩用量 250～500 克、液体固氮菌肥每亩 100 毫升、冻干剂固氮菌肥每亩用 500 亿～1 000 亿个活菌。

**3. 注意事项**　固氮菌属中温好气性细菌，最适温度为 25～30 ℃。要求土壤通气良好，含水量为田间持水量的 60％～80％，最适 pH 7.4～7.6。在酸性土壤（pH＜6）中活性明显受到抑制，因此，施用前需加石灰调节土壤酸度，固氮菌只有在环境中有丰富的碳水化合物而缺少化合态氮时才能进行固氮作用，与有机肥、磷、钾肥及微量元素肥料配合施用，对固氮菌的活性有促进作用，在贫瘠土壤上尤其重要。过酸、过碱的肥料或有杀菌作用的农药都不宜与固氮菌肥混施，以免影响其活性。

## 三、磷细菌肥料

磷细菌肥料是指含有能强烈分解有机或无机磷化合物的磷细菌生物制品。

**1. 基本性质**　目前国内生产的磷细菌肥料有液体和固体两种剂型。液体剂型的磷细菌肥料外观呈棕褐色浑浊液，含活细菌 5 亿～15 亿/毫升，杂菌数小于 5％，含水量 20％～35％，有机磷细菌≥1 亿/毫升，无机磷细菌≥2 亿/毫升，pH 6.0～7.5。颗粒剂型的磷细菌肥料，外观呈褐色，有效活细菌数大于 3 亿/克，杂菌数小于 20％，含水量小于 10％，有机质含量≥25％，粒径 2.5～4.5 毫米。

**2. 安全施用**　磷细菌肥料可作基肥、追肥和种肥。

（1）基肥。作基肥可与有机肥、磷矿粉混匀后沟施或穴施，一般每亩用量为 1.5～2 千克，施后立即覆土。

（2）追肥。作追肥可将磷细菌肥料用水稀释后在经济作物开花前施用，菌液施于根部。

（3）种肥。作种肥主要是拌种，可先将菌剂加水调成糊状，然后加入种子拌匀，阴干后立即播种，防止阳光直接照射。一般每亩种子用固体磷细菌肥料1.0~1.5千克或液体磷细菌肥料0.3~0.6千克，加水4~5倍稀释。

**3. 注意事项**　磷细菌的最适温度为30~37℃，适宜为pH 7.0~7.5。拌种时随配随拌，不宜留存；若暂时不用，应该放置在阴凉处覆盖保存。磷细菌肥料不与农药及生理酸性肥料同时施用，也不能与石灰氮、过磷酸钙及碳酸氢铵混合施用。

## 四、钾细菌肥料

钾细菌肥料，又名硅酸盐细菌肥料、生物钾肥。钾细菌肥料是指含有能对土壤中云母、长石等含钾的铝硅酸盐及磷灰石进行分解，释放出钾、磷与其他灰分元素，改善作物营养条件的钾细菌生物制品。

**1. 基本性质**　钾细菌肥料产品主要有液体和固体两种剂型。液体剂型外观为浅褐色浑浊液，无异臭，有微酸味，有效活菌数大于10亿/毫升，杂菌数小于5%，pH 5.5~7.0。固体剂型是以草炭为载体的粉状吸附剂，外观呈黑褐色或褐色，湿润而松散，无异味，有效活细菌数大于1亿/克，杂菌数小于20%，含水量小于10%，有机质含量≥25%，粒径2.5~4.5毫米，pH 6.9~7.5。

**2. 安全施用**　钾细菌肥料可作基肥、追肥、种肥。

（1）作基肥，固体剂型与有机肥料混合沟施或穴施，立即覆土，每亩用量3~4千克，液体用量每亩2~4千克。

（2）作追肥，按每亩用菌剂1~2千克兑水50~100千克混匀后进行灌根。

（3）作种肥，每亩用1.5~2.5千克钾细菌肥料与其他种肥混合施用。也可将固体菌剂加适量水制成菌悬液或液体菌加适量水稀释，然后喷到种子上拌匀，稍干后立即播种。也可将固体菌剂或液体菌稀释5~6倍，搅匀后，把经济作物的根蘸入，蘸后立即移栽。

**3. 注意事项**　紫外线对钾细菌有杀灭作用，因此在贮、运、用过程中应避免阳光直射，拌种时应在室内或棚内等避光处进行，拌好晾干后应立即播完，并及时覆土。钾细菌肥料不能与过酸或过碱的肥料混合施用。当土壤中速效钾含量在26毫克/千克以下时，不利于钾细菌肥料肥效发挥；当土壤速效钾含量在50~75毫克/千克时，钾细菌解钾能力可达高峰。钾细菌的最适温度为25~27℃，适宜pH 5.0~8.0。

## 五、抗生菌肥料

抗生菌肥料是利用能分泌抗菌物质和刺激素的微生物制成的微生物肥料。

常用的菌种是放线菌，我国常用的是细黄链霉菌，此类制品不仅有肥效作用，还能抑制一些作物的病害，促进作物生长。

**1. 基本性质**　抗生菌肥料是一种新型多功能微生物肥料，抗生菌在生长繁殖过程中可以产生刺激物质和抗生素，还能转化土壤中的氮、磷、钾等元素，具有改进土壤团粒结构等功能。有防病、保苗、肥地、松土以及刺激植物生长等多种作用。

抗生菌生长的最适宜温度为 28～32 ℃，超过 32 ℃或低于 26 ℃时生长减弱，超过 40 ℃或低于 12 ℃时生长近乎停止；适宜 pH 6.5～8.5，含水量在 25％左右时为宜，要求有充分的通气条件，对营养条件要求较低。

**2. 安全施用**　抗生菌肥料适用于棉花、油菜、甘薯等经济作物，一般用作浸种或拌种，也可用作追肥。

（1）作种肥，一般每亩用抗生菌肥料 7.5 千克，加入饼粉 2.5～5 千克、细土 500～1 000 千克、过磷酸钙 5 千克，拌匀后覆盖在种子上，施用时最好配施有机肥料和化学肥料。也可用 1∶1～4 抗生菌肥浸出液浸根或蘸根。也可在经济作物移栽时每亩用抗生菌肥 10～25 千克穴施。

（2）作追肥，可在经济作物定植后，于苗附近开沟施用后覆土。

**3. 注意事项**　抗生菌肥配合施用有机肥料、化肥效果较好；抗生菌肥不能与杀菌剂混合拌种，可与杀虫剂混用；亦不能与硫酸铵、硝酸铵等混合施用。

## 六、复合微生物肥料

复合微生物肥料是指由两种或两种以上的有益微生物或一种有益微生物与营养物质复配而成，能提供、保持或改善植物的营养并提高农产品产量或改善农产品品质的活体微生物制品。

**1. 复合微生物肥料类型**　一般有两种：第一种是菌与菌复合微生物肥料，可以是同一微生物菌种的复合（大豆根瘤菌的不同菌系分别发酵，吸附时混合），也可以是不同微生物菌种的复合（固氮菌、解磷细菌、解钾细菌等分别发酵，吸附时混合）；第二种是菌与各种营养元素或添加物、增效剂混合成的复合微生物肥料，采用的复合方式有菌与大量元素复合、菌与微量元素复合、菌与稀土元素复合、菌与作物生长激素复合等。

**2. 复合微生物肥料性质**　复合微生物肥料可以增加土壤有机质、改善土壤菌群结构，并通过微生物的代谢物刺激植物生长，抑制有害病原菌。

目前按剂型分类主要有液体、粉剂和颗粒 3 种。粉剂产品应松散；颗粒产品应无明显机械杂质、大小均匀、具有吸水性。复合微生物肥料产品技术指标见表5-17。复合微生物肥料产品中无害化指标见表5-18。

**表5-17 复合微生物肥料产品技术指标**

| 项 目 | 剂 型 | | |
|---|---|---|---|
| | 液体 | 粉剂 | 颗粒 |
| 有效活菌数[a]，亿/克（毫升） | ≥0.50 | ≥0.20 | ≥0.20 |
| 总养分（$N+P_2O_5+K_2O$）（%） | ≥4.0 | ≥6.0 | ≥6.0 |
| 杂菌率（%） | ≤15.0 | ≤30.0 | ≤30.0 |
| 水分（%） | — | ≤35.0 | ≤20.0 |
| pH | 3.0~8.0 | 5.0~8.0 | 5.0~8.0 |
| 细度（%） | — | ≥80.0 | ≥80.0 |
| 有效期[b]（月） | ≥3 | ≥6 | |

a 含两种以上微生物的复合微生物肥料，每一种有效菌的数量不得少于0.01亿/克（毫升）；
b 此项仅在监督部门或仲裁双方认为有必要时才检测。

**表5-18 复合微生物肥料产品无害化指标**

| 参 数 | 标准极限 |
|---|---|
| 粪大肠菌群数，个/克（毫升） | ≤100 |
| 蛔虫卵死亡率（%） | ≥95 |
| 砷及其化合物（以As计）（毫克/千克） | ≤75 |
| 镉及其化合物（以Cd计）（毫克/千克） | ≤10 |
| 铅及其化合物（以Pb计）（毫克/千克） | ≤100 |
| 铬及其化合物（以Cr计）（毫克/千克） | ≤150 |
| 汞及其化合物（以Hg计）（毫克/千克） | ≤5 |

**3. 复合微生物肥料的安全施用** 主要适用于经济作物等。

（1）作基肥，每亩用复合微生物肥料1~2千克，与有机肥料或细土混匀后沟施、穴施、撒施均可，沟施或穴施后立即覆土；结合整地可撒施，应尽快将肥料翻于土中。

（2）蘸根或灌根，每亩用肥2~5千克兑水稀释5~20倍，移栽时蘸根或干栽后适当增加稀释倍数灌于根部。

（3）拌苗床土，每平方米苗床土用肥200~300克与之混匀后播种。

（4）冲施，根据不同作物每亩用1~3千克复合微生物肥料与化肥混合，用适量水稀释后灌溉时随水冲施。

### 七、微生物肥料特性及施用要点歌

为方便施用微生物肥料，可熟记下面歌谣。

> 细菌肥料前景好，持续农业离不了；
> 清洁卫生无污染，品质改善又增产；
> 掺混农肥效果显，解磷解钾又固氮；
> 杀菌农药不能混，莫混过酸与过碱；
> 基追种肥都适用，水稻作物秧根蘸；
> 施后即用湿土埋，严防阳光来暴晒；
> 种肥随用随拌菌，剩余种子阴处盖；
> 增产效果确实有，莫用化肥来替代。

# 任务四 新型复混肥料的种类与特性

新型复混肥料是在无机复混肥基础上添加有机物、微生物、稀土、沸石等填充物而制成的一类复混肥料。

## 一、有机无机复混肥料

**1. 有机无机复混肥料技术指标** 有机无机复混肥料是以无机原料为基础，填充物采用烘干鸡粪、经过处理的生活垃圾、污水处理厂的污泥及草炭、蘑菇渣、氨基酸、腐殖酸等有机物质，然后经造粒、干燥后包装而成（表 5-19）。

**表 5-19 有机无机复混肥的技术要求**

| 项　目 | 指　标 |
|---|---|
| 总养分 $(N+P_2O_5+K_2O)$[a] （%） | $\geqslant 15.0$ |
| 水分 $(H_2O)$ （%） | $\leqslant 10.0$ |
| 有机质 （%） | $\geqslant 20.0$ |
| 粒度 （$1.00\sim4.75$ 毫米或 $3.35\sim5.60$ 毫米）（%） | $\geqslant 70$ |
| pH | $5.5\sim8.0$ |
| 蛔虫死亡率 （%） | $\geqslant 95$ |
| 大肠杆菌值 | $\geqslant 0.1^{-1}$ |
| 氯离子 $(Cl^-)$[b] （%） | $\leqslant 3.0$ |
| 砷 （As） 及其化合物 （以元素计）（%） | $\leqslant 0.005\,0$ |
| 镉 （Cd） 及其化合物 （以元素计）（%） | $\leqslant 0.001\,0$ |

（续）

| 项 目 | 指 标 |
|---|---|
| 铅（Pb）及其化合物（以元素计）（%） | ≤0.015 0 |
| 铬（Cr）及其化合物（以元素计）（%） | ≤0.050 0 |
| 汞（Hg）及其化合物（以元素计）（%） | ≤0.000 5 |

注：a 指标明的单一养分含量不低于 2.0%，且单一养分测定值与标明值负偏差的绝对值不大于 1.0%；b 指如产品 Cl⁻ 含量大于 3.0%，并在包装容器上标明"含氯"，该项目可不做要求

**2. 有机无机复混肥的安全施用** 一是作基肥，旱地宜全耕层深施或条施；水田是先将肥料均匀撒在耕翻前的湿润土面，耕翻入土后灌水，耕细耙平。二是作种肥，可采用条施或穴施，将肥料施于种子下方 3～5 厘米，防止烧苗；如用作拌种，可将肥料与 1～2 倍细土拌匀，再与种子搅拌，随拌随播。

## 二、生物有机肥

生物有机肥是指特定功能的微生物与经过无害化处理、腐熟的有机物料（主要是动植物残体，如畜禽粪便、农作物秸秆等）复合而成的一类肥料，兼有微生物肥料和有机肥料的效应。生物有机肥按功能微生物的不同可分为固氮生物有机肥、解磷生物有机肥、解钾生物有机肥、复合生物有机肥等。技术指标要求：有机质含量≥25%，有效活菌数≥0.2 亿/克。

生物有机肥应根据经济作物的不同选择不同的施肥方法，常用的施肥方法如下。

**1. 种施法** 机播时，将颗粒生物有机肥与少量化肥混匀，随播种机施入土壤。

**2. 撒施法** 结合深耕或在播种时将生物有机肥均匀地施在根系集中分布的区域和经常保持湿润状态的土层中，做到土肥相融。

**3. 条状沟施法** 条播作物开沟后施肥播种。

**4. 穴施法** 点播或移栽作物，如棉花等，将肥料施入播种穴，然后播种或移栽。

**5. 蘸根法** 对有些移栽作物，按生物有机肥加 5 份水配成肥料悬浊液，浸蘸苗根，然后定植。

**6. 盖种肥法** 开沟播种后，将生物有机肥均匀地覆盖在种子上面。一般每亩施用量为 100～150 千克。

## 三、稀土复混肥料

稀土复混肥是将稀土制成固体或液体的调理剂，以每吨复混肥加入 0.3%

的硝酸稀土的量配入生产复混肥的原料而生产的复混肥料。施用稀土复混肥不仅可以起到叶面喷施稀土的作用，还可以对土壤中一些酶的活性有影响，对植物的根有一定的促进作用。施用方法同一般复混肥料。

### 四、功能性复混肥料

功能性复混肥料是具有特殊功能的复混肥料的总称，是指适用于某一地域的某种（某类）特定作物的肥料，或含有某些特定物质、具有某种特定作用的肥料。目前主要是与农药、除草剂等结合使用的一类专用药肥。

**1. 除草专用药肥** 除草专用药肥因其生产简单、适用性好，又能达到高效除草和增加作物产量的目的，故受到农民朋友的欢迎，但不足之处是目前产品种类少，功能过于单一，因此在制定配方时应根据主要作物、土壤肥力、草害情况等综合因素来考虑。

除草专用药肥的作用机理主要为施用药肥后能有效杀死多种杂草，有除杂草并吸收土壤中养分的作用，使土壤中有限的养分供作物吸收利用，从而使作物增产；有些药肥以包衣剂的形式存在，客观上造成肥料中的养分缓慢释放，有利于提高肥料的利用率；除草专用药肥在作物生长初期有一定的抑制作用，而后期又有促进作用，还能增强作物的抗逆能力，使作物提高产量；除草专用药肥施用后，在一定时间内能抑制土壤中的氨化细菌和真菌的繁殖，但能使部分固氮菌数量增加，因此降低了氮肥的分解速度，使肥效延长，提高土壤富集氮的能力，提高氮肥利用率。

除草专用药肥一般是专肥专用，如棉花除草专用药肥不能施用到烟草等其他作物上。目前一般为基肥剂型，也可以生产追肥剂型。施用量一般按作物正常施用量即可，也可按照产品说明书操作即可。一般应在作物播种前或插秧前或移栽前施用。

**2. 防治线虫和地下害虫的无公害药肥** 张洪昌等人研制发明了防治线虫和地下害虫的无公害药肥，并获得国家发明专利。该药肥选用的是烟草秸秆及烟草加工下脚料，或辣椒秸秆及辣椒加工下脚料，或菜籽饼；配以尿素、磷酸一铵、钾肥等肥料，并添加氨基酸螯合微量元素肥料、稀土及有关增效剂等生产而成。

产品所含氮磷钾等总养分量一般大于 20%，有机质含量大于 50%，微量元素含量大于 0.9%，腐植酸及氨基酸含量大于 4%，有效活菌数 0.2 亿/克，pH 5~8，水分含量小于 20%。该产品能有效消除根结线虫、地老虎、蛴螬等，同时具有抑菌功能，还可促进作物生长，提高品质，增产增收。

一般每亩用量 1.5~6 千克。作基肥可与生物有机肥或其他基肥拌匀后同施。沟施、穴施可与 20 倍以上的生物有机肥混匀后施入，然后覆土浇水。灌根时可将产品用清水稀释 1 000~1 500 倍，灌于作物根部，灌根前将作物基部土壤耙松，使药液充分渗入。也可冲施，将产品用水稀释 300 倍左右，随灌溉水冲施，每亩用量 5~6 千克。

**3. 防治枯黄萎病的无公害药肥** 该药肥追施剂型利用含动物胶质蛋白的屠宰场废弃物；豆饼粉、植物提取物、中草药提取物、生物提取物；水解助剂、硫酸钾、磷酸铵、中微量元素以及添加剂、稳定剂、助剂等加工生产而成。基施剂型是利用氮肥、重过磷酸钙、磷酸一铵、钾肥、中量元素、氨基酸螯合微量元素、稀土、有机原料、腐植酸钾、发酵草炭、发酵畜禽粪便、生物制剂、增效剂、助剂、调理剂等加工生产而成的。

利用液体或粉剂产品对棉花、瓜类、茄果类等作物种子进行浸种或拌种后再播种，可彻底消灭种子携带的病菌，预防病害发生；用颗粒剂型产品作基肥，既能为作物提供养分，还能杀灭土壤中病原菌，减少作物枯黄萎病、根腐病、土传病等危害；在作物生长期施用液体剂型进行叶面喷施，既能增加作物产量，又能预防病害发生；施用粉剂或颗粒剂产品追肥既能快速补充作物营养，又能防治枯黄萎病、根腐病等病害；当作物发生病害后，在病发初期用液体剂型产品进行叶面喷施，同时灌根，3 天左右可抑制病害蔓延，4~6 天后病株可长出新根新芽。

该药肥追施剂型主要用于叶面喷施或灌根，叶面喷施是将产品用水稀释800~2 000 倍，喷雾至株叶湿润；同时灌根，每株 200~500 毫升。

该药肥基施剂型一般每亩用量 2~5 千克。作基肥可与生物有机肥或其他基肥拌匀后同施。沟施、穴施可与 20 倍以上的生物有机肥混匀后施入，然后覆土浇水。

**4. 生态环保复合药肥** 该药肥是选用多种有机物料为原料，经酵素菌发酵或活化处理，配入以腐植酸为载体的综合有益生物菌剂，再添加适量的氮、磷、钾、钙、镁、硫、硅肥及微量元素、稀土等而生产的产品。一般含氮磷钾养分总量 25%以上，中、微量元素总量 10%以上，有机质含量 20%以上，氨基酸及腐植酸总量 6%以上，有效活菌数 0.2 亿/克，pH 5.5~8。

该产品适用于棉花、花生、烟草、茶树等经济作物。可作基肥，也可穴施、条施、沟施，施用时可与有机肥混合施用。一般每亩用量 50~70 千克。

# 任务五  主要作物专用肥配方推荐

## 一、常见农作物专用肥推荐配方

**1. 小麦** 综合各地小麦专用肥配制资料，建议氮、磷、钾总养分量为

30%，氮、磷、钾比例为1:0.53:0.47。

为平衡小麦的各种养分需要，基础肥料选用及用量（1吨产品）如下。硫酸铵100千克、尿素263千克、磷酸一铵69千克、过磷酸钙250千克、钙镁磷肥25千克、氯化钾116千克、氨基酸螯合锌锰硼铁20千克、生物磷钾肥50千克、氨基酸40千克、生物制剂25千克、增效剂12千克、调理剂30千克。

**2. 水稻**

（1）南方水稻。综合各地水稻专用肥配制资料，建议氮、磷、钾总养分量为30%，氮、磷、钾比例为1:0.4:0.9。为平衡水稻各种养分需要，基础肥料选用及用量（1吨产品）如下。硫酸铵100千克、尿素225千克、磷酸一铵48千克、过磷酸钙150千克、钙镁磷肥20千克、氯化钾197千克、硅肥183千克、氨基酸螯合锌锰硼15千克、生物制剂25千克、增效剂12千克、调理剂25千克。

（2）北方水稻。综合各地水稻专用肥配制资料，建议氮、磷、钾总养分量为30%，氮、磷、钾比例为1:0.5:0.5。为平衡水稻各种养分需要，基础肥料选用及用量（1吨产品）如下：硫酸铵100千克、尿素258千克、磷酸一铵93千克、过磷酸钙150千克、钙镁磷肥20千克、氯化钾125千克、硅肥137千克、氨基酸螯合锌锰硼15千克、氨基酸40千克、生物制剂25千克、增效剂12千克、调理剂25千克。

**3. 玉米**　综合各地玉米专用肥配制资料，建议氮、磷、钾总养分量为35%，氮、磷、钾比例为1:0.44:1.36。

为平衡玉米各种养分需要，基础肥料选用及用量（1吨产品）如下。硫酸铵100千克、尿素204千克、磷酸一铵73千克、过磷酸钙100千克、钙镁磷肥10千克、氯化钾283千克、氨基酸螯合锌锰硼铁15千克、硝基腐殖酸100千克、氨基酸50、生物制剂23千克、增效剂12千克、调理剂30千克。

**4. 甘薯**　综合各地甘薯专用肥配制资料，建议氮、磷、钾总养分量为35%，氮、磷、钾比例为1:0.36:1.14。

为平衡甘薯各种养分需要，基础肥料选用及用量（1吨产品）如下。硫酸铵100千克、尿素238千克、磷酸一铵63千克、过磷酸钙100千克、钙镁磷肥10千克、硫酸钾320千克、氨基酸螯合锌锰硼15千克、硝基腐殖酸100千克、生物制剂22千克、增效剂12千克、调理剂20千克。

**5. 谷子**　综合各地谷子专用肥配制资料，建议氮、磷、钾总养分量为35%，氮、磷、钾比例为1:0.43:1.07。

为平衡甘薯的各种养分需要，基础肥料选用及用量（1吨产品）如下。硫酸铵 100 千克、尿素 233 千克、磷酸一铵 81 千克、过磷酸钙 150 千克、钙镁磷肥 15 千克、氯化钾 250 千克、氨基酸螯合锌锰硼铁 20 千克、硝基腐植酸 89 千克、生物制剂 25 千克、增效剂 12 千克、调理剂 25 千克。

**6. 棉花** 综合各地棉花专用肥配制资料，建议氮、磷、钾总养分量为 35%，氮、磷、钾比例为 1：0.34：0.72。

为平衡棉花各种养分需要，基础肥料选用及用量（1 吨产品）如下。硫酸铵 100 千克、尿素 305 千克、磷酸一铵 58 千克、过磷酸钙 150 千克、钙镁磷肥 20 千克、氯化钾 205 千克、氨基酸螯合锌锰硼铜 20 千克、硝基腐殖酸 85 千克、生物制剂 20 千克、增效剂 12 千克、调理剂 25 千克。

**7. 大豆** 综合各地大豆专用肥配制资料，推荐 3 种配方，各地根据情况进行选择。

配方 1：建议氮、磷、钾总养分量为 35%，氮、磷、钾比例为 1：1.5：1。此配方适用于春播大豆。为平衡大豆各种养分需要，基础肥料选用及用量（1 吨产品）如下，硫酸铵 100 千克、尿素 107 千克、磷酸一铵 252 千克、过磷酸钙 120 千克、钙镁磷肥 12 千克、氯化钾 167 千克、氨基酸螯合钼锌锰硼及稀土 25 千克、硝基腐植酸 100 千克、氨基酸 45、生物制剂 30 千克、增效剂 12 千克、调理剂 30 千克。

配方 2：建议氮、磷、钾总养分量为 25%，氮、磷、钾比例为 1：2：0.57。此配方适应于北方夏播大豆。为平衡大豆各种养分需要，基础肥料选用及用量（1 吨产品）如下。硫酸铵 100 千克、尿素 47 千克、磷酸一铵 222 千克、过磷酸钙 150 千克、钙镁磷肥 15 千克、氯化钾 70 千克、七水硫酸镁 82 千克、氨基酸螯合钼锌锰硼及稀土 17 千克、硝基腐植酸 150 千克、氨基酸 55、生物制剂 40 千克、增效剂 12 千克、调理剂 40 千克。

配方 3：建议氮、磷、钾总养分量为 30%，氮、磷、钾比例为 1：0.31：1。此配方适应于酸性土壤。为平衡大豆各种养分需要，基础肥料选用及用量（1 吨产品）如下，硫酸铵 100 千克、尿素 224 千克、磷酸一铵 30 千克、过磷酸钙 100 千克、钙镁磷肥 50 千克、氯化钾 217 千克、氨基酸螯合钼锌锰硼铁及稀土 25 千克、硝基腐植酸 142 千克、氨基酸 40、生物制剂 30 千克、增效剂 12 千克、调理剂 30 千克。

**8. 花生** 综合各地花生专用肥配制资料，建议氮、磷、钾总养分量为 35%，氮、磷、钾比例为 1：1.5：2。

为平衡花生各种养分需要，基础肥料选用及用量（1 吨产品）如下，硫酸铵 100 千克、尿素 94 千克、磷酸一铵 123 千克、钙镁磷肥 300 千克、氯化钾 259 千克、氨基酸螯合钼锌锰硼 15 千克、氨基酸 44、生物制剂 25 千克、增效剂 10 千克、调理剂 30 千克。

**9. 油菜** 综合各地油菜专用肥配制资料，建议氮、磷、钾总养分量为 30%，有 3 个配方可供选择。氮、磷、钾比例分别为 1∶0.54∶0.72。

为平衡油菜各种养分需要，基础肥料选用及用量（1 吨产品）如下。硫酸铵 100 千克、尿素 221 千克、磷酸一铵 71 千克、过磷酸钙 200 千克、钙镁磷肥 20 千克、氯化钾 159 千克、氨基酸螯合钼锌硼 12 千克、硝基腐殖酸 100 千克、氨基酸 50 千克、生物制剂 25 千克、增效剂 12 千克、调理剂 30 千克。

**10. 烟草** 综合各地烟草专用肥配制资料，建议氮、磷、钾总养分量为 30%，有两个配方可供选择。

配方 1：氮、磷、钾比例分别为 1∶0.76∶1.10，适宜北方烟草使用。为平衡烟草各种养分需要，基础肥料选用及用量（1 吨产品）如下，硫酸铵 100 千克、尿素 31 千克、硝酸磷肥 200 千克、磷酸二铵 89 千克、过磷酸钙 100 千克、钙镁磷肥 10 千克、硫酸钾 230 千克、氨基酸螯合锰锌硼铜铁稀土 30 千克、硝基腐殖酸 100 千克、七水硫酸镁 40 千克、生物制剂 28 千克、增效剂 12 千克、调理剂 30 千克。

配方 2：氮、磷、钾比例分别为 1∶1∶1.5，适宜南方烟草使用。为平衡烟草各种养分需要，基础肥料选用及用量（1 吨产品）如下，硫酸铵 100 千克、硝酸磷肥 165 千克、磷酸一铵 111 千克、过磷酸钙 100 千克、钙镁磷肥 10 千克、硫酸钾 257 千克、氨基酸螯合锰锌硼铜铁稀土 30 千克、硝基腐殖酸 100 千克、七水硫酸镁 50 千克、生物制剂 35 千克、增效剂 12 千克、调理剂 30 千克。

**11. 茶树** 综合各地茶树专用肥配制资料，建议氮、磷、钾总养分量为 35%，氮、磷、钾比例分别为 1∶0.4∶0.6。

为平衡茶树各种养分需要，基础肥料选用及用量（1 吨产品）如下，硫酸铵 100 千克、尿素 285 千克、磷酸二铵 134 千克、过磷酸钙 50 千克、钙镁磷肥 10 千克、硫酸钾 175 千克、氨基酸螯合锰钼锌硼铜 21 千克、氨基酸 68 千克、七水硫酸镁 80 千克、生物制剂 30 千克、增效剂 12 千克、调理剂 35 千克。

**12. 甘蔗** 综合各地甘蔗专用肥配制资料，建议氮、磷、钾总养分量为 30%，氮、磷、钾比例为 1∶0.4∶1。

为平衡甘蔗各种养分需要，基础肥料选用及用量（1 吨产品）如下。硫酸铵 100 千克、尿素 214 千克、磷酸一铵 28 千克、过磷酸钙 200 千克、钙镁磷肥 20 千克、氯化钾 208 千克、氨基酸螯合锌锰硼及稀土 20 千克、硝基腐殖酸 98 千克、生物制剂 25 千克、增效剂 12 千克、调理剂 25 千克。

**13. 芝麻** 综合各地芝麻专用肥配制资料，建议氮、磷、钾总养分量为30%，氮、磷、钾比例为1:0.28:1.12。

为平衡芝麻各种养分需要，基础肥料选用及用量（1吨产品）如下，硫酸铵100千克、尿素207千克、磷酸二铵38千克、过磷酸钙100千克、钙镁磷肥10千克、氯化钾233千克、氨基酸螯合锰硼10千克、硝基腐殖酸165千克、氨基酸60千克、生物制剂25千克、增效剂12千克、调理剂40千克。

**14. 甘薯** 综合各地甘薯专用肥配制资料，建议氮、磷、钾总养分量为35%，氮、磷、钾比例分别为1:0.36:1.14。

为平衡甘薯各种养分需要，基础肥料选用及用量（1吨产品）如下，硫酸铵100千克、尿素238千克、磷酸一铵63千克、过磷酸钙100千克、钙镁磷肥10千克、硫酸钾320千克、氨基酸螯合锰锌硼15千克、硝基腐殖酸100千克、生物制剂22千克、增效剂12千克、调理剂20千克。

## 二、常见蔬菜专用肥推荐配方

**1. 大白菜** 综合各地大白菜专用肥配制资料，建议氮、磷、钾总养分量为30%，氮、磷、钾比例分别为1:0.66:1.38。

为平衡大白菜各种养分需要，基础肥料选用及用量（1吨产品）如下，硫酸铵100千克、尿素150千克、磷酸一铵100千克、过磷酸钙100千克、钙镁磷肥10千克、氯化钾230千克、硝基腐殖酸200千克、硼砂10千克、氨基酸螯合锌5千克、生物制剂25千克、氨基酸35千克、增效剂10千克、调理剂25千克。

**2. 结球甘蓝** 综合各地结球甘蓝专用肥配制资料，建议氮、磷、钾总养分量为37%，氮、磷、钾比例分别为1:0.42:0.68。

为平衡结球甘蓝各种养分需要，基础肥料选用及用量（1吨产品）如下，硫酸铵100千克、尿素300千克、磷酸一铵150千克、氯化钾200千克、硝基腐殖酸100千克、硼砂20千克、七水硫酸镁40千克、生物制剂30千克、氨基酸30千克、增效剂10千克、调理剂20千克。

**3. 花椰菜** 综合各地花椰菜专用肥配制资料，建议氮、磷、钾总养分量为35%，氮、磷、钾比例分别为1:1:1.09。

为平衡花椰菜各种养分需要，基础肥料选用及用量（1吨产品）如下，硫酸铵100千克、尿素160千克、磷酸一铵200千克、氯化钾200千克、过磷酸钙100千克、钙镁磷肥20千克、硝基腐殖酸100千克、硼砂20千克、钼酸铵0.5千克、氨基酸铜5千克、生物制剂29.5千克、氨基酸30千克、增效剂12千克、调理剂23千克。

**4. 芹菜** 综合各地芹菜专用肥配制资料，建议氮、磷、钾总养分量为30%，氮、磷、钾比例分别为1：0.77：0.43。

为平衡芹菜各种养分需要，基础肥料选用及用量（1吨产品）如下。硫酸铵100千克、氯化铵60千克、尿素164千克、磷酸一铵180千克、过磷酸钙100千克、钙镁磷肥10千克、氯化钾100千克、硼砂20千克、硝基腐殖酸100千克、七水硫酸镁54千克、氨基酸40千克、生物制剂30千克、增效剂12千克、调理剂30千克。

**5. 菠菜** 综合各地菠菜专用肥配制资料，建议氮、磷、钾总养分量为35%，氮、磷、钾比例为1：0.39：2.1。

为平衡菠菜各种养分需要，基础肥料选用及用量（1吨产品）如下。硫酸铵100千克、尿素158千克、磷酸一铵38千克、过磷酸钙100千克、钙镁磷肥20千克、氯化钾350千克、氨基酸螯合锌锰硼铁20千克、硝基腐殖酸148千克、生物制剂29千克、增效剂12千克、调理剂25千克。

**6. 番茄** 综合各地番茄专用肥配制资料，建议氮、磷、钾总养分量为35%，氮、磷、钾比例分别为1：0.57：0.93。

为平衡番茄各种养分需要，基础肥料选用及用量（1吨产品）如下。硫酸铵150千克、尿素160千克、磷酸二铵178千克、氯化钾217千克、七水硫酸锌20千克、五水硫酸铜20千克、氨基酸硼5千克、氨基酸78千克、硝基腐殖酸100千克、生物制剂30千克、增效剂12千克、调理剂30千克。

**7. 茄子** 综合各地茄子专用肥配制资料，建议氮、磷、钾总养分量为35%，氮、磷、钾比例分别为1：0.6：1.4。

为平衡茄子各种养分需要，基础肥料选用及用量（1吨产品）如下。硫酸铵100千克、尿素150千克、磷酸二铵112千克、过磷酸钙150千克、钙镁磷肥20千克、氯化钾270千克、氨基酸锌硼锰铁铜20千克、硝基腐殖酸100千克、生物制剂30千克、增效剂10千克、调理剂38千克。

**8. 辣（甜）椒** 综合各地辣（甜）椒专用肥配制资料，建议氮、磷、钾总养分量为30%，氮、磷、钾比例分别为1：0.6：1.1。

为平衡辣（甜）椒各种养分需要，基础肥料选用及用量（1吨产品）如下。硫酸铵100千克、氯化铵20千克、尿素150千克、磷酸二铵68千克、过磷酸钙250千克、钙镁磷肥20千克、氯化钾200千克、硝基腐殖酸100千克、氨基酸30千克、生物制剂25千克、增效剂12千克、调理剂25千克。

**9. 黄瓜** 综合各地黄瓜专用肥配制资料，建议氮、磷、钾总养分量为30%，氮、磷、钾比例分别为1：0.98：1.97。

为平衡黄瓜各种养分需要，基础肥料选用及用量（1吨产品）如下。硫酸铵 100 千克、尿素 90 千克、氯化铵 140 千克、磷酸二铵 68 千克、过磷酸钙 100 千克、钙镁磷肥 10 千克、氯化钾 234 千克、硼砂 20 千克、七水硫酸锌 20 千克、五水硫酸铜 20 千克、硝基腐植酸 130 千克、生物制剂 26 千克、增效剂 12 千克、调理剂 30 千克。

**10. 冬瓜**  综合各地冬瓜专用肥配制资料，建议氮、磷、钾总养分量为 30%，氮、磷、钾比例为 1∶0.42∶1.08。

为平衡冬瓜各种养分需要，基础肥料选用及用量（1 吨产品）如下。硫酸铵 100 千克、尿素 208 千克、磷酸一铵 37 千克、过磷酸钙 120 千克、钙镁磷肥 10 千克、硫酸钾 260 千克、氨基酸螯合锌锰硼铜铁 25 千克、硝基腐殖酸 118 千克、氨基酸 50 千克、生物制剂 30 千克、增效剂 12 千克、调理剂 30 千克。

**11. 西葫芦**  综合各地西葫芦瓜专用肥配制资料，建议氮、磷、钾总养分量为 35%，氮、磷、钾比例为 1∶0.5∶1.5。

为平衡西葫芦各种养分需要，基础肥料选用及用量（1 吨产品）如下。硫酸铵 100 千克、尿素 196 千克、磷酸二铵 100 千克、过磷酸钙 100 千克、钙镁磷肥 10 千克、氯化钾 266 千克、氨基酸螯合锌硼铜铁钙 10 千克、硝基腐殖酸 133 千克、氨基酸 30 千克、生物制剂 20 千克、增效剂 15 千克、调理剂 20 千克。

**12. 萝卜**  综合各地萝卜专用肥配制资料，建议氮、磷、钾总养分量为 30%，氮、磷、钾比例分别为 1∶0.68∶1.05。

为平衡萝卜的各种养分需要，基础肥料选用及用量（1 吨产品）如下，硫酸铵 100 千克、尿素 175 千克、磷酸一铵 88 千克、过磷酸钙 200 千克、钙镁磷肥 20 千克、氯化钾 192 千克、氨基酸螯合锌硼钼 10 千克、生物制剂 30 千克、硝基腐殖酸 120 千克、氨基酸 30 千克、增效剂 12 千克、调理剂 23 千克。

**13. 胡萝卜**  综合各地胡萝卜专用肥配制资料，建议氮、磷、钾总养分量为 35%，氮、磷、钾比例分别为 1∶0.57∶1.91。

为平衡胡萝卜各种养分需要，基础肥料选用及用量（1 吨产品）如下。硫酸铵 100 千克、尿素 150 千克、磷酸一铵 80 千克、过磷酸钙 100 千克、钙镁磷肥 20 千克、氯化钾 323 千克、硼砂 25 千克、氨基酸螯合锌钼锰 10 千克、氯化钠 40 千克、生物制剂 30 千克、硝基腐殖酸 100 千克、增效剂 12 千克、调理剂 20 千克。

**14. 茎用芥菜**  综合各地茎用芥菜专用肥配制资料，建议氮、磷、钾总养分量为 35%，氮、磷、钾比例分别为 1∶0.27∶1.07。

为平衡茎用芥菜各种养分需要，基础肥料选用及用量（1 吨产品）如下。

硫酸铵 100 千克、尿素 280 千克、过磷酸钙 200 千克、钙镁磷肥 50 千克、氯化钾 266 千克、氨基酸螯合硼锌锰铁钙 25 千克、氨基酸 22 千克、生物制剂 25 千克、增效剂 12 千克、调理剂 20 千克。

**15. 韭菜**　综合各地韭菜专用肥配制资料，建议氮、磷、钾总养分量为 25％，氮、磷、钾比例分别为 1∶0.68∶0.41。

为平衡韭菜各种养分需要，基础肥料选用及用量（1 吨产品）如下。硫酸铵 100 千克、尿素 203 千克、磷酸一铵 42 千克、过磷酸钙 330 千克、钙镁磷肥 50 千克、硫酸钾 100 千克、氨基酸螯合硼铁铜 15 千克、生物制剂 30 千克、硝基腐殖酸 100 千克、增效剂 10 千克、调理剂 20 千克。

**16. 大葱**　综合各地大葱专用肥配制资料，建议氮、磷、钾总养分量为 30％，氮磷钾比例分别为 1∶0.46∶0.84。

为平衡大葱各种养分需要，基础肥料选用及用量（1 吨产品）如下。硫酸铵 100 千克、尿素 212 千克、磷酸一铵 80 千克、过磷酸钙 136 千克、钙镁磷肥 20 千克、氯化钾 184 千克、硫酸镁 40 千克、硫酸铜 20 千克、生物制剂 30 千克、硝基腐殖酸 100 千克、氨基酸 30 千克、增效剂 10 千克、调理剂 38 千克。

**17. 大蒜**　综合各地大蒜专用肥配制资料，建议氮、磷、钾总养分量为 30％，氮磷钾比例分别为 1∶0.57∶0.57。

为平衡大蒜各种养分需要，基础肥料选用及用量（1 吨产品）如下。硫酸铵 100 千克、尿素 220 千克、磷酸一铵 140 千克、过磷酸钙 100 千克、钙镁磷肥 10 千克、氯化钾 134 千克、硝基腐殖酸 118 千克、氨基酸螯合锌硼锰 15 千克、硫酸镁 40 千克、氯化钠 15 千克、氨基酸 40 千克、生物制剂 30 千克、增效剂 12 千克、调理剂 26 千克。

**18. 洋葱**　综合各地洋葱专用肥配制资料，建议氮、磷、钾总养分量为 30％，氮磷钾比例分别为 1∶0.46∶0.85。

为平衡洋葱各种养分需要，基础肥料选用及用量（1 吨产品）如下。硫酸铵 100 千克、尿素 185 千克、磷酸二铵 133 千克、氨化过磷酸钙 50 千克、氯化钾 183 千克、硝基腐植酸 200 千克、硫酸锰 20 千克、硼砂 20 千克、硫酸铜 20 千克、生物制剂 25 千克、氨基酸 30 千克、增效剂 12 千克、调理剂 22 千克。

**19. 马铃薯**　综合各地马铃薯专用肥配制资料，建议氮、磷、钾总养分量为 35％，氮、磷、钾比例分别为 1∶0.32∶1.86。

为平衡马铃薯各种养分需要，基础肥料选用及用量（1 吨产品）如下。硫酸铵 100 千克、尿素 186 千克、磷酸一铵 38 千克、过磷酸钙 100 千克、钙镁磷肥 10 千克、氯化钾 342 千克、氨基酸螯合锌锰硼铁铜 25 千克、生物制剂 30 千克、硝基腐殖酸 100 千克、氨基酸 37 千克、增效剂 12 千克、调理剂 20 千克。

**20. 菜豆** 综合各地菜豆专用肥配制资料，建议氮、磷、钾总养分量为 25%，氮、磷、钾比例分别为 1∶1∶1.13。

为平衡菜豆各种养分需要，基础肥料选用及用量（1 吨产品）如下。硫酸铵 100 千克、尿素 100 千克、磷酸一铵 100 千克、过磷酸钙 200 千克、钙镁磷肥 30 千克、氯化钾 160 千克、硝基腐殖酸 200 千克、氨基酸螯合硼锰锌铜铁 25 千克、生物制剂 25 千克、氨基酸 30 千克、增效剂 10 千克、调理剂 20 千克。

**21. 豇豆** 综合各地豇豆配方肥配制资料，建议氮、磷、钾总养分量为 35%，氮、磷、钾比例分别为 1∶0.6∶1.9。

为平衡豇豆各种养分需要，基础肥料选用及用量（1 吨产品）如下。硫酸铵 100 千克、尿素 131 千克、磷酸二铵 94 千克、过磷酸钙 100 千克、钙镁磷肥 10 千克、氯化钾 316 千克、硝基腐殖酸 117 千克、氨基酸螯合硼锰锌铜铁 25 千克、生物制剂 25 千克、氨基酸 50 千克、增效剂 12 千克、调理剂 20 千克。

**22. 蚕豆** 综合各地蚕豆专用肥配制资料，建议氮、磷、钾总养分量为 35%，氮、磷、钾比例分别为 1∶0.7∶1.8。

为平衡蚕豆各种养分需要，基础肥料选用及用量（1 吨产品）如下。硫酸铵 100 千克、尿素 138 千克、磷酸二铵 76 千克、过磷酸钙 200 千克、钙镁磷肥 20 千克、氯化钾 300 千克、钼酸铵 2 千克、硼砂 25 千克、固氮菌剂 50 千克、生物制剂 30 千克、氨基酸 27 千克、增效剂 12 千克、调理剂 20 千克。

## 三、常见果树专用肥推荐配方

**1. 苹果** 综合各地苹果专用肥配制资料，建议氮、磷、钾总养分量为 30%，氮、磷、钾比例分别为 1∶0.38∶0.92。

为平衡苹果各种养分需要，基础肥料选用及用量（1 吨产品）如下。硫酸铵 100 千克、尿素 193 千克、磷酸一铵 80 千克、过磷酸钙 150 千克、钙镁磷肥 15 千克、硫酸钾 240 千克、硫酸锌 20 千克、硼砂 20 千克、氨基酸铁钙稀土 15 千克、硝基腐殖酸 100 千克、生物制剂 30 千克、增效剂 10 千克、调理剂 27 千克。

**2. 桃树** 综合各地桃树专用肥配制资料，建议氮、磷、钾总养分量为 30%，氮、磷、钾比例分别为 1∶0.64∶1.09。

为平衡桃树各种养分需要，基础肥料选用及用量（1 吨产品）如下。硫酸铵 100 千克、尿素 163 千克、磷酸一铵 102 千克、钙镁磷肥 10 千克、过磷酸钙 100 千克、氯化钾 200 千克、氨基酸锌硼铁稀土 20 千克、硝基腐殖酸 200 千克、生物制剂 25 千克、氨基酸 38 千克、增效剂 12 千克、调理剂 30 千克。

**3. 葡萄** 综合各地葡萄专用肥配制资料，建议氮、磷、钾总养分量为 30%，氮、磷、钾比例分别为 1：0.8：1.2。

为平衡葡萄各种养分需要，基础肥料选用及用量（1 吨产品）如下：硫酸铵 130 千克、尿素 132 千克、磷酸一铵 106 千克、钙镁磷肥 10 千克、过磷酸钙 150 千克、硫酸钾 240 千克、硼砂 20 千克、五水硫酸铜 10 千克、七水硫酸锌 10 千克、七水硫酸亚铁 10 千克、硝基腐殖酸 100 千克、生物制剂 20 千克、氨基酸 32 千克、增效剂 10 千克、调理剂 20 千克。

**4. 梨树** 综合各地梨树专用肥配制资料，建议氮、磷、钾总养分量为 35%，氮、磷、钾比例分别为 1：0.62：1.08。

为平衡梨树各种养分需要，基础肥料选用及用量（1 吨产品）如下。硫酸铵 100 千克、尿素 185 千克、磷酸二铵 131 千克、过磷酸钙 120 千克、钙镁磷肥 10 千克、氯化钾 233 千克、七水硫酸锌 20 千克、硼砂 10 千克、氨基酸螯合稀土 1 千克、硝基腐殖酸 129 千克、生物制剂 20 千克、氨基酸 20 千克、增效剂 10 千克、调理剂 11 千克。

**5. 枣树** 综合各地枣树专用肥配制资料，建议氮、磷、钾总养分量为 30%，氮、磷、钾比例分别为 1：0.67：1.83。

平衡枣梨树各种养分需要，基础肥料选用及用量（1 吨产品）如下。硫酸铵 100 千克、尿素 158 千克、磷酸二铵 138 千克、钙镁磷肥 10 千克、过磷酸钙 100 千克、硫酸钾 160 千克、氨基酸锰锌硼铜铁 20 千克、硝基腐殖酸 200 千克、生物制剂 30 千克、氨基酸 42 千克、增效剂 12 千克、调理剂 30 千克。

**6. 山楂** 综合各地山楂专用肥配制资料，建议氮、磷、钾总养分量为 30%，氮、磷、钾比例分别为 1：0.5：1。

为平衡山楂各种养分需要，基础肥料选用及用量（1 吨产品）如下。硫酸铵 100 千克、尿素 127 千克、磷酸二铵 207 千克、钙镁磷肥 15 千克、过磷酸钙 150 千克、氯化钾 200 千克、氨基酸锰锌硼铁铜 25 千克、硝基腐殖酸 100 千克、氨基酸 24 千克、生物制剂 20 千克、增效剂 12 千克、调理剂 20 千克。

**7. 核桃** 综合各地核桃专用肥配制资料，建议氮、磷、钾总养分量为 30%，氮、磷、钾比例分别为 1：0.65：0.65。

为平衡核桃各种养分需要，基础肥料选用及用量（1 吨产品）如下。硫酸铵 100 千克、尿素 195 千克、磷酸二铵 97.78 千克、钙镁磷肥 50 千克、过磷酸钙 200 千克、氯化钾 141.67 千克、七水硫酸锌 20 千克、硼砂 20 千克、硝基腐殖酸 100 千克、生物制剂 20 千克、氨基酸 23.55 千克、增效剂 12 千克、调理剂 20 千克。

**8. 杏树** 综合各地杏树专用肥配制资料，建议氮、磷、钾总养分量为 35%，氮、磷、钾比例分别为 1：0.41：0.78。

为平衡杏树各种养分需要，基础肥料选用及用量（1 吨产品）如下。硫酸铵 100 千克、尿素 274 千克、磷酸一铵 92 千克、钙镁磷肥 10 千克、过磷酸钙 100 千克、氯化钾 208 千克、氨基酸螯合硼锌锰铁铜 25 千克、硝基腐殖酸 100 千克、生物制剂 20 千克、氨基酸 39 千克、增效剂 12 千克、调理剂 20 千克。

**9. 猕猴桃** 综合各地猕猴桃专用肥配制资料，建议氮、磷、钾总养分量为 35%，氮、磷、钾比例分别为 1：0.6：0.77。

为平衡猕猴桃各种养分需要，基础肥料选用及用量（1 吨产品）如下。硫酸铵 100 千克、尿素 243 千克、磷酸一铵 132 千克、钙镁磷肥 10 千克、过磷酸钙 100 千克、氯化钾 192 千克、氨基酸螯合硼锌锰铁铜 25 千克、硝基腐殖酸 91 千克、生物制剂 25 千克、氨基酸 40 千克、增效剂 12 千克、调理剂 30 千克。

**10. 李** 综合各地李专用肥配制资料，建议氮、磷、钾总养分量为 30%，氮、磷、钾比例分别为 1：0.29：2.24。

为平衡李的各种养分需要，基础肥料选用及用量（1 吨产品）如下。硫酸铵 100 千克、尿素 134 千克、钙镁磷肥 15 千克、过磷酸钙 150 千克、氯化钾 316 千克、氨基酸螯合硼锌铁稀土 20 千克、硝基腐殖酸 158 千克、生物制剂 25 千克、氨基酸 40 千克、增效剂 12 千克、调理剂 30 千克。

**11. 柿树** 综合各地柿树专用肥配制资料，建议氮、磷、钾总养分量为 30%，氮、磷、钾比例分别为 1：0.57：0.57。

为平衡柿树各种养分需要，基础肥料选用及用量（1 吨产品）如下。硫酸铵 100 千克、尿素 227 千克、磷酸一铵 105 千克、钙镁磷肥 15 千克、过磷酸钙 150 千克、氯化钾 160 千克、氨基酸螯合锰硼锌铁 20 千克、硝基腐殖酸 101 千克、生物制剂 30 千克、氨基酸 50 千克、增效剂 12 千克、调理剂 30 千克。

**12. 樱桃** 综合各地樱桃专用肥配制资料，建议氮、磷、钾总养分量为 35%，氮、磷、钾比例分别为 1：0.16：1.1。

为平衡樱桃各种养分需要，基础肥料选用及用量（1 吨产品）如下。硫酸铵 100 千克、尿素 290 千克、钙镁磷肥 15 千克、过磷酸钙 150 千克、硫酸钾 340 千克、氨基酸螯合锰硼锌铁 20 千克、生物制剂 20 千克、氨基酸 35 千克、增效剂 10 千克、调理剂 20 千克。

**13. 石榴** 综合各地石榴专用肥配制资料，建议氮、磷、钾总养分量为 30%，氮、磷、钾比例分别为 1:0.21:0.93。

为平衡石榴各种养分需要，基础肥料选用及用量（1 吨产品）如下。硫酸铵 100 千克、尿素 253 千克、钙镁磷肥 18 千克、过磷酸钙 180 千克、氯化钾 216 千克、氨基酸螯合锰硼锌铁 20 千克、硝基腐殖酸 108 千克、生物制剂 25 千克、氨基酸 40 千克、增效剂 10 千克、调理剂 30 千克。

**14. 柑橘** 综合各地柑橘专用肥配制资料，建议氮、磷、钾总养分量为 35%，氮、磷、钾比例分别为 1:0.8:1.36。

为平衡柑橘各种养分需要，基础肥料选用及用量（1 吨产品）如下。硫酸铵 100 千克、尿素 158 千克、磷酸一铵 139 千克、氨化过磷酸钙 150 千克、硫酸钾 300 千克、氨基酸锌硼钼铜铁锰 25 千克、硝基腐殖酸 90 千克、生物制剂 18 千克、增效剂 10 千克、调理剂 10 千克。

**15. 香蕉** 综合各地香蕉专用肥配制资料，建议氮、磷、钾总养分量为 30%，氮、磷、钾比例分别为 1:0.25:2.5。

为平衡香蕉各种养分需要，基础肥料选用及用量（1 吨产品）如下。硫酸铵 100 千克、尿素 128 千克、钙镁磷肥 12 千克、过磷酸钙 120 千克、氯化钾 333 千克、氨基酸钙锌硼稀土 20 千克、硝基腐殖酸 150 千克、氨基酸 65 千克、生物制剂 30 千克、增效剂 12 千克、调理剂 30 千克。

**16. 荔枝** 综合各地荔枝专用肥配制资料，建议氮、磷、钾总养分量为 35%，氮、磷、钾比例分别为 1:0.31:0.88。

为平衡荔枝各种养分需要，基础肥料选用及用量（1 吨产品）如下。硫酸铵 100 千克、尿素 270 千克、磷酸二铵 71 千克、钙镁磷肥 10 千克、过磷酸钙 100 千克、氯化钾 233 千克、氨基酸螯合锰铜铁锌硼 25 千克、硝基腐殖酸 89 千克、氨基酸 35 千克、生物制剂 25 千克、增效剂 12 千克、调理剂 30 千克。

**17. 菠萝** 综合各地菠萝专用肥配制资料，建议氮、磷、钾总养分量为 30%，氮、磷、钾比例分别为 1:0.28:1.23。

为平衡菠萝各种养分需要，基础肥料选用及用量（1 吨产品）如下。硫酸铵 100 千克、尿素 200 千克、钙镁磷肥 20 千克、过磷酸钙 200 千克、氯化钾 246 千克、氨基酸螯合锰铁锌硼钼 25 千克、七水硫酸镁 70 千克、硝基腐殖酸 85 千克、生物制剂 24 千克、增效剂 10 千克、调理剂 20 千克。

**18. 龙眼** 综合各地龙眼专用肥配制资料，建议氮、磷、钾总养分量为 30%，氮、磷、钾比例分别为 1:0.42:1.08。

为平衡龙眼萝各种养分需要，基础肥料选用及用量（1 吨产品）如下。硫酸铵 100 千克、尿素 198 千克、磷酸一铵 46 千克、钙镁磷肥 15 千克、过磷酸钙 150 千克、氯化钾 216 千克、氨基酸螯合锰铁锌硼钼 25 千克、氨基酸 78 千克、硝基腐殖酸 100 千克、生物制剂 30 千克、增效剂 12 千克、调理剂 30 千克。

**19. 椰子**　综合各地椰子专用肥配制资料，建议氮、磷、钾总养分量为 30%，氮、磷、钾比例分别为 1∶0.43∶1.43。

为平衡椰子各种养分需要，基础肥料选用及用量（1 吨产品）如下。氯化铵 200 千克、尿素 111 千克、磷酸一铵 25 千克、钙镁磷肥 20 千克、过磷酸钙 180 千克、氯化钾 250 千克、氨基酸螯合锰铁锌硼 20 千克、七水硫酸镁 100 千克、氨基酸 32 千克、生物制剂 25 千克、增效剂 12 千克、调理剂 25 千克。

**20. 杧果**　综合各地杧果专用肥配制资料，建议氮、磷、钾总养分量为 30%，氮、磷、钾比例分别为 1∶0.24∶1.04。

为平衡杧果各种养分需要，基础肥料选用及用量（1 吨产品）如下。硫酸铵 100 千克、尿素 248 千克、钙镁磷肥 20 千克、过磷酸钙 135 千克、氯化钾 233 千克、氨基酸螯合锰铁锌硼钙 25 千克、七水硫酸镁 100 千克、硝基腐殖酸 84 千克、生物制剂 20 千克、增效剂 10 千克、调理剂 25 千克。

**21. 脐橙**　综合各地脐橙专用肥配制资料，建议氮、磷、钾总养分量为 30%，氮、磷、钾比例分别为 1∶0.52∶0.79。

为平衡脐橙各种养分需要，基础肥料选用及用量（1 吨产品）如下。硫酸铵 100 千克、尿素 216 千克、钙镁磷肥 20 千克、过磷酸钙 200 千克、硫酸钾 206 千克、氨基酸螯合锰铁锌硼 20 千克、硝基腐殖酸 90 千克、氨基酸 30 千克、生物制剂 20 千克、增效剂 10 千克、调理剂 24 千克。

**22. 枸杞**　综合各地枸杞专用肥配制资料，建议氮、磷、钾总养分量为 30%，氮、磷、钾比例分别为 1∶0.5∶0.38。

为平衡枸杞果各种养分需要，基础肥料选用及用量（1 吨产品）如下。硫酸铵 100 千克、尿素 272 千克、磷酸一铵 105 千克、钙镁磷肥 15 千克、过磷酸钙 150 千克、氯化钾 100 千克、氨基酸螯合锰铁锌硼铜稀土 26 千克、硝基腐殖酸 110 千克、复合微生物菌剂 60 千克、生物制剂 25 千克、增效剂 12 千克、调理剂 25 千克。

**23. 西瓜**　综合各地西瓜专用方肥配制资料，建议氮、磷、钾总养分量为 30%，氮、磷、钾比例分别为 1∶0.64∶1.09。

平衡西瓜各种养分需要，基础肥料选用及用量（1 吨产品）如下。硫酸铵 100 千克、尿素 150 千克、磷酸一铵 120 千克、氨化过磷酸钙 100 千克、硫酸钾 240 千克、七水硫酸镁 43 千克、硝基腐殖酸 100 千克、氨基酸锌硼锰铁铜 35 千克、生物制剂 30 千克、氨基酸 40 千克、增效剂 12 千克、调理剂 30 千克。

**24. 甜瓜**　综合各地甜瓜专用方肥配制资料，建议氮、磷、钾总养分量为 30％，氮、磷、钾比例分别为 1∶0.46∶1.04。

为平衡甜瓜各种养分需要，基础肥料选用及用量（1 吨产品）如下。硫酸铵 100 千克、尿素 160 千克、磷酸一铵 79 千克、过磷酸钙 100 千克、钙镁磷肥 10 千克、硫酸钾 250 千克、硝酸钙 100 千克、硝基腐殖酸 100 千克、氨基酸锌硼锰铜 20 千克、生物制剂 25 千克、氨基酸 26 千克、增效剂 10 千克、调理剂 20 千克。

**25. 哈密瓜**　综合各地哈密瓜专用方肥配制资料，建议氮、磷、钾总养分量为 30％，氮、磷、钾比例分别为 1∶0.5∶1.5。

为平衡哈密瓜各种养分需要，基础肥料选用及用量（1 吨产品）如下。硫酸铵 100 千克、尿素 152 千克、磷酸一铵 68 千克、过磷酸钙 100 千克、钙镁磷肥 10 千克、氯化钾 300 千克、硝基腐殖酸 150 千克、生物制剂 20 千克、氨基酸 30 千克、增效剂 12 千克、调理剂 20 千克。

**26. 草莓**　综合各地草莓专用方肥配制资料，建议氮、磷、钾总养分量为 35％，氮、磷、钾比例分别为 1∶0.36∶1.14。

为平衡草莓各种养分需要，基础肥料选用及用量（1 吨产品）如下。硫酸铵 100 千克、尿素 253 千克、重过磷酸钙 32 千克、过磷酸钙 200 千克、钙镁磷肥 20 千克、硫酸钾 320 千克、氨基酸锌硼锰铜 20 千克、生物制剂 23 千克、增效剂 12 千克、调理剂 20 千克。

# 任务六　作物专用肥的合理施用

在确定了肥料用量和肥料配方后，合理施肥的重点是选择肥料种类、确定施肥时期和施肥方法等。

## 一、作物专用肥的施肥时期

应根据肥料性质和作物营养特性，适时施肥。作物生长旺盛和吸收养分的时期应重点施肥，有灌溉条件的地区应分期施肥。对作物不同时期的氮肥推荐量的确定，有条件区域应建立并采用实时监控技术。一般来说，施肥时期包括基肥、种肥和追肥 3 个环节。只有 3 个环节掌握得当，肥料用得好，经济效益才能高。作物专用肥一般用作基肥较多。

### 二、作物专用肥的施肥深度

作物根系在土壤中的分布多数与地面呈 $30°\sim60°$ 夹角，且农作物在生育期间绝大部分根系分布在地面以下 $5\sim10$ 厘米的耕层内。因此，为了使施用的作物专用肥能尽量接近吸收的耕层，基本趋势是减少表面施用，增加施肥深度。

**1. 不同深度的施肥方法** 表面施肥是将肥料撒施于土壤表面的方法。肥料在土壤中分布浅，一般只在耕层上部的几厘米，主要满足作物苗期和根系分布浅时的需要。肥料施于表面易被雨水或灌溉水冲走，导致挥发损失等，也更易被新发芽的杂草幼苗吸收。因此，除了密植作物后期难以进行机械和人工施肥时采用撒施表面外，其他情况不提倡采用此法。

全耕层施肥是将肥料与耕作层土壤混合的施肥方法，深 $0\sim10$ 厘米左右。多利用机械耕耙作业进行，一般在完成耕地作业后，将肥料撒施在耕翻过的土面上，然后用旋耕机或耙进行碎土整地作业，使肥料混于耕作层的土壤中。这种施肥方式的优点是有利于作物根系在一段时期内的伸展和吸收，使作物长势均匀。

分层施肥是把施肥总量中一定比例的肥料利用机械耕翻或人工将其翻入耕作层下部，深 $10\sim20$ 厘米，然后将其余肥料再施于翻转的土面上，在耙碎土时混入耕作层上部的土中，深 $0\sim10$ 厘米。这种施肥方法适宜地膜栽培作物。

**2. 不同施肥时期的施肥深度** 把握好施肥的最佳深度不仅可以避免浪费，还能保证作物的良好生长。

种肥一般是预先将所施的化肥埋施在种子下部或侧下部，肥料与种子应保持适当的距离，一般为 $3\sim5$ 厘米，以免烧伤种子。所以用作种肥的化肥施肥深度以 $5\sim6$ 厘米为宜。

追肥时植株根系已初步发育形成，如采用机械追肥，应尽量避免伤根，施肥深度不宜太深，距植株的水平距离（侧距）也应适当。一般情况下，行间追肥时窄行作物如小麦等的追肥深度以 $6\sim8$ 厘米为宜，宽行作物如玉米等的追肥深度以 $8\sim12$ 厘米为宜，侧距以 $10\sim15$ 厘米为宜。

基肥的作用期是在作物生长后期，这时作物的根系已经成熟，植株高大密集，根区追肥较难操作，主要靠播前整地时施入的基肥发挥作用。基肥深施常为 $15\sim20$ 厘米或更深。而犁地施肥是一种简便易行的办法。主要方法有两种，一种是先将肥料撒于地表，再用犁耕翻入土；另一种是犁耕作业的同时将肥料施入犁沟，即犁耕时沟施。两者相比后者更优，应大力推广。

### 三、作物专用肥的施肥用量

对于分区配方的地区，要根据每一特定分区在确定肥料种类之后，利用上述基于田块的肥料配方设计中肥料用量的推荐方法，确定该区肥料的推荐用量。而对于田块配方的地区，在进行田块配方的同时也确定了肥料推荐用量，无需重新确定施肥数量。

### 四、作物专用肥的施用效果

例如河南省实施测土配方施肥技术项目以来，全省 133 个项目单位依据土壤养分、作物需肥、田间试验结果，经专家会商，共制定不同作物肥料配方 829 个，配肥企业采用 698 个，参与配方肥生产加工的大中型企业 72 个，市、县级配肥站 82 个，累计加工生产专用肥 331 万吨，应用面积 9 608 万亩。各项目县为促进供肥到户，因地制宜地探索并建立了多种推广模式，有效促进了"测、配、产、供、施"的衔接。

**1. 小麦专用肥应用效果**　对 2005—2009 年河南全省 2 950 个小麦专用肥与常规施肥对比示范分析表明，施专用肥比常规施肥亩增产 36.49～45.04 千克，增产率在 8.5%～11.1%，平均 9.67%；亩节肥 0.33～2.23 千克，平均 1.54 千克；亩节本增效 71～89 元，平均 81 元（表 5 - 20）。

表 5 - 20　河南省 2005—2009 年小麦专用肥应用效果

| 年份 | 处理 | 产量<br>（千克/亩） | 增产量<br>（千克/亩） | 增产率<br>（%） | 施肥量<br>（千克/亩） | 用肥增减<br>（千克/亩） | 节本增效<br>（元） | 样本数<br>（个） |
|---|---|---|---|---|---|---|---|---|
| 2005 | 施专用肥 | 449.56 | 45.04 | 11.1 | 21.2 | −1.68 | 89.47 | 165 |
| | 常规施肥 | 404.52 | | | 22.88 | | | |
| 2006 | 施专用肥 | 463.63 | 36.49 | 8.5 | 21.93 | −2.23 | 76.83 | 367 |
| | 常规施肥 | 427.14 | | | 24.16 | | | |
| 2007 | 施专用肥 | 473.34 | 44.86 | 10.5 | 20.85 | −1.3 | 87.25 | 644 |
| | 常规施肥 | 428.48 | | | 22.15 | | | |
| 2008 | 施配方肥 | 455.89 | 38.82 | 9.3 | 21.56 | −0.33 | 71.53 | 791 |
| | 常规施肥 | 417.07 | | | 21.89 | | | |
| 2009 | 施专用肥 | 509.00 | 41.5 | 8.8 | 19.13 | −2.17 | 85.55 | 983 |
| | 常规施肥 | 467.50 | | | 21.30 | | | |

**2. 玉米专用肥应用效果**　对 2006—2009 年全省 1840 个玉米专用肥与常规施肥对比示范分析表明，施专用肥比常规施肥亩增产量 38.17～45.38 千克/

亩，增产率在 7.2%～10.1%，平均 8.9%；亩增肥 0.54～2.68 千克，平均 2 千克；亩节本增效 53～74 元，平均 62.7 元（表 5-21）。

表 5-21　河南省 2006—2009 年玉米专用肥应用效果

| 年份 | 处理 | 产量<br>（千克/亩） | 增产量<br>（千克/亩） | 增产率<br>（%） | 施肥量<br>（千克/亩） | 用肥增减<br>（千克/亩） | 节本增效<br>（元） | 样本数<br>（个） |
|---|---|---|---|---|---|---|---|---|
| 2006 | 施专用肥 | 481.26 | 44.43 | 10.17 | 21.46 | 2.68 | 61.1 | 126 |
| | 常规施肥 | 436.83 | | | 18.78 | | | |
| 2007 | 施专用肥 | 523.34 | 44.73 | 9.35 | 21.29 | 2.44 | 63.84 | 389 |
| | 常规施肥 | 478.61 | | | 18.85 | | | |
| 2008 | 施专用肥 | 568.26 | 38.17 | 7.20 | 21.72 | 2.37 | 53.04 | 563 |
| | 常规施肥 | 530.09 | | | 19.35 | | | |
| 2009 | 施专用肥 | 543.24 | 45.38 | 9.12 | 20.73 | 0.54 | 74.45 | 762 |
| | 常规施肥 | 497.86 | | | 20.19 | | | |

**3. 水稻专用肥应用效果**　对 2006—2008 年河南省 187 个水稻专用肥与常规施肥对比示范分析表明，施专用肥比常规施肥亩增产量 36.49～44.86 千克/亩，增产率在 6.5%～12.35%，平均 9.1%；亩节肥 2.1～2.7 千克，平均 2.4 千克；亩节本增效 86～99 元，平均 91 元（表 5-22）。

表 5-22　河南省 2006—2008 年水稻专用肥应用效果

| 年份 | 处理 | 产量<br>（千克/亩） | 增产量<br>（千克/亩） | 增产率<br>（%） | 施肥量<br>（千克/亩） | 用肥增减<br>（千克/亩） | 节本增效<br>（元） | 样本数<br>（个） |
|---|---|---|---|---|---|---|---|---|
| 2006 | 施专用肥 | 626.29 | 36.49 | 6.50 | 23.1 | -2.7 | 86.5 | 51 |
| | 常规施肥 | 561.14 | | | 25.8 | | | |
| 2007 | 施专用肥 | 410.18 | 44.86 | 12.35 | 22.7 | -2.1 | 99.5 | 64 |
| | 常规施肥 | 363.12 | | | 24.8 | | | |
| 2008 | 施专用肥 | 513 | 38.82 | 8.52 | 23.8 | -2.4 | 88.14 | 72 |
| | 常规施肥 | 455.63 | | | 26.2 | | | |

# 模块六
# 测土配方施肥技术总结与评估

## 任务一 测土配方施肥技术
## 示范与效果评价

### 一、示范试验

每县在大田作物、主要蔬菜、主要果树上分别设 20～30 个测土配方施肥示范点，进行田间对比示范（图 6-1）。示范设置常规施肥对照区和测土配方施肥区两个处理，蔬菜果树测土配方施肥区是集成优化施肥，另外大田作物设 1 个不施肥的空白处理，其中大田作物测土配方施肥、农民常规施肥处理面积不少于 200 米$^2$、空白对照（不施肥）处理不少于 30 米$^2$；蔬菜两个处理面积

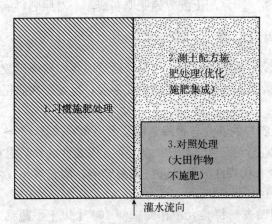

图 6-1 测土配方施肥示范小区排列示意

注：习惯施肥处理完全由农民按照当地习惯进行施肥管理；测土配方施肥处理只是按照试验要求改变施肥数量和方式，对照处理则不施任何化学肥料，其他管理与习惯处理相同。处理间要筑田埂及排、灌沟，单灌单排，禁止串排串灌。

不少于 100 米²；每个处理果树数不少于 25 株，其他参照一般肥料试验要求。通过田间示范，综合比较肥料投入、作物产量、经济效益、肥料利用率等指标，客观评价测土配方施肥效益，为测土配方施肥技术参数的校正及进一步优化肥料配方提供依据。田间示范应包括规范的田间记录档案和示范报告，具体记录内容参见附表 5 测土配方施肥田间示范结果汇总表。

田间示范应包括规范的田间记录档案和示范报告，具体记录内容参见表 6-1。

## 二、结果分析与数据汇总

对于每一个示范点，可以利用 2～3 个处理之间产量、肥料成本、产值等方面的比较，从增产和增收等角度进行分析，同时也可以通过测土配方施肥产量结果与计划产量之间的比较进行参数校验。有关增产增收的分析指标如下。

**1. 增产率**  测土配方施肥产量与对照（常规施肥或不施肥处理）产量的差值相对于对照产量的百分数。

$$增产率（\%）=\frac{测土配方施肥产量-对照产量}{对照产量}\times100\%$$

**2. 增收**  测土配方施肥比对照（常规施肥或不施肥处理）增加的纯收益。

$$增收（元/亩）=（测土配方施肥产量-对照产量）\times产品单价-$$
$$（测土配方施肥肥料成本-对照肥料成本）$$

## 三、农户调查反馈

农户是测土配方施肥的具体应用者，通过收集农户施肥数据进行分析是评价测土配方施肥效果与技术准确度的重要手段，也是反馈修正肥料配方的基本途径。

**1. 测土样点农户的调查与跟踪**  每县大田作物选择 100～200 个有代表性的农户进行跟踪监测，蔬菜选择 30～50 个有代表性的农户进行跟踪监测，果树选择 20～30 个有代表性的果农进行跟踪监测，调查填写《农户施肥情况调查表》，见表 2-14。

**2. 农户施肥调查**  每县大田作物选择 100 个以上、蔬菜选择 30 个以上、果树选择 20 个以上有代表性的农户，开展农户施肥调查，以权重、按比例选择测土配方施肥农户、常规施肥农户及不同生产水平的农户，调查内容参见附表 2-14，再作汇总分析，以县为单位完成《农户测土配方施肥准确度的评价统计表》，见附表 6-2。

## 表6-1 测土配方施肥（作物名）田间示范结果汇总表

编号：_____

地点：_____省_____地市_____县_____（乡村农户地块名）；邮编：_____；东经：_____度_____分_____秒，北纬：_____度_____分_____秒

海拔_____米

土名：_____亚类_____土类_____土种；地下水位埋深_____米最高_____米最低_____米；灌排能力_____；障碍因素_____

土体构型：_____；地形部位及农田建设：_____；侵蚀程度_____；肥力等级_____；代表面积_____亩；耕层厚度_____厘米；取土年月日_____

### 土壤测试结果*

| 取样层次（厘米） | 有机质（克/千克） | 全氮（克/千克） | 碱解氮（毫克/千克） | 全磷（克/千克） | 有效磷（毫克/千克） | 全钾（克/千克） | 速效钾（毫克/千克） | 缓效钾（毫克/千克） | 交换量[厘摩(+)/千克] | 碳酸钙（克/千克） | pH | 国际制质地 | 容重（克/厘米³） | 土壤结构 | 有效微量元素（毫克/千克） | | | | | | 其他（毫克/千克） | | | |
|---|---|---|---|---|---|---|---|---|---|---|---|---|---|---|---|---|---|---|---|---|---|---|---|---|
| | | | | | | | | | | | | | | | Fe | Mn | Cu | Zn | B | Mo | Ca | Mg | S | Si |
| 0— | | | | | | | | | | | | | | | | | | | | | | | | |
| 一 | | | | | | | | | | | | | | | | | | | | | | | | |

### 示范结果

| | 生长日期 | | 产量（千克/亩） | 有机肥品种 | 有机肥用量（千克/亩） | 化肥用量（千克/亩） | | | 有机肥养分折纯（千克/亩） | | | | 降水量（毫米） | | 灌溉（米³/亩） | | 作物 | 品种 | 面积（亩） |
|---|---|---|---|---|---|---|---|---|---|---|---|---|---|---|---|---|---|---|---|
| | 年月日~年月日 | 天数 | | | | N | P₂O₅ | K₂O | 有机质 | N | P₂O₅ | K₂O | 次数 | 总量 | 次数 | 总量 | | | |
| 配方施肥区 | | | | | | | | | | | | | | | | | | | |
| 农民常规区 | | | | | | | | | | | | | | | | | | | |
| 空白处理区 | | | | | | | | | | | | | | | | | | | |

施肥推荐方法：_____；不正常情况及备注：_____

填报单位：_____邮编：_____电话：_____传真：_____联系人：_____填报时间：_____

* 土壤测试需注明具体测试方法（测试方法参照本规范），养分以单质表示。

**表6-2 农户测土配方施肥准确度评价统计**

_____年_____县_____作物农户测土配方施肥执行情况对比表

| 配方状况 | 样本数 | 施氮量（千克/亩） | | 施磷量（千克/亩） | | 施钾量（千克/亩） | | 养分比例 | |
|---|---|---|---|---|---|---|---|---|---|
| | | 平均 | 标准差 | 平均 | 标准差 | 平均 | 标准差 | 氮磷比 | 氮钾比 |
| 配方推荐 | | | | | | | | | |
| 实际执行 | | | | | | | | | |
| 差值（与推荐比） | | | | | | | | | |

_____年_____县_____作物测土配方施肥执行效果对比

| 配方状况 | 样本数 | 施肥成本（元/亩） | | 产量（千克/亩） | | 效益（元/亩） | | 配方施肥增加（%） | |
|---|---|---|---|---|---|---|---|---|---|
| | | 平均 | 标准差 | 平均 | 标准差 | 平均 | 标准差 | 产量 | 效益 |
| 配方推荐 | | | | | | | | | |
| 实际执行 | | | | | | | | | |
| 差值（与推荐比） | | | | | | | | | |

## 四、测土配方施肥的效果评价

**1. 测土配方施肥农户与常规施肥农户比较，从作物产量、效益、地力变化等方面进行评价** 通常从养分投入量、作物产量、经济效益方面进行。可以通过比较两类农户（田块）的养分投入量来检验测土配方施肥施用效果，也可利用增产率、增收、产投比来分析作物专用肥的增产率、增收情况与投入产出效率。计算公式如下：

（1）增产率。配方施肥产量与对照（常规施肥或不施肥的产量）的差值相对于对照产量的比率或百分数。

$$增产率 A（\%）=(Y_p-Y_c)/Y_c×100\%$$

式中：$A$ 为增产率；

$Y_p$ 代表测土配方施肥产量（千克/亩）；

$Y_c$ 代表常规施肥（或或实施测土配方施肥前）产量（千克/亩）。

（2）增收。就是测土配方施肥比不施肥处理增加的收益。其计算时，首先根据各处理产量、产品价格、肥料用量和肥料价格，计算各处理产值与施肥成本。然后计算配方施肥新增纯收益。

$$增收\ I = (Y_p - Y_c) \times P_y - \sum F_i \times P_i$$

式中：$I$ 为测土配方施肥比常规或对照施肥增加的收益（元/亩）；

　　　$Y_p$ 代表测土配方施肥产量（千克/亩）；

　　　$Y_c$ 代表常规施肥（或实施测土配方施肥前）产量（千克/亩）；

　　　$F_i$ 代表肥料用量（千克/亩）；

　　　$P_i$ 代表肥料价格（元/千克）。

（3）产投比。产出与投入比简称产投比，施施肥新增纯收益与施肥成本之比。

$$产投比\ D = [(Y_p - Y_c) \times P_y - \sum F_i \times P_i] / \sum F_i \times P_i$$

式中：$D$ 为产投比；

　　　$Y_p$ 代表测土配方施肥处理产量（千克/亩）；

　　　$Y_c$ 代表常规施肥（或实施测土配方施肥前）产量（千克/亩）；

　　　$P_y$ 代表产品价格（元/千克）；

　　　$F_i$ 代表肥料用量（千克/亩）；

　　　$P_i$ 代表肥料价格（元/千克）。

**2. 农户测土配方施肥前后比较** 从农民实施测土配方施肥前后的养分投入量、作物产量、经济效益进行评价。通过整理与比较农户（或农田）执行测土配方施肥前后氮磷钾养分投入量来检验测土配方施肥的节肥效果，也可利用增产率、增收、产投比来分析作物专用肥的增产率、增收情况与投入产出效率进行比较。

**3. 测土配方施肥准确度的评价** 可以从作物目标产量与实际产量的吻合度对测土配方施肥技术进行准确地评价。主要比较测土推荐的目标产量和实践执行测土配方施肥后获得的产量来判断技术的准确度，找出存在的问题和需要修正与完善的方面，包括推荐施肥方法是否合适、采用的配方参数是否合理、丰缺指标是否需要调整等。也可从农户和作物两方面对测土配方施肥技术的准确度进行评价（表6-2）。

## 五、测土配方施肥的总结与评估

每个作物产区测土配方施肥工作承担单位提交的本施肥区域年度数据库包括田间试验数据库、土壤采样数据库、土壤和作物样品测试数据库、肥料配方数据库、测土配方施肥效果评价数据库，有关数据库表格见表6-3。

**表 6-3** _____（省、县）测土配方施肥工作情况汇总

| 项　　目 | | 单位 | 分年度 |||||
|---|---|---|---|---|---|---|---|
| | | | ___年计划 | ___年已落实 | ___年 | ___年 | ___年　___年 |
| 总播种面积 | | 万亩 | | | | | |
| 测土配方施肥面积 | | 万亩 | | | | | |
| 效益 | 增产 | 万吨 | | | | | |
| | 节肥 | 万吨 | | | | | |
| | 增收＋节支 | 万元 | | | | | |
| 田间试验 | 肥料田间效应试验　总数 | 个 | | | | | |
| | 3414 类 | 个 | | | | | |
| | 小区总数 | 个 | | | | | |
| | 配方校正试验　总数 | 个 | | | | | |
| | 小区数 | 个 | | | | | |
| | 示范展示　总数 | 个 | | | | | |
| | 小区数 | 个 | | | | | |
| | 面积 | 亩 | | | | | |
| 土壤测试 | 土壤样品采集数量 | 个 | | | | | |
| | 大量元素测试 | 个 | | | | | |
| | | 项次 | | | | | |
| | 中、微量元素测试 | 个 | | | | | |
| | | 项次 | | | | | |
| 其他分析化验 | 营养诊断 | 个 | | | | | |
| | | 项次 | | | | | |
| | 植物分析 | 个 | | | | | |
| | | 项次 | | | | | |
| 配方肥推广 | 配方个数 | 个 | | | | | |
| | 总量 | 吨 | | | | | |
| | 施用面积 | 万亩 | | | | | |
| | 应用农户 | 户 | | | | | |
| | 覆盖村 | 个 | | | | | |

（续）

| 项　目 | 单位 | 分年度 | | | | | |
|--------|------|--------|--------|-----|-----|-----|-----|
| | | ____年计划 | ____年已落实 | ____年 | ____年 | ____年 | ____年 |
| 其他方式　发放配肥通知单 | 张 | | | | | | |
| 指导施肥面积 | 万亩 | | | | | | |
| 应用农户 | 户 | | | | | | |
| 覆盖村 | 个 | | | | | | |
| 培训情况　培训技术人员 | 人·日 | | | | | | |
| 培训农户 | 户 | | | | | | |
| 培训农民 | 人·日 | | | | | | |

**1. 作物种植情况**　主要介绍当地主要作物的种植面积、产量、质量及其经济效益等情况，也可利用当地统计数据。

**2. 农田测土配方施肥工作概况**　可以根据各个作物产区进行测土配方施肥的情况，按作物种类汇总测土配方施肥实施的面积、总产、单产，开展田间试验的数目，提供的施肥分区配方，进行的配方校验，发放的配方卡和生产与供应的配方肥数量。

**3. 主产作物配方施肥效果**　主要根据示范、校验、农户（农田）调查反馈结果来进行汇总。

**4. 总体效果评价**　主要汇总当地作物产区测土配方施肥实施总面积、作物总产量、节肥总量、增收节支情况、培训农户、科技人员、示范与现场会、发放科技资料等。通过总结当地开展农田测土配方施肥工作中的经验和存在问题，提出今后改进的对策与建议。

# 任务二　测土配方施肥技术的培训

## 一、科技人才培训与技术指导

测土配方施肥是一项技术性很强的工作，每一项工作的完成均需要相应的专门技术人员参与，而这些参与人员的技术水平与测土配方施肥质量密切相关。科技人才培训和技术指导贯穿于整个推广过程，其形式多种多样，主要有专业培训、技术实践与指导、学位班和证书班、农业职业技术培训学校等。

**1. 科技人才培训**　科技人才培训最常用的方式是专业技术培训，包括农民培训和技术人员培训。农民培训要重点培训示范区农民和科技带头户。通过他们力促农民施肥观念的转变，培训形式要与新时期农民培训工程紧密结合起来。各省农业厅负责重点培训市及示范县技术骨干。可根据开展测土配方施肥工作的需要，选送相关的科技人员，最好也把肥料生产企业的科技人员包括进来，分期分批参加短期的专业培训班。请有关专家和科技骨干针对测土配方施肥工作中遇到的技术难点或创新经验进行讲授和示范。这种方式时间短、授课内容和示范点的安排等均有较高要求，并需足够的资金支持。

**2. 技术实践与指导**  技术实践与指导是人才培养的主要方式，参训人员应该充分利用这种机会来提高自己的专业水平。有关政府部门和管理机构要制订相应的奖罚措施，建立激励机制。例如对技术进步快、工作质量高的科技人员进行奖励，鼓励、督促和监督科技人员通过技术实践达到自我培养与提高的目的，也使他们在完成测土配方施肥工作的同事得到实惠。技术实践和奖励同步进行可进一步加强各县（市、区）从事土肥工作的技术力量，同时可充分调动乡镇技术人员和村干部的积极性，形成省、市、县、乡、村五级共同参与测土配方施肥的良好工作机制。

**3. 学位班和证书班**  为了培养专门的科技人才，可采用特种专业证书制度，如肥料配方师、质量检验师等证书。通过一定的专业技术培训，达到一定技能要求的参训科技人员，可以获得证书，并有资格从事配方施肥工作。为了培养高级的科技人才，各省可与农业院校合作，按照学位管理办法的要求，组织相关科技人员参加硕士研究生班、农业技术推广硕士班等，此举可为我国培养优秀的测土配方施肥科技人才、为测土配方施肥工作的持续开展、农业生态环境的保护等重大项目的实施建立了强大的科技人才储备库。

**4. 农民职业技术学校**  采用农民职业技术学校的方式，培养农民科技人才和科技示范带头户，是测土配方施肥技术人才培养的重要内容。农民职业技术学校的地点和授课时间是固定的，也可根据农时灵活多样。

## 二、技术培训

为了强化测土配方施肥的推广力度，提高测土配方施肥工作的效果和效率，必须对各省、市、县的科技骨干及示范区的农民进行技术和管理技能的培训，使他们获得测土配方施肥的新知识、新技术和新方法，从而提高业务素质。

培训主要包括4个要素：方法、内容、培训者和受训者。培训内容是学员需要学习的新知识、新方法、新技能，且与培训目标相关。培训方案包括培训目的、培训时间、培训内容、培训程序、培训方法和培训的评价方式等。

**1. 各级科技人员的培训**  受训对象是省、市、县、乡镇基层的农业科技人员。不同级别的受训者培养目标和培训内容各不相同。培训方式一般以培训授课为主，考察现场、互相交流为辅的方式。根据不同的培训内容而采取最能达到培训目标的培训方式。对于具体技术环节的培训，还需要教师的现场演示和受训者的实际操作训练。

**2. 农民培训** 农民是测土配方施肥技术的最终落实对象和受益者，对农民培训的目的就是让他们理解测土配方施肥技术的现实意义和长远意义，正确掌握配方肥料的科学施用技术。培训的主要内容是结合当地农业的生产情况，合理选择肥料品种、确定施肥量、把握施肥时期并改进施肥方法。针对农民是第一线的生产实践者的特点，可采取农民喜闻乐见的多元化方式，利用广播、电视等多媒体，吸引更多的农民直接参加培训。

# 任务三 测土配方施肥技术
# 项目效果评估

为加快测土配方施肥技术的推广普及，强化配方肥的推广应用，推进科学施肥技术进村入户到田。农业部、财政部从 2009 年开始组织实施测土配方施肥补贴项目，根据《中央财政农业技术推广与服务补助资金管理办法》有关规定，每年制订了《××××年测土配方施肥补贴项目实施指导意见》指导各县进行申报实施。

## 一、测土配方施肥项目评估的内涵

测土配方施肥技术是一项基础性、公益性和长期性的工作，国家实施测土配方施肥项目的目的是针对"三农"的热点问题，鼓励和支持农民科学施肥，提高肥料利用率，促进农民节支增收，减少农业面源污染。

测土配方施肥项目是国家投资的重大行动计划，应参照国家项目评估的方法对授权实施项目的省或市的执行情况进行全面评估。一般可在项目实施过程中或结束后，根据对项目目标和实际实施情况的比较进行的较为全面的系统评估。

项目评估的原则是根据预定的项目目标和指标，定期地对项目的效益、效果和影响进行总结评定的过程。项目评估是提高项目管理水平、推动项目健康发展的有力工具。项目评估必须真实、全面、客观地反映项目的全貌，去粗取精、去伪存真。

## 二、测土配方施肥项目评估的内容

测土配方施肥的中心任务是通过测土配方施肥项目的实施，加快建立以科研为基础、以推广为主体、以企业为纽带、以农民为对象的科学施肥体系，引导农民转变施肥观念，提高科学施肥水平。因此评估的内容也是紧紧围绕这个中心任务开展的。

测土配方施肥项目评估包括3方面内容：一是检测测土配方施肥新技术项目的执行情况（表6-4），即项目所取得的成果，这些实际成果和实际情况就是评估项目的证据。二是与原计划设定的目标和标准进行对照，这种定性和定量的指标就是评估项目的标准。三是将原来计划中设定的目标和现实证据相比较，就是分析判断的过程，判断的结果就是项目执行情况的结论。

**表6-4　测土配方施肥补贴资金项目（省、县）情况汇总**

_____年度　_____省（区）　_____地（市）　_____县（市）

基本情况

| 项目 | 单位 | 数量 | 项目 | 单位 | 数量 | 项目 | 单位 | 数量 |
|---|---|---|---|---|---|---|---|---|
| 总人口 | 万人 | | 耕地面积 | 万亩 | | 尿素 | 吨 | |
| 农业户数 | 户 | | 粮食总产量 | 吨 | | 碳酸氢铵 | 吨 | |
| 农业人口 | 万人 | | 农作物播种面积 | 万亩 | | 普钙 | 吨 | |
| 农业劳力 | 万人 | | 粮食作物 | 万亩 | | 磷酸一铵 | 吨 | |
| 上年农民人均纯收入 | 元 | | 水稻 | 万亩 | | 磷酸二铵 | 吨 | |
| 土肥技术人员 | 人 | | 小麦 | 万亩 | | 氯化钾 | 吨 | |
| 中级以上 | 人 | | 玉米 | 万亩 | | 复混肥料 | 吨 | |
| 化验室面积 | 米$^2$ | | 大豆 | 万亩 | | 配方肥料 | 吨 | |
| 仪器设备 | 台套 | | 棉花 | 万亩 | | 配肥站 | 个 | |
| 价值 | 万元 | | | | | 生产能力 | 万吨 | |

注：肥料用量和自产量均指实物量

施肥情况

| | 项目 | 单位 | 水稻 | 小麦 | 玉米 | 大豆 | 棉花 |
|---|---|---|---|---|---|---|---|
| | 面积 | 万亩 | | | | | |
| | 亩产 | 千克/亩 | | | | | |
| | 单价 | 元/千克 | | | | | |
| | 有机肥用量 | 千克/亩 | | | | | |
| 常规施肥 | 化肥总用量 | 千克/亩 | | | | | |
| | 氮肥 | 千克/亩 | | | | | |
| | 磷肥 | 千克/亩 | | | | | |
| | 钾肥 | 千克/亩 | | | | | |
| | 中、微肥 | 千克/亩 | | | | | |

（续）

| 施肥情况 | | | | | | | |
|---|---|---|---|---|---|---|---|
| | 项目 | 单位 | 水稻 | 小麦 | 玉米 | 大豆 | 棉花 |
| 测土配方施肥 | 面积 | 万亩 | | | | | |
| | 亩产 | 千克/亩 | | | | | |
| | 单价 | 元/千克 | | | | | |
| | 有机肥用量 | 千克/亩 | | | | | |
| | 化肥总用量 | 千克/亩 | | | | | |
| | 氮肥 | 千克/亩 | | | | | |
| | 磷肥 | 千克/亩 | | | | | |
| | 钾肥 | 千克/亩 | | | | | |
| | 中、微肥 | 千克/亩 | | | | | |
| 效益 | 增产 | 千克/亩 | | | | | |
| | 节肥 | 千克/亩 | | | | | |
| | 增收＋节支 | 元/亩 | | | | | |

注：有机肥料用量指实物量，化肥用量指折纯量

### 三、测土配方施肥项目评估的指标

评估指标是衡量经济增长的经济指标、衡量社会效果或影响的社会指标以及衡量生态环境变化的生态环境指标。测土配方施肥项目评估指标体系是从实施测土配方施肥项目所取得的经济效益、社会效益和生态效益及 3 个方面的综合效益这 4 个要素构建而成的。因为测土配方施肥项目的具体执行单位是以县级为主，因此指标的制订也是针对县级，国家和省级可根据各县的执行情况进行汇总。

### 四、测土配方施肥项目评估方法

对于测土配方施肥项目主要运用项目有无比较法和项目前后比较法进行评估。

项目有无评估法是项目评估人员通过搜集非测土配方施肥地区与测土配方施肥试点区或示范区的有关资料进行对比，发现测土配方施肥项目试点区或示范区的投入所产生的效果、效益和变化。同样，在测土配方施肥项目试点区或示范区内也可以用同样的方法对测土配方施肥的目标组和非目标组进行比较。项目的有无比较法是一种简明的方法，可以反映实施测土配方施肥项目试点区

或示范区和未实施测土配方施肥项目地区的根本区别。

项目前后比较是一般常用的方法。项目评估人员要了解在实施测土配方施肥之前试点区或示范区的基本情况以及实施测土配方施肥之后发生的变化，并在此基础上做出正确的判断。同样，此方法也可用在测土配方施肥项目执行过程中项目目标实现程度的评估上。

无论项目有无比较法和项目前后比较法，都要遵循统一的时间、内容和方法，才能保证两种评估方法的成功应用。

## 五、测土配方施肥项目评估的步骤

测土配方施肥项目评估的步骤大致可以分为确定评估人员、制定计划、收集资料、实地调查、分析判断、组织评估和撰写报告几部分。

# 7 模块七

# 主要粮食作物测土配方施肥技术

粮食是人类主要的食物来源。我国五大粮食作物有小麦、水稻、玉米、大豆、马铃薯，其中三种作物（小麦、水稻和玉米）占世界上食物的一半以上。

## 任务一 冬小麦测土配方施肥技术

我国冬小麦种植面积占我国小麦总面积的85％，总产量占全国小麦总产量的90％以上。其中华北平原、长江流域、北方旱区是我国冬小麦的三大主产区。

### 一、华北平原灌区冬小麦测土配方施肥技术

**1. 冬小麦的营养需求特点** 冬小麦一生要经历出苗、分蘖、越冬、起身、拔节、孕穗、抽穗、开花、灌浆和成熟等生育期，生育期时间长，不同生育阶段对养分的吸收也不同。总的规律是，小麦返青前因生长量小，故需肥少，到拔节期吸收养分量急剧增加，直到开花后才趋于缓和。

小麦不同生育期对氮、磷、钾养分的吸收率不同。氮的吸收有两个高峰期，一个是从分蘖到越冬，吸氮量占总吸收量的13.5％，是群体发展较快时期；另一个是从拔节到孕穗，吸氮量占总吸收量的37.3％，是吸氮最多的时期。磷、钾的吸收一般随小麦生长的推移而逐渐增多，拔节后吸收率急剧增长，40％以上的磷、钾养分是在孕穗以后吸收的。

小麦吸收锌、硼、锰、铜、钼等微量元素的绝对数量少，但微量元素对小麦的生长发育却起着十分重要的作用。在不同的生育期，吸收的大致趋势是越冬前较多，返青、拔节期吸收量缓慢上升，抽穗成熟期吸收量达到最高，占整个生育期吸收量的43.2％。

**2. 华北平原地区灌溉冬小麦测土施肥配方**

（1）氮肥总量控制，分期调控。平原灌溉区不同产量水平冬小麦氮肥推荐用量可参考表7-1。

表 7-1 不同产量水平下冬小麦氮肥推荐用量

| 目标产量（千克/亩） | 土壤肥力 | 氮肥用量（千克/亩） | 基/追比例（%） |
| --- | --- | --- | --- |
| <300 | 极低 | 11～13 | 70/30 |
| | 低 | 10～11 | 70/30 |
| | 中 | 8～10 | 60/40 |
| | 高 | 6～8 | 60/40 |
| 300～400 | 极低 | 13～15 | 70/30 |
| | 低 | 11～13 | 70/30 |
| | 中 | 10～11 | 60/40 |
| | 高 | 8～10 | 50/50 |
| 400～500 | 低 | 14～16 | 60/40 |
| | 中 | 12～14 | 50/50 |
| | 高 | 10～12 | 40/60 |
| | 极高 | 8～10 | 30/40/30 |
| 500～600 | 低 | 16～18 | 60/40 |
| | 中 | 14～16 | 50/50 |
| | 高 | 12～14 | 40/60 |
| | 极高 | 10～12 | 30/40/30 |
| >600 | 中 | 16～18 | 50/50 |
| | 高 | 14～16 | 40/60 |
| | 极高 | 12～14 | 30/40/30 |

（2）磷、钾恒量监控技术。该地区多以冬小麦/夏玉米轮作为主，因此，磷、钾管理要将整个轮作体系统筹考虑，将 2/3 的磷肥施在冬小麦季，1/3 的磷肥施在玉米季；将 1/3 的钾肥施在冬小麦季，2/3 的磷肥施在玉米季。磷、钾分级机推荐用量参考表 7-2、表 7-3。

表 7-2 土壤磷素分级及冬小麦磷肥（五氧化二磷）推荐用量

| 产量水平（千克/亩） | 肥力等级 | Olsen-P（毫克/千克） | 磷肥用量（千克/亩） |
| --- | --- | --- | --- |
| <300 | 极低 | <7 | 6～8 |
| | 低 | 7～14 | 4～6 |
| | 中 | 14～30 | 2～4 |
| | 高 | 30～40 | 0～2 |
| | 极高 | >40 | 0 |

（续）

| 产量水平（千克/亩） | 肥力等级 | Olsen-P（毫克/千克） | 磷肥用量（千克/亩） |
|---|---|---|---|
| | 极低 | <7 | 7～9 |
| | 低 | 7～14 | 5～7 |
| 300～400 | 中 | 14～30 | 3～5 |
| | 高 | 30～40 | 1～3 |
| | 极高 | >40 | 0 |
| | 极低 | <7 | 8～10 |
| | 低 | 7～14 | 6～8 |
| 400～500 | 中 | 14～30 | 4～6 |
| | 高 | 30～40 | 2～4 |
| | 极高 | >40 | 0～2 |
| | 低 | <14 | 8～10 |
| 500～600 | 中 | 14～30 | 7～9 |
| | 高 | 30～40 | 5～7 |
| | 极高 | >40 | 2～5 |
| | 低 | <14 | 9～11 |
| >600 | 中 | 14～30 | 8～10 |
| | 高 | 30～40 | 6～8 |
| | 极高 | >40 | 3～6 |

**表 7-3　土壤钾素分级及钾肥（氧化钾）推荐用量**

| 肥力等级 | 速效钾（毫克/千克） | 钾肥用量（千克/亩） | 备　注 |
|---|---|---|---|
| 低 | 50～90 | 5～8 | 连续 3 年以上实行秸 |
| 中 | 90～120 | 4～6 | 秆还田的可酌减；没有 |
| 高 | 120～150 | 2～5 | 实行秸秆还田的应适当 |
| 极高 | >150 | 0～3 | 增加 |

（3）微量元素因缺补缺。该地区微量元素丰缺指标及推荐用量见表 7-4。

**表 7-4　微量元素丰缺指标及推荐用量**

| 元　　素 | 提取方法 | 临界指标（毫克/千克） | 基施用量（千克/亩） |
|---|---|---|---|
| 锌 | DTPA | 0.5 | 硫酸锌 1～2 |
| 锰 | DTPA | 10 | 硫酸锰 1～2 |
| 硼 | 沸水 | 0.5 | 硼砂 0.5～0.75 |

**3. 华北平原地区灌溉冬小麦施肥模式**

（1）作物特性。该地区小麦一般在 10 月上、中旬播种，第二年 5 月下旬至 6 月上旬收获，全生育期 230～270 天。通常将小麦生育期划分为出苗、分蘖、越冬、起身、拔节、孕穗、抽穗、开花、灌浆和成熟。生产中基本苗数一般为每亩 10 万～30 万株，多穗性品种亩穗数为 50 万穗，大穗型品种为 30 万穗左右。

（2）施肥原则。针对该地区氮、磷化肥用量普遍偏高，肥料增产效率下降，而有机肥施用不足，微量元素锌和硼缺乏时有发生等问题，提出以下施肥原则：依据土壤肥力条件，适当调减氮、磷化肥用量；增施有机肥，提倡有机无机配合，实施秸秆还田；依据土壤钾素状况，高效施用钾肥，并注意硼和锌的配合施用；氮肥分期施用，适当增加生育中、后期的氮肥比例；肥料施用应与高产、优质栽培技术相结合。

（3）施肥建议。若基肥施用了有机肥可酌情减少化肥用量。产量水平在400 千克/亩以下时，氮肥作基肥、追肥可各占一半。单产超过 500 千克/亩时，氮肥总量的 1/3 作基肥施用，2/3 作追肥在拔节期施用。磷肥、钾肥和微量元素肥料全部作基肥施用。

## 二、北方旱作冬小麦测土配方施肥技术

**1. 冬小麦的营养需求特点**　见华北平原地区灌溉冬小麦。

**2. 北方旱作区、冬小麦测土施肥配方**

（1）氮肥总量控制，分期调控。北方旱作区不同产量水平冬小麦氮肥推荐用量可参考表 7-5。

表 7-5　不同产量水平下冬小麦氮肥推荐用量

| 目标产量（千克/亩） | 土壤肥力 | 氮肥用量（千克/亩） | 基/追比例（%） |
|---|---|---|---|
| <150 | 极低 | 9～10 | 100/0 |
| | 低 | 7～9 | 100/0 |
| | 中 | 6～8 | 100/0 |
| | 高 | 5～6 | 80/20 |
| 150～250 | 极低 | 9～11 | 100/0 |
| | 低 | 8～10 | 100/0 |
| | 中 | 7～9 | 100/0 |
| | 高 | 6～8 | 70/30 |

（续）

| 目标产量（千克/亩） | 土壤肥力 | 氮肥用量（千克/亩） | 基/追比例（%） |
|---|---|---|---|
| 250～350 | 低 | 10～12 | 100/0 |
| | 中 | 8～10 | 100/0 |
| | 高 | 7～9 | 80/20 |
| | 极高 | 6～8 | 70/30 |
| 350～450 | 低 | 12～14 | 100/0 |
| | 中 | 10～12 | 100/0 |
| | 高 | 8～10 | 70/30 |
| | 极高 | 6～8 | 70/30 |
| >450 | 低 | 13～15 | 80/20 |
| | 中 | 12～14 | 80/20 |
| | 高 | 10～12 | 70/30 |
| | 极高 | 8～10 | 70/30 |

　　（2）磷、钾恒量监控技术。北方地区多以冬小麦/夏玉米轮作为主，因此，磷、钾管理要将整个轮作体系统筹考虑，将 2/3 的磷肥施在冬小麦季，1/3 的磷肥施在玉米季；将 1/3 的钾肥施在冬小麦季，2/3 的磷肥施在玉米季。磷、钾分级推荐用量参考表 7-6、表 7-7。

表 7-6　土壤磷素分级及冬小麦磷肥（五氧化二磷）推荐用量

| 产量水平（千克/亩） | 肥力等级 | Olsen-P（毫克/千克） | 磷肥用量（千克/亩） |
|---|---|---|---|
| <150 | 极低 | <5 | 5～6 |
| | 低 | 5～10 | 4～5 |
| | 中 | 10～15 | 2～4 |
| | 高 | 15～20 | 0～2 |
| | 极高 | >20 | 0 |
| 150～250 | 极低 | <5 | 7～8 |
| | 低 | 5～10 | 5～7 |
| | 中 | 10～15 | 3～5 |
| | 高 | 15～20 | 1～3 |
| | 极高 | >20 | 0 |

（续）

| 产量水平<br>（千克/亩） | 肥力等级 | Olsen-P<br>（毫克/千克） | 磷肥用量<br>（千克/亩） |
|---|---|---|---|
| 250～350 | 极低 | <5 | 7～9 |
| | 低 | 5～10 | 5～7 |
| | 中 | 10～15 | 4～5 |
| | 高 | 15～20 | 2～4 |
| | 极高 | >20 | 0～3 |
| 350～450 | 低 | 5～10 | 6～8 |
| | 中 | 10～15 | 4～6 |
| | 高 | 15～20 | 2～4 |
| | 极高 | >20 | 0～2 |
| >450 | 低 | 5～10 | 8～10 |
| | 中 | 10～15 | 6～8 |
| | 高 | 15～20 | 4～6 |
| | 极高 | >20 | 1～4 |

**表 7-7　土壤钾素分级及钾肥（氧化钾）推荐用量**

| 肥力等级 | 速效钾（毫克/千克） | 钾肥用量（千克/亩） |
|---|---|---|
| 低 | <90 | 5～7 |
| 中 | 90～120 | 3～5 |
| 高 | 120～150 | 1～3 |
| 极高 | >150 | 0 |

（3）微量元素因缺补缺。北方地区微量元素丰缺指标及推荐用量见表 7-8。

**表 7-8　微量元素丰缺指标及推荐用量**

| 元素 | 提取方法 | 临界指标（毫克/千克） | 基施用量（千克/亩） |
|---|---|---|---|
| 锌 | DTPA | 0.5 | 硫酸锌 1～2 |
| 锰 | DTPA | <10 | 硫酸锰 1～2 |
| 硼 | 沸水 | 0.5 | 硼砂 0.5～0.75 |

**3. 北方旱作区冬小麦施肥模式**

（1）作物特性。北方地区小麦一般在 9 月上、中旬播种，第二年 5 月下旬至 6 月上、中旬收获，全生育期共 230～280 天。通常将小麦生育期划分为出苗、分蘖、越冬、起身、拔节、孕穗、抽穗、开花、灌浆和成熟几个时期。生产中基本苗数一般为 15 万～20 万株/亩，亩成穗数为 30 万～40 万株。

（2）施肥原则。针对北方地区降水量偏低、有机肥施用不足等问题，提出以下施肥原则：依据土壤肥力条件，坚持"适氮、稳磷、补微"；增施有机肥，提倡有机无机配合，实施秸秆还田；注意锰和锌的配合施用；氮肥以基肥为主，追肥为辅；肥料施用应与高产、优质栽培技术相结合。

（3）施肥建议。氮肥 70%～80% 作基肥，20%～30% 作追肥。磷肥、钾肥和微量元素肥料全部作基肥施用。

## 三、长江流域冬小麦测土配方施肥技术

**1. 冬小麦的营养需求特点** 见华北平原地区灌溉冬小麦。

**2. 长江流域冬小麦测土施肥配方**

（1）氮肥总量控制，分期调控。长江流域不同产量水平冬小麦氮肥推荐用量可参考表 7-9。

表 7-9 不同产量水平下冬小麦氮肥推荐用量

| 目标产量（千克/亩） | 土壤肥力 | 氮肥用量（千克/亩） | 基/追比例（%） |
| --- | --- | --- | --- |
| <200 | 极低 | 9～12 | 80/20 |
| | 低 | 7～11 | 70/30 |
| | 中 | 6～9 | 60/40 |
| | 高 | 5～8 | 60/40 |
| 200～300 | 极低 | 10～14 | 80/20 |
| | 低 | 8～12 | 70/30 |
| | 中 | 6～9 | 60/40 |
| | 高 | 5～9 | 70/30 |
| 300～400 | 极低 | 12～16 | 70/30 |
| | 低 | 10～14 | 60/40 |
| | 中 | 8～12 | 50/50 |
| | 高 | 7～11 | 40/60 |
| | 极高 | 6～10 | 30/70 |

（续）

| 目标产量（千克/亩） | 土壤肥力 | 氮肥用量（千克/亩） | 基/追比例（%） |
|---|---|---|---|
| 400～500 | 低 | 12～16 | 60/40 |
| | 中 | 10～14 | 50/50 |
| | 高 | 8～12 | 70/30 |
| | 极高 | 7～11 | 30/70 |
| >500 | 低 | 14～18 | 60/40 |
| | 中 | 12～16 | 50/50 |
| | 高 | 10～14 | 40/60 |
| | 极高 | 8～12 | 30/70 |

（2）磷、钾恒量监控技术。长江流域冬小麦磷、钾分级推荐用量参考表7-10、表7-11。

表7-10　土壤磷素分级及冬小麦磷肥（五氧化二磷）推荐用量

| 产量水平（千克/亩） | 肥力等级 | Olsen-P（毫克/千克） | 磷肥用量（千克/亩） |
|---|---|---|---|
| <200 | 极低 | <5 | 5～7 |
| | 低 | 5～10 | 3～5 |
| | 中 | 10～20 | 1～3 |
| | 高 | 20～30 | 0 |
| | 极高 | >30 | 0 |
| 200～300 | 极低 | <5 | 6～8 |
| | 低 | 5～10 | 4～6 |
| | 中 | 10～20 | 2～4 |
| | 高 | 20～30 | 0～2 |
| | 极高 | >30 | 0 |
| 300～400 | 极低 | <5 | 7～9 |
| | 低 | 5～10 | 5～7 |
| | 中 | 10～20 | 3～5 |
| | 高 | 20～30 | 1～3 |
| | 极高 | >30 | 0～2 |
| 400～500 | 极低 | <5 | 8～10 |
| | 低 | 5～10 | 6～8 |
| | 中 | 10～20 | 4～6 |
| | 高 | 20～30 | 2～4 |
| | 极高 | >30 | 0～2 |

（续）

| 产量水平（千克/亩） | 肥力等级 | Olsen-P（毫克/千克） | 磷肥用量（千克/亩） |
|---|---|---|---|
| | 极低 | <5 | 10~12 |
| | 低 | 5~10 | 8~10 |
| >500 | 中 | 10~20 | 6~8 |
| | 高 | 20~30 | 4~6 |
| | 极高 | >30 | 2~4 |

表 7-11 土壤钾素分级及钾肥（氧化钾）推荐用量

| 产量水平（千克/亩） | 肥力等级 | 速效钾（毫克/千克） | 钾肥用量（千克/亩） |
|---|---|---|---|
| | 极低 | <50 | 5~7 |
| | 低 | 50~100 | 3~5 |
| <200 | 中 | 100~130 | 1~3 |
| | 高 | 130~160 | 0 |
| | 极高 | >160 | 0 |
| | 极低 | <50 | 6~8 |
| | 低 | 50~100 | 4~6 |
| 200~300 | 中 | 100~130 | 2~4 |
| | 高 | 130~160 | 0~2 |
| | 极高 | >160 | 0 |
| | 极低 | <50 | 7~9 |
| | 低 | 50~100 | 5~7 |
| 300~400 | 中 | 100~130 | 3~5 |
| | 高 | 130~160 | 1~3 |
| | 极高 | >160 | 0~2 |
| | 极低 | <50 | 8~10 |
| | 低 | 50~100 | 6~8 |
| 400~500 | 中 | 100~130 | 4~6 |
| | 高 | 130~160 | 2~4 |
| | 极高 | >160 | 0~2 |
| | 极低 | <50 | 10~12 |
| | 低 | 50~100 | 8~10 |
| >500 | 中 | 100~130 | 6~8 |
| | 高 | 130~160 | 4~6 |
| | 极高 | >160 | 2~4 |

（3）微量元素因缺补缺。该地区微量元素丰缺指标及推荐用量见表 7 - 12。

**表 7 - 12  微量元素丰缺指标及推荐用量**

| 元　　素 | 提取方法 | 临界指标<br>（毫克/千克） | 基施用量<br>（千克/亩） |
|---|---|---|---|
| 锌 | DTPA | 0.5 | 硫酸锌 1～2 |
| 锰 | DTPA | 5.0 | 硫酸锰 1～2 |
| 硼 | 沸水 | 0.5 | 硼砂 0.5～0.75 |

**3. 长江流域冬小麦施肥模式**

（1）作物特性。该地区冬小麦一般在 10 月中、下旬播种，翌年 6 月上、中旬收获。当前生产基本苗数为 10 万～20 万/亩，有效穗数 30 万～50 万，每穗粒数 30～40 粒，千粒重 30～50 克。

（2）施肥原则。增施有机肥，提倡有机无机配合，实施秸秆还田；适当调减稍氮肥用量，调整基肥、追肥比例，减少基肥用量；缺磷土壤应适当增施磷肥或稳施磷肥，有效磷丰富的地区可适当减少磷肥用量；优先选择中、低浓度肥料品种，磷肥可选择钙镁磷肥和过磷酸钙，钾肥可选择氯化钾。

（3）施肥建议。氮肥的 30%～50% 作基肥，其余作追肥。磷肥、钾肥和微量元素肥料全部作基肥施用。

# 任务二　优质小麦测土配方施肥技术

优质小麦是指具有专门用途的小麦，可分为强筋小麦、中筋小麦和弱筋小麦。

## 一、优质小麦的营养需求特点

不同类型的专用小麦对养分的吸收不同，总的情况是对磷、钾的吸收在不同类型间差异不大，不同类型间的差别主要表现在对氮的吸收上。

不同品质冬小麦不同生育阶段吸氮量及吸收比例存在差异，出苗到拔节期弱筋小麦吸氮量和吸收比例高于其他小麦品种，在拔节至开花期，中筋、强筋小麦的吸氮量及吸收比例上升，开花至成熟期强筋小麦吸氮量和吸收比例高于中筋和弱筋小麦品种（表 7 - 13）。

表 7 - 13 不同类型小麦生育期吸氮量和比例

| 类型 | 出苗至拔节 | | 拔节至开花 | | 开花至成熟 | | 100 千克籽粒吸氮量（千克） |
|------|-----------|------|-----------|------|-----------|------|------|
| | 吸收量（千克/亩） | 比例（%） | 吸收量（千克/亩） | 比例（%） | 吸收量（千克/亩） | 比例（%） | |
| 强筋 | 1.68±0.28 | 11.57 | 9.10±0.40 | 65.87 | 4.05±1.79 | 26.44 | 3.05～3.23 |
| 中筋 | 2.11±0.20 | 14.75 | 9.36±1.60 | 61.99 | 2.92±0.73 | 20.37 | 2.65～2.94 |
| 弱筋 | 4.81±1.04 | 35.63 | 6.83±1.72 | 49.76 | 2.01±0.68 | 14.61 | 2.34～2.96 |

## 二、优质小麦测土施肥配方

**1. 强筋小麦测土施肥配方** 依据目标产量水平，其推荐施肥量如表 7 - 14。

表 7 - 14 依据目标产量水平强筋小麦推荐施肥量

| 目标产量（千克/亩） | 推荐施肥量（千克/亩） | | |
|------|------|------|------|
| | 纯氮 | 五氧化二磷 | 氧化钾 |
| ＞500 | 16～20 | 8～10 | 8～10 |
| 400～500 | 15～18 | 6～8 | 6～8 |
| 300～400 | 12～15 | 4～6 | 4～6 |
| ＜300 | 10～12 | 2～5 | 2～5 |

有条件的地区可在小麦拔节期、孕穗期各喷 1 次 0.2%的硫酸锌或 0.05%的钼酸铵。

**2. 弱筋小麦测土施肥配方** 依据目标产量水平，其推荐施肥量如表 7 - 15。

表 7 - 15 依据目标产量水平弱筋小麦推荐施肥量

| 目标产量（千克/亩） | 推荐施肥量（千克/亩） | | |
|------|------|------|------|
| | 纯氮 | 五氧化二磷 | 氧化钾 |
| ＞500 | 12～14 | 6～9 | 5～7 |
| 400～500 | 10～12 | 5～7 | 4～6 |
| 300～400 | 8～10 | 3～5 | 3～5 |
| ＜300 | 6～8 | 3～5 | 3～5 |

**3. 中筋小麦测土施肥配方** 依据目标产量水平，其推荐施肥量如表 7 - 16。

表 7 - 16　依据目标产量水平中筋小麦推荐施肥量

| 目标产量 | 推荐施肥量（千克/亩） | | |
| （千克/亩） | 纯氮 | 五氧化二磷 | 氧化钾 |
| --- | --- | --- | --- |
| ＞500 | 14～16 | 6～9 | 6～8 |
| 400～500 | 12～14 | 5～7 | 6～8 |
| 300～400 | 10～12 | 3～6 | 4～6 |
| ＜300 | 8～10 | 2～5 | 2～5 |

## 三、优质小麦施肥模式

### 1. 强筋小麦施肥模式

（1）施肥原则。增施有机肥，强调有机无机配合；氮肥要总量控制，分期调控，根据土壤肥力状况减少基肥中的氮肥用量，增加追肥中的氮肥施用比例；根据土壤磷、钾供应状况确定磷、钾肥用量；注意硼、锌、硫、钼等中、微量元素的补充。

（2）肥料运筹。一般亩产小麦 350～400 千克的地块春季追肥应在起身期；亩产在 400～500 千克的地块春季追肥应在起身后期至拔节初期；亩产在 500 千克以上的地块，春季追肥应在拔节中后期。

在亩施氮量 12～16 千克的条件下，氮肥施用比例宜采用基肥∶壮蘖肥∶拔节肥∶孕穗肥为 3∶1∶3∶3 或 5∶1∶2∶2 的运筹方式；若亩施氮量大于 18 千克，宜采用 5∶1∶2∶2 的运筹方式。磷肥以基追比为 7∶3 或 5∶5 较好，钾肥以 5∶5 较好。中、微量元素肥料全部做基肥施用，有条件的地区可在小麦拔节期、孕穗期各喷 1 次 0.2％的硫酸锌或 0.05％的钼酸铵。

### 2. 弱筋小麦施肥模式

（1）施肥原则。增施有机肥，强调有机无机配合；适当降低氮肥总量，施足基肥，减少生育后期的氮肥用量；根据土壤磷、钾供应状况，合理增加磷、钾肥用量；注意硼、锌、硫、钼等中、微量元素的补充。

（2）肥料运筹。氮肥总量的 60％～70％作基肥施用，其余作追肥。一般基肥∶壮蘖肥∶拔节肥比例为 7∶1∶2。磷肥、钾肥全部作基肥施用，对于高产田也可采用基肥∶拔节肥为 7∶3 的运筹方式较好。追肥时间提前到返青期，拔节以后不再追肥；对于早衰田块可叶面喷施磷酸二氢钾等叶面肥料。

### 3. 中筋小麦施肥模式

（1）施肥原则。增施有机肥，强调有机无机配合；氮肥要控制总量，分期调控，根据土壤肥力状况减少基肥氮肥用量，增加追肥氮肥施用比例；根据土壤磷、钾供应状况，合理增加磷、钾肥用量；注意硼、锌、硫、钼等中、微量元素的补充。

（2）肥料运筹。氮肥基肥：壮蘖肥：拔节肥：孕穗肥为 5：1：2：2 的运筹方式；土壤肥力较高地区可采用 3：1：3：3 的运筹方式。磷、钾肥采用基肥：拔节肥为 5：5 的运筹方式较好。

# 任务三　春小麦测土配方施肥技术

我国春小麦产区有黑龙江、河北、天津、新疆、甘肃和内蒙古等省（自治区）。

## 一、春小麦的营养需求特点

春小麦随着幼苗的生长，干物质积累增加，吸肥量也不断增加，至孕穗、开花期达到高峰，以后逐渐下降，成熟期停止吸收。氮素单位面积日吸收量有拔节至孕穗、开花至成熟两个吸肥高峰。磷素的含量比较平稳，并从返青以后至成熟期，吸收量稳步增长。钾在拔节期含量达到最高，此后迅速降低，而日吸收量以孕穗、开花期最高，后期需钾较少。

## 二、春小麦测土施肥配方

春小麦一般 3 月上中旬播种，7 月中下旬收获，生育期 95～125 天。通常将其生育期分为出苗、三叶、拔节、挑旗、抽穗、开花、灌浆和成熟等生育期。其氮肥采用实时实地精确监控技术，磷钾采用恒量监控技术，中微量元素做到因缺补缺。

**1. 氮素实时实地监控技术**　基肥推荐用量如表 7-17、追肥推荐用量如表 7-18。

表 7-17　春小麦氮肥基肥推荐用量（千克/亩）

| 0～30 厘米土壤硝态氮 含量（毫克/千克） | 小麦目标产量（千克/亩） | | |
| --- | --- | --- | --- |
| | 200 | 300 | 400 |
| 30 | 7.7 | 10.9 | 13.9 |
| 45 | 6.7 | 9.9 | 12.9 |
| 60 | 5.7 | 8.9 | 11.9 |
| 75 | 4.7 | 7.9 | 10.9 |
| 90 | 3.7 | 6.9 | 9.9 |
| 105 | 2.7 | 5.9 | 8.9 |
| 120 | 1.5 | 4.9 | 7.9 |

**表 7-18 春小麦氮肥追肥（小麦三叶期）推荐用量（千克/亩）**

| 0～30厘米土壤硝态氮含量（毫克/千克） | 小麦目标产量（千克/亩） | | |
|---|---|---|---|
| | 200 | 300 | 400 |
| 30 | 3.2 | 4.2 | 5.2 |
| 45 | 2.2 | 2.2 | 4.2 |
| 60 | 1.2 | 1.2 | 2.2 |
| 75 | 0.2 | 0.2 | 1.2 |
| 90 | — | — | 0.2 |
| 105 | — | — | — |
| 120 | — | — | — |

**2. 春小麦磷肥推荐用量** 基于目标产量和土壤有效磷含量的春小麦磷肥推荐用量如表 7-19。

**表 7-19 土壤磷素分级及春小麦磷肥（五氧化二磷）推荐用量**

| 产量水平（千克/亩） | 肥力等级 | Olsen-P（毫克/千克） | 磷肥用量（千克/亩） |
|---|---|---|---|
| 200 | 极低 | <8 | 3.5 |
| | 低 | 8～15 | 2.5 |
| | 中 | 15～30 | 1.7 |
| | 高 | 30～40 | 1 |
| | 极高 | >40 | 0 |
| 300 | 极低 | <8 | 5.2 |
| | 低 | 8～15 | 3.9 |
| | 中 | 15～30 | 1.7 |
| | 高 | 30～40 | 1.3 |
| | 极高 | >40 | 0 |
| 400 | 极低 | <8 | 7 |
| | 低 | 8～15 | 5.3 |
| | 中 | 15～30 | 3.5 |
| | 高 | 30～40 | 1.7 |
| | 极高 | >40 | 0 |

**3. 春小麦钾肥推荐用量** 基于土壤交换性钾含量的春小麦钾肥推荐用量如表 7-20。

表 7－20　土壤交换性钾含量的春小麦钾肥（氧化钾）推荐用量

| 肥力等级 | 土壤交换性钾含量（毫克/千克） | 肥用量（千克/亩） |
| --- | --- | --- |
| 低 | ＜90 | 6 |
| 中 | 90～120 | 4 |
| 高 | 120～150 | 2 |
| 极高 | ＞150 | 0 |

### 三、春小麦施肥模式

根据春小麦生育规律和营养特点，应重施基肥、早施追肥。近年来，有些春小麦产区采用一次性施肥法，全部肥料均作基肥和种肥，以后不再施追肥。一般做法是在施足农家肥的基础上，每亩施氨水 40～50 千克或碳酸氢铵 40 千克左右，施过磷酸钙 50 千克。这个方法适合于旱地春小麦，对于有灌溉条件的麦田还应考虑配合浇水分期施肥。

由于春小麦在早春土壤刚化冻 5～7 厘米时，顶凌播种，地温很低，应特别重施基肥。基肥每亩施用农家肥 2～4 吨、碳酸氢铵 25～40 千克、过磷酸钙 30～40 千克。根据地力情况也可以在播种时加一些种肥，由于肥料集中在种子附近，小麦发芽长根后即可利用。一般每亩施碳酸氢铵 10 千克，过磷酸钙 15～25 千克，与优质农家肥 100 千克混合施用，或者施二元复合肥 10～20 千克。

春小麦属于"胎里富"，发育较早，多数品种在三叶期就开始生长锥的伸长并进行穗轴分化。因此，第一次追肥应在三叶期或三叶一心时进行，并要重施，大约占追肥量的 2/3。每亩施尿素 15～20 千克，主要提高分蘖成穗率，促壮苗早发，为穗大粒多奠定基础，追肥量的 1/3 用于拔节期，此为第二次追肥，每亩施尿素 7～10 千克。

## 任务四　单季稻测土配方施肥技术

我国单季稻主要分布在北方，以粳型水稻为主。我国单季稻主要有 4 个种植区，东北四省（自治区）单季早粳稻（黑龙江、吉林、辽宁、内蒙古东部）、华北五省（直辖市）单季中晚熟粳稻（北京、天津、河北、山东、河南）、西北单季早中熟粳稻（山西、陕西、宁夏、甘肃、新疆）、苏皖北部单季粳稻（江苏和安徽两省北部）。

## 一、单季稻营养需求特点

水稻从播种、种子发育为幼苗、经过移栽后逐渐成长直到成熟的过程中可分为生育前期、生育中期和生育后期，各时期营养供求关系和对养分的需求是不相同的。

**1. 单季稻秧苗期营养需求** 水稻播种至三叶期可以依靠自身的养分发芽、生根、长叶，成为幼苗。从三叶期开始，必须利用根系从土壤中吸收养分，供给幼苗继续生长，直到4～5叶期。水稻秧苗期为35～45天，对肥料需求较少但很敏感，最适于施用硫酸铵，不宜施用尿素和氯化铵，而且要施足磷肥。

**2. 单季稻生育前期的营养需求** 水稻生育前期是指移栽后由返青期到分蘖结束的时期。这个时期主要是长叶、长蘖、长茎，以营养为中心。从移栽至分蘖末期，水稻生长迅速，是水稻一生中氮素营养要求最多、氮代谢最旺盛的时期，氮和钾的吸收量约占全生育期吸收总量的50%，磷占40%。所以对肥料的需求是很多的，应该在施足基肥的基础上适当施给分蘖所需的肥料。

**3. 单季稻生育中期的营养需求** 水稻分蘖停止到幼穗形成期，由营养生长向生殖生长过渡，是水稻生育转换期，从栽培管理角度把这个时期划分为水稻生育中期，是水稻生育全过程中承前启后的关键时期。在幼穗形成期，穗中的氮含量几乎比茎秆高1倍，磷的含量高4倍，钾、钙、镁、锰、硅等含量也高的多。因此，此期施用氮肥可以增加叶片的叶绿素含量和蛋白质含量，施用磷肥可以增加水稻幼穗，尤其是花器官中核酸的含量，使花粉母细胞形成和减数分裂正常。单季稻生育中期是决定单位面积有效穗数能否达到适宜的时期，施肥上应掌握：不能采取大水大肥猛促，也不能施用太少的肥料，要掌握恰到好处。

**4. 单季稻生育后期的营养需求** 单季稻生育后期以生殖生长为中心，也是水稻一生中的最后一个生长阶段，是决定水稻穗粒数和粒重的关键时期。

水稻孕穗期是养分敏感期或营养临界期，此时应注意防止过量施肥引起的穗颈稻瘟的发生；也不能因缺肥导致空秕粒增加，颖花退化，穗粒数减少。水稻穗肥施用应根据水稻的长相长势，宁早勿晚，宁少勿多，可施可不施则不施，特别是稻瘟病重发区更应严格掌握。

水稻抽穗扬花期要求确保养分供应才能籽粒饱满。此期如果不明显脱肥就不进行施肥，如果明显脱肥可以采用叶面喷施或少量施用粒肥。

水稻扬花后至成熟，在栽培技术上应考虑如何延长冠层上部3片叶的寿命，以及提高其光合能力，增加同化产物供应稻穗和充实谷粒灌浆。

## 二、单季稻的测土施肥配方

**1. 华北单季中晚熟粳稻测土施肥配方**　华北地区单季稻，不同产量施肥配方如表7-21。

表7-21　依据目标产量水平华北单季中晚熟粳稻推荐施肥量

| 目标产量 | 推荐施肥量（千克/亩） | | |
|---|---|---|---|
| （千克/亩） | 纯氮 | 五氧化二磷 | 氧化钾 |
| 500～550 | 9～12 | 2～3 | 4～5 |
| 550～600 | 14～16 | 3.5～5 | 4.5～6 |

缺锌土壤施用硫酸锌1千克；适当基施含硅肥料。

**2. 东北单季中晚熟粳稻测土施肥配方**　不同产量水平，施肥量推荐如表7-22。

表7-22　依据目标产量水平东北单季中晚熟粳稻推荐施肥量

| 目标产量 | 推荐施肥量（千克/亩） | | | |
|---|---|---|---|---|
| （千克/亩） | 纯氮 | 五氧化二磷 | 氧化钾 | 其他肥料 |
| 700 | 8～9 | 3～4 | 4～6 | 缺锌土壤施用硫酸锌1～1.5千克；适当基施含硫硅肥料 |
| 600 | 6～7 | 2～3 | 3～5 | 缺锌土壤施用硫酸锌1～1.5千克；适当基施含硫硅肥料 |
| 500 | 5～6 | 0～3 | 2～4 | 缺锌土壤施用硫酸锌1～1.5千克；适当基施含硫硅肥料 |

**3. 苏皖淮北地区单季稻测土施肥配方**　不同产量水平，施肥量推荐如表7-23。

表7-23　依据目标产量水平东北单季中晚熟粳稻推荐施肥量

| 目标产量 | 推荐施肥量（千克/亩） | | |
|---|---|---|---|
| （千克/亩） | 纯氮 | 五氧化二磷 | 氧化钾 |
| ＞700 | 15～18 | 5～6 | 6～8 |
| 600～700 | 12～15 | 4～5 | 5～6 |
| 500～600 | 10～12 | 3～4 | 4～5 |
| ＜500 | 8～10 | 2～3 | 3～4 |

缺锌土壤施用硫酸锌1～1.5千克；适当基施含硫硅肥料。

### 三、单季稻施肥模式

**1. 施肥原则**  依据土壤的肥力条件适当减少氮磷化肥用量，增加钾肥用量，增施有机肥，提倡有机无机配合，实施秸秆还田；适当调减基蘗肥用量，增加氮素穗肥用量；注意硼、锌肥的配合施用；肥料施用应与高产优质栽培技术相结合。

**2. 肥料运筹**  氮肥的 40%～45% 作基肥；插秧后 5～7 天施 20% 的氮作为分蘗肥，穗分化期施 15% 的氮作促花肥，减数分裂期施 20% 的氮作保花肥。钾肥的 60% 作基肥，40% 作拔节肥；磷肥全部作基肥。

# 任务五  双季稻测土配方施肥技术

我国双季稻主要分布在长江中下游地区（湖南、湖北、江西、安徽、浙江）、华南地区（广东、广西、云南、福建、海南）、四川、重庆、贵州等。现以湖北省、湖南省、广东省为例。

## 一、湖南省双季稻测土配方施肥技术

**1. 双季稻营养需求特点**  双季常规早稻与双季杂交早稻、双季常规晚稻与双季杂交晚稻比较，对氮、磷的吸收量相近，而钾的吸收量按每 500 千克稻谷吸收的 $K_2O$ 量计算，双季杂交早稻为 21.6 千克，比双季常规早稻多吸收 3 千克，增长 16.1%；双季杂交晚稻为 18.5 千克，比双季常规晚稻多吸收 2.1 千克，增长 12.8%。

(1) 双季常规稻的营养需求特点。双季常规早稻和晚稻的营养需求不尽相同。

① 双季常规早稻的营养需求特点。双季常规早稻移栽大田后至幼穗分化前的营养生长期很短，并很快转入生殖生长阶段，基本上移栽后 15 天左右即大量分蘗并开始幼穗分化，分蘗吸肥高峰和幼穗分化吸肥高峰相重叠，整个生育期只有一个吸肥高峰期。中山大学试验表明，双季常规早稻在移栽至分蘗期对氮、磷、钾的吸收量分别为 35.5%、18.7% 和 21.9%，幼穗分化至抽穗期对氮、磷、钾的吸收量分别为 48.6%、57.0% 和 61.9%，结实成熟期对氮、磷、钾的吸收量分别为 15.9%、24.3% 和 16.2%。

② 双季常规晚稻的营养需求特点。双季常规晚稻一般在移栽后 10 天左右开始迅速吸收氮，移栽后 20 天时，每天每亩吸收氮 0.2～0.3 千克。中山大学试验表明，双季常规晚稻在移栽至分蘗期对氮、磷、钾的吸收量分别为

22.3%、15.9%和20.5%，幼穗分化至抽穗期对氮、磷、钾的吸收量分别为58.7%、47.4%和51.8%，结实成熟期对氮、磷、钾的吸收量分别为19.0%、36.7%和27.72%。

（2）双季杂交稻的营养需求特点。双季杂交早稻和晚稻的营养需求不尽相同。

①双季杂交早稻的营养需求特点。湖南农业大学的试验结果表明，双季杂交早稻植株氮、磷、钾含量均以分蘖期最高，茎鞘分别为25.02克/千克、4.45克/千克、36.43克/千克，叶片分别为46.19克/千克、3.59克/千克、24.013克/千克；其余依次为孕穗期和齐穗期，氮素在叶片中含量高于茎鞘，磷素和钾素则是茎鞘高于叶片；成熟期氮素的60%和磷素的80%转移到籽粒，而90%以上的钾素留在茎叶。成熟期地上部植株氮、磷、钾的积累分别为10.27千克/亩、1.94千克/亩、10.87千克/亩，平均生产1 000千克稻谷需纯氮17.9～19.0千克、五氧化二磷7.91～8.14千克、氧化钾22.40～25.78千克。

②双季杂交晚稻的营养需求特点。双季杂交晚稻植株氮素和磷素含量均以分蘖期最高，茎鞘和叶片中的含氮量分别为18.78克/千克和39.10克/千克，含磷量分别为3.69克/千克和2.96克/千克，分蘖后期至成熟期逐渐降低。钾素含量以分蘖期最高，茎鞘和叶片中含钾量分别为37.66克/千克和23.32克/千克；齐穗期最低，茎鞘和叶片中含钾量分别为17.16克/千克和15.94克/千克。磷素和钾素在抽穗前茎鞘中含量高于叶片含量，抽穗后茎鞘和叶片中含量大致相等，到成熟期氮素和磷素主要转移到籽粒中，而钾素主要分布在茎鞘中。平均生产1 000千克稻谷需纯氮21千克、五氧化二磷11.46千克、氧化钾30.11千克。

**2. 湖南省双季稻的测土施肥配方**

（1）双季稻氮素推荐用量。基于目标产量和地力产量的双季早稻氮肥用量如表7-24、双季晚稻氮肥用量如表7-25。

表7-24　基于目标产量和地力产量的湖南省
双季早稻氮肥用量（N，千克/亩）

| 地力产量 | 双季早稻目标产量（千克/亩） | | | |
| （千克/亩） | 300 | 350 | 400 | 450 |
| --- | --- | --- | --- | --- |
| 280 | 2 | 7.2 | 8.1 | 9.2 |
| 240 | 6.5 | 8.7 | 9.6 | 10.7 |
| 200 | 8.5 | 9.5 | 10.4 | 11.7 |

表 7 - 25    基于目标产量和地力产量的湖南省
双季晚稻氮肥用量（N，千克/亩）

| 地力产量 | 双季晚稻目标产量（千克/亩） | | | |
|---|---|---|---|---|
| （千克/亩） | 350 | 400 | 450 | 500 |
| 350 | 0 | 7.6 | 8.5 | 9.6 |
| 290 | 6.5 | 9.1 | 10.0 | 11.1 |
| 220 | 8.8 | 9.9 | 10.4 | 11.9 |

（2）双季稻磷素推荐用量。基于目标产量和土壤有效磷含量的双季早稻磷肥用量如表 7 - 26、双季晚稻磷肥用量如表 7 - 27。

表 7 - 26    基于目标产量和土壤有效磷含量的湖南省
双季早稻磷肥用量（$P_2O_5$，千克/亩）

| 土壤有效磷 | 肥力等级 | 双季早稻目标产量（千克/亩） | | | |
|---|---|---|---|---|---|
| （毫克/千克） | | 300 | 350 | 400 | 450 |
| ＞20 | 极高 | 0 | 0 | 1.5 | 2 |
| 15～20 | 高 | 1.5 | 2 | 3 | 4.5 |
| 10～15 | 中 | 2 | 3 | 4 | 5 |
| 5～10 | 低 | 3 | 4 | 5 | 6 |
| ＜5 | 极低 | 4 | 4.5 | 5.5 | 6.5 |

表 7 - 27    基于目标产量和土壤有效磷含量的湖南省
双季晚稻磷肥用量（$P_2O_5$，千克/亩）

| 土壤有效磷 | 肥力等级 | 双季晚稻目标产量（千克/亩） | | | |
|---|---|---|---|---|---|
| （毫克/千克） | | 350 | 400 | 450 | 500 |
| ＞20 | 极高 | 0 | 0 | 0 | 0 |
| 15～20 | 高 | 0 | 0 | 1 | 1.5 |
| 10～15 | 中 | 1.5 | 2 | 2.5 | 3 |
| 5～10 | 低 | 2 | 2.5 | 3.5 | 4.2 |
| ＜5 | 极低 | 2.5 | 3.1 | 3.8 | 4.5 |

（3）双季稻钾素推荐用量。基于目标产量和土壤速效钾含量的双季早稻钾肥用量如表 7 - 28、双季晚稻钾肥用量如表 7 - 29。

表7-28 基于目标产量和土壤速效钾含量的湖南省
双季早稻钾肥用量（$K_2O$，千克/亩）

| 土壤速效钾（毫克/千克） | 肥力等级 | 双季早稻目标产量（千克/亩） | | | |
|---|---|---|---|---|---|
| | | 300 | 350 | 400 | 450 |
| >140 | 极高 | 0 | 2 | 3.5 | 4 |
| 110～140 | 高 | 2 | 3.3 | 4 | 4.3 |
| 80～110 | 中 | 4 | 4.3 | 4.7 | 5.3 |
| 50～80 | 低 | 5 | 5.3 | 5.7 | 6 |
| <50 | 极低 | 5.3 | 5.7 | 6 | 6.3 |

表7-29 基于目标产量和土壤速效钾含量的湖南省
双季晚稻钾肥用量（$K_2O$，千克/亩）

| 土壤速效钾（毫克/千克） | 肥力等级 | 双季晚稻目标产量（千克/亩） | | | |
|---|---|---|---|---|---|
| | | 350 | 400 | 450 | 500 |
| >140 | 极高 | 0 | 2.7 | 3.3 | 4 |
| 110～140 | 高 | 2 | 3.3 | 4.7 | 5 |
| 80～110 | 中 | 3.7 | 4.3 | 5 | 5.3 |
| 50～80 | 低 | 4 | 5.3 | 5.7 | 6 |
| <50 | 极低 | 4.7 | 5.3 | 5.7 | 6.3 |

（4）微量元素推荐用量。锌肥推荐用量如表7-30。

表7-30 湖南省双季稻土壤微量元素丰缺指标及对应施肥量

| 元素 | 提取方法 | 临界指标（毫克/千克） | 基肥用量（千克/亩） |
|---|---|---|---|
| Zn | DTPA | 0.5 | 0.5～1 |

**3. 湖南省双季稻施肥模式**

（1）双季早稻。针对目前早稻施肥上存在的氮肥用量偏高、前期氮肥用量过大、有机肥施用量少和缺锌地区锌肥施用不够等问题，采取有机肥与无机肥相结合，控制氮肥总量，调整基追肥比例，减少前期氮肥用量，实行氮肥施用适当后移，磷钾养分长期恒量监控，中微量元素因缺补缺，基肥耖田深施，追肥与中耕结合，对缺锌土壤补施锌肥的施肥策略。

根据目标产量、土壤供肥能力和肥料利用率确定施肥比例和方法，做到氮肥、磷肥和钾肥的平衡施用。其中，氮肥按"5221"模式施用，即基肥50%、分蘖肥20%、穗肥20%、保花肥10%；磷肥全部作基肥；钾肥的50%～60%作基肥，40%～50%作为穗肥。

合理施用锌肥。对土壤有效锌含量低于0.5毫克/千克的土壤，硫酸锌作基肥的适宜用量为1千克/亩；在有效锌含量为0.5～1毫克/千克的土壤，硫酸锌作基肥的适宜用量为0.5千克/亩；施用方法是将硫酸锌与有机肥或化肥拌匀后作基肥施用。也可以在早稻苗期和移栽返青后施用硫酸锌100克兑水50千克进行叶面喷施。

（2）双季晚稻。针对当前晚稻施肥上存在的氮肥用量偏高、前期氮肥用量过大、稻草还田基本普及以及缺锌土壤不注重锌肥施用等问题，采取有机肥与无机肥相结合；控制氮肥总量，调整基追肥比例，减少前期氮肥用量，实行氮肥施用适当后移；在有效磷、钾含量丰富的地区酌情减少磷钾肥的施用，中微量元素因缺补缺，基肥耖田深施，追肥与中耕结合，对缺锌土壤补施锌肥的施肥策略。

根据目标产量、土壤供肥能力和肥料利用率确定施肥比例和方法，做到氮肥、磷肥和钾肥的平衡施用。其中，氮肥按"721"模式施用，即基肥70%、分蘖肥20%、穗肥10%；磷肥全部作基肥；钾肥的40%作基肥、40%作分蘖肥、20%作穗肥。缺锌土壤每亩补施硫酸锌1千克。

## 二、湖北省双季稻测土配方施肥技术

**1. 双季稻营养需求特点**　参见湖南省双季稻。

**2. 湖北省双季稻的测土施肥配方**

（1）双季稻氮素推荐用量。基于目标产量和地力产量，氮肥用量推荐见表7-31，基、追肥比例确定见表7-32。

表7-31　湖北省双季稻早、晚稻推荐氮肥施用总量

| 地力产量 | 水稻目标产量（千克/亩） | | |
|---|---|---|---|
| （千克/亩） | 400 | 500 | 600 |
| 233 | 10 | — | — |
| 300 | 6 | 10 | — |
| 366 | 2 | 8 | 15 |
| 433 | — | 5 | 12 |

**表 7 - 32　湖北省双季稻不同时期氮肥施用比例**

| 氮肥施用时期 | 早稻（%） | 晚稻（%） |
|---|---|---|
| 基肥 | 40 | 45 |
| 分蘖肥 | 25±10 | 25±10 |
| 幼穗分化肥 | 35±10 | 30±10 |
| 全生育期 | 80～120 | 80～120 |

注：如果叶色卡（LCC）或 SPAD 测定值大于最大临界值，在施肥基数上减去 10%；若低于最小临界值，则在施肥基数上增加 10%；介于最小临界值与最大临界值之间时，按表中列出的基数。叶色卡（LCC）的最小临界值为 3.5，最大临界值为 4；SPAD 的最小临界值为 35，最大临界值为 39

（2）双季稻磷、钾肥恒量监控技术，双季稻磷肥用量的确定表见表 7 - 33，钾肥用量的确定表见表 7 - 34。

**表 7 - 33　湖北省双季稻土壤磷分级及磷肥用量**

| 产量水平（千克/亩） | 肥力等级 | Olsen-P（毫克/千克） | 磷肥用量（千克/亩） |
|---|---|---|---|
| 300 | 低 | <7 | 4 |
| | 较低 | 7～15 | 3 |
| | 较高 | 15～20 | 2 |
| | 高 | >20 | — |
| 450 | 低 | <7 | 5 |
| | 较低 | 7～15 | 4 |
| | 较高 | 15～20 | 3 |
| | 高 | >20 | 2 |
| 500 | 低 | <7 | 6 |
| | 较低 | 7～15 | 4 |
| | 较高 | 15～20 | 2 |
| | 高 | >20 | — |
| 600 | 低 | <7 | 7 |
| | 较低 | 7～15 | 5.5 |
| | 较高 | 15～20 | 4 |
| | 高 | >20 | — |

表7-34 湖北省双季稻土壤钾分级机钾肥用量

| 产量水平（千克/亩） | 肥力等级 | 速效钾（毫克/千克） | 钾肥用量（千克/亩） |
|---|---|---|---|
| 300 | 低 | <70 | 3 |
| | 中 | 70~100 | 2 |
| | 高 | >100 | 0 |
| 400 | 低 | <70 | 4 |
| | 中 | 70~100 | 3 |
| | 高 | >100 | 2 |
| 500 | 低 | <70 | 6 |
| | 中 | 70~100 | 4 |
| | 高 | >100 | 3 |
| 600 | 低 | <70 | 7 |
| | 中 | 70~100 | 6 |
| | 高 | >100 | 5 |

（3）微量元素推荐用量。缺锌、缺硼地区在基肥上每亩补施1千克硫酸锌和1千克硼砂。

**3. 湖北省双季稻施肥模式**

（1）施肥原则。湖北省双季稻施肥存在的主要问题包括氮肥用量偏高、前期氮肥用量过大，钾肥用量偏少，有机肥施用少等问题。基于以上问题，建议施肥原则为控制控制氮肥总量、调整基追肥比例、减少前期氮肥用量、强调氮肥分次施用；适当增加钾肥施用；增加有机肥施用。

（2）施肥建议。在缺锌、缺硼地区，应在基肥上每亩增施锌肥和硼肥各1千克。基肥施用比例为：有机肥的100%，氮肥的40%～45%，磷肥的100%，钾肥的50%～60%。追肥比例为：氮肥的15%～35%、钾肥的40%～50%作为分蘖肥；氮肥的20%～45%作为穗肥。

# 三、广东省双季稻测土配方施肥技术

**1. 双季稻营养需求特点**

参见湖南省双季稻。

**2. 广东省双季稻的测土施肥配方**

（1）双季稻氮肥施用量确定。氮肥施用量根据目标产量和无氮区产量来确定，见表7-35。

表7-35 广东省双季稻不同目标产量和无氮区产量下的氮肥施用量

| 目标产量 | 无氮区产量（千克/亩） | | | | |
|---|---|---|---|---|---|
| （千克/亩） | 200 | 250 | 300 | 350 | 400 |
| 300 | 5 | 2.5 | — | — | — |
| 350 | 7.5 | 5 | 2.5 | — | — |
| 400 | 10 | 7.5 | 5 | 2.5 | — |
| 450 | 12.5 | 10 | 7.5 | 5 | 2.5 |
| 500 | — | 12.5 | 10 | 7.5 | 5 |

（2）双季稻磷、钾肥恒量监控技术。根据土壤磷、钾养分含量分级和目标产量确定。磷肥施用量见表7-36，钾肥施用量见表7-37。

表7-36 土壤磷分级和广东省双季稻磷肥用量

| 产量水平 （千克/亩） | 肥力等级 | Olsen-P （毫克/千克） | 早稻施磷量 （$P_2O_5$，千克/亩） | 晚稻施磷量 （$P_2O_5$，千克/亩） |
|---|---|---|---|---|
| 300 | 低 | <10 | 3 | 2 |
| | 中 | 10~20 | 2 | 1 |
| | 高 | >20 | 1 | 0 |
| 400 | 低 | <10 | 4 | 2.5 |
| | 中 | 10~20 | 3 | 2 |
| | 高 | >20 | 2 | 1.5 |
| 500 | 低 | <10 | 5.5 | 3.5 |
| | 中 | 10~20 | 4 | 2.5 |
| | 高 | >20 | 3 | 2 |

表7-37 土壤钾分级和广东省双季稻钾肥用量

| 产量水平 （千克/亩） | 肥力等级 | 交换性钾 （毫克/千克） | 早稻施磷量 （$P_2O_5$，千克/亩） |
|---|---|---|---|
| 300 | 低 | <50 | 4 |
| | 中 | 50~80 | 2 |
| | 高 | >80 | 1 |
| 400 | 低 | <50 | 6 |
| | 中 | 50~80 | 4 |
| | 高 | >80 | 2 |

（续）

| 产量水平<br>（千克/亩） | 肥力等级 | 交换性钾<br>（毫克/千克） | 早稻施磷量<br>（$P_2O_5$，千克/亩） |
|---|---|---|---|
| | 低 | <50 | 8 |
| 500 | 中 | 50～80 | 6 |
| | 高 | >80 | 4 |

### 3. 广东省双季稻施肥模式

（1）施肥原则。湖北省双季稻施肥主要存在问题包括氮肥用量偏高、前期氮肥用量过大，有机肥施用少等问题。基于以上问题，建议施肥原则为：控制控制氮肥总量，根据无氮区产量和目标产量确定总施氮量，防止过量施氮；氮肥后移，减少前期氮肥用量，增加中、后期施氮量；氮磷钾合理配比，有机无机配合，提倡稻草还田。

（2）早稻施肥建议。氮肥分次施用，基肥占 40%，分蘖肥占 20%～25%，穗肥占 30%～40%；有机肥和磷肥全部作基肥；钾肥的 50% 作为分蘖肥；50% 作为穗肥。如亩施猪粪尿 1 000～1 500 千克，则化肥用量可减少纯氮 1～2 千克，五氧化二磷 1 千克，氧化钾 1 千克。冬季种植紫云英的，每压青 1 000 千克可减少纯氮 2.5 千克。常年秸秆还田的，钾肥用量减少 30%。

（3）晚稻施肥建议。氮肥分次施用，基肥占 40%，分蘖肥占 20%～25%，穗肥占 35%～40%；有机肥和磷肥全部作基肥；钾肥的 50% 作为分蘖肥；50% 作为穗肥。如亩施猪粪尿 1 000～1 500 千克，则化肥用量可减少纯氮 1～2 千克，五氧化二磷 1 千克，氧化钾 1 千克。常年秸秆还田的，钾肥用量减少 30%。

# 任务六　夏玉米测土配方施肥技术

我国夏玉米主要集中在黄淮海地区，包括河南全部、山东全部、河北中南部、陕西中部、山西南部、江苏北部、安徽北部等，另外西南地区、西北地区、南方丘陵区等也有广泛种植。

## 一、夏玉米的营养需求特点

夏玉米是需肥水较多的高产作物，一般随着产量提高，所需营养元素也有所增加。玉米全生育期吸收的主要养分中以氮为多、钾次之、磷较少。综合国内外研究资料，夏玉米吸收 N、$P_2O_5$、$K_2O$ 分别为 2.59 千克、1.09 千克和

2.62千克，N：$P_2O_5$：$K_2O$为2.4：1：2.4。

玉米不同生育期吸收氮、磷、钾的数量不同。一般来说，苗期生长慢、植株小，吸收的养分少，拔节期至开花期生长快，吸收养分的速度快，数量多，是玉米需要营养的关键时期，生育后期吸收养分速度缓慢，吸收量也少。

夏玉米由于生育期短、生长速度快，因此对氮、磷、钾的吸收量更集中，吸收高峰提前。夏玉米从拔节期至抽雄期的21天中的吸氮量占全生育期总氮量的76.19%，吸磷量占全生育期总磷量的62.95%，吸钾量占全生育期总钾量的63.38%。

一般玉米苗期到拔节期吸收氮素很少，吸收速度慢，吸氮量占总量的1.18%～6.6%，拔节以后氮素吸收明显增多，吐丝前后达到高峰，吸氮量占总量的50%～60%，吐丝至籽粒形成期吸收氮素仍较快，吸氮量占总量的40%～50%。

玉米苗期对磷的吸收量很小，一般吸磷量占总量的0.6%～1.1%，是玉米磷敏感时期，拔节期以后磷的吸收速度显著加快，吸收高峰在抽雄期和吐丝期，吸磷量占总量的50%～60%，吐丝至籽粒形成期吸收磷素减慢快，吸磷量占总量的40%～50%。

玉米对钾的吸收速度在生育前期比氮和磷快，苗期钾素吸收量占总吸收量的0.7%～4%，拔节后迅速增加，到抽雄期和吐丝期累计吸钾量占总量的60%～80%，吸收高峰出现在雄穗小花分化期至抽雄期，在灌浆至成熟期，钾的吸收量缓慢下降。

## 二、夏玉米测土施肥配方

### 1. 河南省夏玉米测土施肥配方

（1）河南省夏玉米氮素推荐用量　基于目标产量和不同生产区域的氮肥用量如表7-38。

表7-38　河南省夏玉米分区氮肥推荐用量（千克/亩）

| 生产区域 | 产量水平（千克/亩） | | | | |
| --- | --- | --- | --- | --- | --- |
| | ＜400 | 400～600 | 600～700 | 700～800 | ＞800 |
| 豫北 | 8～12 | 12～14 | 14～16 | 16～18 | 20～22 |
| 豫东 | 10～12 | 12～14 | 14～16 | 18～21 | 22～24 |
| 豫中南 | 8～10 | 10～12 | 12～14 | 15～18 | 18～20 |
| 豫西南 | 7～9 | 9～12 | | 13～16 | 16～18 |
| 豫西水浇地 | 8～10 | 10～12 | 12～14 | 16～18 | 18～20 |
| 豫西旱地 | 7～8 | 8～10 | | | |

(2) 河南省夏玉米磷素推荐用量。基于目标产量和土壤有效磷的磷肥用量如表 7-39。

表 7-39 河南省夏玉米分区磷肥推荐用量（千克/亩）

| 有效磷<br>（毫克/千克） | 产量水平（千克/亩） | | | | |
|---|---|---|---|---|---|
| | <400 | 400~600 | 600~700 | 700~800 | >800 |
| <7 | 2~3 | 3~5 | — | — | — |
| 7~14 | 1~2 | 2~3 | 4~5 | — | — |
| 15~20 | 0 | 0~2 | 3~5 | 4~6 | 5~8 |
| ≥20 | 0 | 0 | 0~3 | 2~4 | 3~5 |

(3) 河南省夏玉米钾素推荐用量。基于目标产量和土壤速效钾的钾肥用量如表 7-40。

表 7-40 河南省夏玉米分区亩钾肥推荐用量（千克/亩）

| 有效磷（毫克/千克） | 产量水平（千克/亩） | | | | |
|---|---|---|---|---|---|
| | <400 | 400~600 | 600~700 | 700~800 | >800 |
| <80，连续还田 3 年以上 | 0 | 0~3 | 3~4 | 3~6 | 6~8 |
| <80，没有或还田 3 年以下 | 2~3 | 3~4 | 4~5 | 6~8 | 8~10 |
| ≥80，连续还田 3 年以上 | 0 | 0~2 | 2~4 | 4~5 | 5~6 |
| ≥80，没有或还田 3 年以下 | 0~2 | 2~3 | 3~5 | 4~6 | 6~8 |

(4) 微量元素推荐用量。河南省夏玉米各省产区建议每亩底施硫酸锌 1~2 千克。

**2. 山东省夏玉米测土施肥配方** 山东省夏玉米土壤养分分级指标及基于目标产量和土壤肥力的氮、磷、钾肥推荐施肥量见表 7-41、表 7-42。

表 7-41 山东省夏玉米土壤养分状况

| 土壤肥力 | 有机质<br>（克/千克） | 碱解氮<br>（毫克/千克） | 有效磷<br>（毫克/千克） | 速效钾<br>（毫克/千克） |
|---|---|---|---|---|
| 高产田 | 12~14 | 100~120 | 20~30 | 120~150 |
| 中高产田 | 11~13 | 80~100 | 18~25 | 100~130 |
| 中产田 | 8~11 | 70~90 | 15~20 | 90~110 |
| 低产田 | 8~10 | 50~70 | 10~15 | 80~100 |

表 7-42　山东省夏玉米推荐施肥量（千克/亩）

| 土壤肥力 | 目标产量 | N | P₂O₅ | K₂O |
|---|---|---|---|---|
| 高产田 | ＞600 | 16 | 3～6 | 6～8 |
| 中高产田 | 500～600 | 14～16 | 2～4 | 6～8 |
| 中产田 | 400～500 | 12～14 | 0～2.5 | 5～6 |
| 低产田 | ＜400 | 10～12 | 0 | 0～5 |

**3. 河北省夏玉米测土施肥配方**　河北省夏玉米基于目标产量和土壤速效养分的氮、磷、钾肥推荐施肥量如表 7-43。

表 7-43　河北省夏玉米推荐施肥量

| 土壤有机质含量（%） | | ＞2 | 1.5～2 | 1～1.5 | ＜1 |
|---|---|---|---|---|---|
| 目标产量（千克/亩） | | 650 | 600 | 550 | 500 |
| 土壤速效氮（毫克/千克） | | ＞80 | 70～80 | 60～70 | ＜60 |
| 亩施纯氮（千克） | 目标产量 650 千克 | 17 | — | — | — |
| | 目标产量 600 千克 | 15 | 17.5 | 20.5 | — |
| | 目标产量 550 千克 | 12.5 | 15 | 18 | 21 |
| | 目标产量 500 千克 | — | — | 15.5 | 18 |
| 土壤有效磷含量（毫克/千克） | | ＞20 | 15～20 | 10～15 | ＜10 |
| 亩施五氧化二磷（千克） | 目标产量 650 千克 | 1.5 | — | — | — |
| | 目标产量 600 千克 | 1 | 2.5 | 4.7 | — |
| | 目标产量 550 千克 | 0 | 1.8 | 4 | 6 |
| | 目标产量 500 千克 | — | — | 3.2 | 5 |
| 土壤速效钾（毫克/千克） | | ＞120 | 100～120 | 80～100 | ＜80 |
| 亩施氧化钾（千克） | 目标产量 650 千克 | 2 | — | — | — |
| | 目标产量 600 千克 | 0 | 3.5 | 7 | — |
| | 目标产量 550 千克 | 0 | 1.6 | 5 | 8 |
| | 目标产量 500 千克 | — | — | 3 | 7 |

**4. 山西省夏玉米测土施肥配方**　山西省夏玉米基于目标产量和土壤速效养分的氮、磷、钾肥推荐施肥量如表 7-44。

### 表 7-44　山西省夏玉米推荐施肥量

| 配方区 | 配方亚区 | 土壤养分状况 有机质（%） | 土壤养分状况 有效磷（毫克/千克） | 土壤养分状况 速效钾（毫克/千克） | 产量（千克/亩）前3年平均产量 | 产量（千克/亩）目标产量 | 化肥用量（千克/亩）N 基肥 | N 种肥 | N 追肥 | P₂O₅ 基肥 | P₂O₅ 种肥 | K₂O 基肥 |
|---|---|---|---|---|---|---|---|---|---|---|---|---|
| 晋中区 | 平川水地高产 | >0.9 | 7.0 左右 | >150 | 500 左右 | 500~600 | 7~8.5 | | 4~5 | 5~7 | | 6~10 |
| | 平川水地中产 | 0.7~0.9 | 5.0 左右 | <150 | 300~450 | 400~500 | 6~7 | | 3~4.5 | 5~7 | | 3~6 |
| | 丘陵旱塬 | 0.6~0.8 | 3~7 | 150 左右 | 300 左右 | 350~450 | 8~9 | | | 4~5 | | 1 |
| 晋东南区 | 平川水地高产 | >1.7 | 8~20 | >200 | 400 | 450~500 | 7~9 | | 4~9 | 6~7.5 | | 3~5 |
| | 平川水地中产 | 1.3~1.7 | 6~15 | 150~200 | 300 | 350~450 | 6~8 | | 3~5 | 5~7 | | 3 |
| | 旱塬梯田 | 1.3~2.0 | 3~13 | <150 | 200 | 250~350 | 7~9 | | | 4~6 | | |
| 晋南区 | 平川水地 | >1.0 | 5~10 | >120 | 400~500 | 450~600 | | 1 | 10~14 | | 2 | 4~10 |
| | 平川水地 | 1.0 左右 | 3~5 | <120 | 200~350 | 350~400 | | 1 | 7~8.5 | | 2 | 4~8 |
| | 旱塬 | 1.0 左右 | 5.0 左右 | 120 左右 | 200~250 | 250~350 | | 1 | 5~7 | | 2 | |

**5. 湖北省夏玉米测土施肥配方**　湖北省夏玉米土壤养分状况及在施用有机肥 2 000~3 000 千克基础上，推荐施肥量见表 7-45、表 7-46。

### 表 7-45　湖北省夏玉米土壤养分状况

| 土壤肥力 | 有机质（%） | 碱解氮（毫克/千克） | 有效磷（毫克/千克） | 速效钾（毫克/千克） |
|---|---|---|---|---|
| 高产田 | >3.0 | >110 | >22 | >105 |
| 中高产田 | 2.0~3.0 | 60~110 | 15~22 | 70~105 |
| 中产田 | 0.5~2.0 | 40~60 | 5~15 | 18~70 |
| 低产田 | <0.5 | <40 | <5 | <18 |

**表 7-46　湖北省夏玉米推荐施肥量（千克/亩）**

| 土壤肥力 | 目标产量 | N | P₂O₅ | K₂O |
|---|---|---|---|---|
| 高产田 | >600 | 17 | 2～4 | 3～8 |
| 中高产田 | 500～600 | 15～17 | 3～6 | 5～8 |
| 中产田 | 400～500 | 12～13 | 3～6 | 3～7 |
| 低产田 | <400 | 12 | 1.8～3.5 | 3～5 |

**6. 陕西省夏玉米测土施肥配方**　陕西省夏玉米土壤养分状况及在施用有机肥 2 000～3 000 千克的基础上，推荐施肥量见表 7-47、表 7-48。

**表 7-47　陕西省夏玉米土壤养分状况**

| 土壤肥力 | 有机质（%） | 碱解氮（毫克/千克） | 有效磷（毫克/千克） | 速效钾（毫克/千克） |
|---|---|---|---|---|
| 高产田 | 1.2～1.3 | 65～85 | 24～30 | 125～140 |
| 中产田 | 0.98～1.10 | 48～65 | 17～19 | 115～125 |
| 低产田 | 0.80～0.87 | 40～50 | 14～17 | 100～115 |

**表 7-48　陕西省夏玉米推荐施肥量（千克/亩）**

| 土壤肥力 | 目标产量 | N | P₂O₅ | K₂O |
|---|---|---|---|---|
| 高产田 | >600 | 17 | 2～4 | 3～8 |
| 中高产田 | 500～600 | 15～17 | 3～6 | 5～8 |
| 中产田 | 400～500 | 10～13 | 3～6 | 3～7 |
| 低产田 | <400 | 12 | 1.8～3.5 | 3～5 |

**7. 重庆市、四川省夏玉米测土施肥配方**

（1）重庆市、四川省夏玉米氮素推荐用量。重庆市、四川省夏玉米基于目标产量和土壤肥力的氮肥用量如表 7-49。

**表 7-49　重庆市、四川省夏玉米氮肥推荐用量（千克/亩）**

| 土壤肥力 | | 目标产量 | | |
|---|---|---|---|---|
| 基础地力产量 | 土壤有机质（克/千克） | 400～500 | 500～600 | >600 |
| <100 | <10 | 12～14 | 15～17 | 17～19 |
| 100～150 | 10～20 | 10～12 | 13～15 | 15～17 |
| 150～200 | 20～30 | 9～11 | 11～13 | 13～15 |

（续）

| 土壤肥力 | | 目标产量 | | |
|---|---|---|---|---|
| 基础地力产量 | 土壤有机质（克/千克） | 400～500 | 500～600 | >600 |
| 200～250 | 30～40 | 8～10 | 9～11 | 11～13 |
| >250 | >40 | 6～8 | 8～10 | 9～11 |

（2）重庆市、四川省夏玉米磷素推荐用量。重庆市、四川省夏玉米基于目标产量和土壤有效磷的磷肥用量如表7-50。

**表7-50  重庆市、四川省夏玉米磷肥推荐用量**（千克/亩）

| 有效磷 | 产量水平（千克/亩） | | |
|---|---|---|---|
| （毫克/千克） | 400～500 | 500～600 | >600 |
| <7 | 6～7 | 7～8 | 8～10 |
| 7～12 | 5～6 | 6～7 | 6～8 |
| 12～22 | 4～5 | 5～6 | 4～6 |
| 22～30 | 3～4 | 3～5 | 2～4 |
| >30 | 0 | 0 | 0 |

（3）重庆市、四川省夏玉米钾素推荐用量。基于土壤交换性钾含量的钾肥用量如表7-51。

**表7-51  重庆市、四川省夏玉米钾肥推荐用量**（千克/亩）

| 肥力等级 | 土壤交换性钾 | 钾肥用量 | |
|---|---|---|---|
| | （毫克/千克） | 除钙质紫色土以外的其他土壤 | 钙质紫色土 |
| 极低 | <50 | 7～9 | 4～6 |
| 低 | 50～80 | 5～7 | 3～5 |
| 中 | 80～100 | 3～5 | 2～3 |
| 高 | 100～120 | 2～3 | 0 |
| 极高 | >120 | 0 | 0 |

（4）微量元素推荐用量。重庆市、四川省微量元素丰缺指标及推荐用量见表7-52。

**表7-52  重庆市、四川省夏玉米微量元素丰缺指标及推荐用量**

| 元　素 | 提取方法 | 临界指标（毫克/千克） | 基施用量（千克/亩） |
|---|---|---|---|
| 锌 | DTPA | 0.5 | 硫酸锌1～2 |
| 硼 | 沸水 | 0.5 | 硼砂0.5～0.75 |

**8. 云南省夏玉米测土施肥配方**

（1）云南省夏玉米氮素实时实地监控技术。基肥推荐用量如表 7-53、追肥推荐用量如表 7-54。

表 7-53　云南省夏玉米氮肥基肥推荐用量（千克/亩）

| 0～30 厘米 | 玉米目标产量（千克/亩） | | |
|---|---|---|---|
| 土壤硝态氮含量 | 400～500 | 500～600 | ＞600 |
| 30 | 5～6 | 6～8 | 7～9 |
| 45 | 4～5 | 5～7 | 6～8 |
| 60 | 3～4 | 4～6 | 5～7 |
| 75 | 2～3 | 3～5 | 4～6 |
| 90 | — | 2～4 | 3～5 |

表 7-54　云南省夏玉米氮肥追肥（大喇叭口期）推荐用量（千克/亩）

| 0～30 厘米 | 玉米目标产量（千克/亩） | | |
|---|---|---|---|
| 土壤硝态氮含量 | 400～500 | 500～600 | ＞600 |
| 30 | 8～10 | 9～11 | 10～12 |
| 45 | 7～9 | 8～10 | 9～10 |
| 60 | 6～8 | 7～8 | 8～9 |
| 75 | 5～6 | 6～7 | 7～8 |
| 90 | 4～5 | 5～6 | 6～7 |
| 105 | 3～5 | 4～5 | 5～6 |
| 120 | 2～4 | 4～4 | 4～5 |

（2）云南省夏玉米磷肥推荐用量。基于目标产量和土壤有效磷含量的夏玉米磷肥推荐用量如表 7-55。

表 7-55　土壤磷素分级及云南省夏玉米磷肥（五氧化二磷）推荐用量

| 产量水平（千克/亩） | 肥力等级 | Olsen-P（毫克/千克） | 磷肥用量（千克/亩） |
|---|---|---|---|
| | 极低 | ＜7 | 4～5 |
| | 低 | 7～14 | 3～4 |
| 400～500 | 中 | 14～30 | 2～3 |
| | 高 | 30～40 | 1～2 |
| | 极高 | ＞40 | 0 |

（续）

| 产量水平（千克/亩） | 肥力等级 | Olsen-P（毫克/千克） | 磷肥用量（千克/亩） |
|---|---|---|---|
| | 极低 | <7 | 5～6 |
| | 低 | 7～14 | 4～5 |
| 500～600 | 中 | 14～30 | 3～4 |
| | 高 | 30～40 | 2～3 |
| | 极高 | >40 | 0 |
| | 极低 | <7 | 6～7 |
| | 低 | 7～14 | 5～6 |
| >600 | 中 | 14～30 | 4～5 |
| | 高 | 30～40 | 3～4 |
| | 极高 | >40 | 0 |

（3）云南省夏玉米钾肥推荐用量。基于土壤交换性钾含量的夏玉米钾肥推荐用量如表 7-56。

**表 7-56　土壤交换性钾含量的云南省夏玉米钾肥（氧化钾）推荐用量**

| 肥力等级 | 土壤交换性钾含量（毫克/千克） | 肥用量（千克/亩） |
|---|---|---|
| 极低 | <50 | 8～10 |
| 低 | 50～90 | 6～8 |
| 中 | 90～120 | 4～6 |
| 高 | 120～150 | 2～4 |
| 极高 | >150 | 0 |

（4）云南省夏玉米微量元素推荐用量。云南省微量元素丰缺指标及推荐用量见表 7-57。

**表 7-57　云南省夏玉米微量元素丰缺指标及推荐用量**

| 元素 | 提取方法 | 临界指标（毫克/千克） | 基施用量（千克/亩） |
|---|---|---|---|
| 锌 | DTPA | 0.5 | 硫酸锌 1～2 |
| 硼 | 沸水 | 0.5 | 硼砂 0.5～0.75 |

## 三、夏玉米施肥模式

**1. 肥料运筹**　以有机肥为主，重施氮肥、适施磷肥、增施钾肥、配施微肥；采用有机肥与磷、钾、微肥混合作底肥，氮肥以追施为主；追肥应前重后轻。针对夏玉米抢茬复播的特点，要抓好前茬小麦基肥的施用，特别是有机肥和磷肥的施用；要注意播种时氮肥、磷肥的施用；及时追促苗肥，大喇叭口重追氮肥；注意锌、硼微肥的施用。

结合整地灭茬一次性施入玉米专用肥，有机肥、磷、钾肥、锌肥全部和氮肥总量的40%作基肥。氮肥总量的50%在大喇叭口期追施，氮肥总量的10%在抽雄期追施。

**2. 施肥方法** 夏玉米施肥应掌握追肥为主、基肥并重、种肥为辅；基肥前施、磷钾肥早施、追肥分期施等原则。

（1）施足基肥。夏玉米的基肥比较特殊，一般在前茬作物底肥中适当增施。施肥配方中磷、钾肥全作基肥；氮肥60%作基肥。对于保水保肥性能差的土壤以作追肥为主。基肥要均匀撒于地表，随耕翻入20厘米深的土壤中。

（2）巧施种肥。播种时，从施肥配方中拿出纯氮1~1.5千克，五氧化二磷3千克，氧化钾1~1.5千克作种肥，条施或穴施。严禁与种子接触，为培养壮苗打基础。

（3）用好追肥。追肥分为苗肥、拔节肥、攻穗肥三种。

一是抓紧追促苗肥，夏玉米定苗后，抓紧追第一次促苗肥，一般可在距苗10厘米处开沟或挖穴深施（10厘米以下）重施（尿素10千克或配方专用肥30千克）。

二是重施拔节肥，玉米拔节时（7叶展开），在距苗10厘米处开沟或挖穴深施（10厘米以下）、重施（占追肥总量的60%左右，未施底肥、种肥、促苗肥者应占追肥总量的80%左右）。

三是补施攻穗肥，玉米大喇叭口期（10~11叶展开时）每亩穴施尿素5~10千克，施后要及时覆土。

（4）活用根外追肥。常在缺素症状出现时或根系功能出现衰退时采用此法。用1%的尿素溶液或0.08%~0.1%的磷酸二氢钾溶液，于晴天下午4时叶面喷洒。

（5）配施微肥。微量元素缺乏的田块，每亩锌、硼、锰基肥用量为0.5千克、0.5千克、1.2千克。施用时掺入适量细土，均匀撒于地表，犁入土中。作种肥时，可用0.01%~0.05%的溶液浸种12~24小时，晾干后即可播种。也可用0.1%~0.2%的溶液作根外追肥，喷施两次，时间间隔15天左右。

# 任务七　春玉米测土配方施肥技术

春玉米在我国主要种植在东北地区（黑龙江、辽宁、吉林、内蒙古）、华北地区（河北、陕西等）、西北地区（甘肃、宁夏、新疆等）。

## 一、春玉米的营养需求特点

综合国内外研究资料，春玉米每生产 100 千克籽料吸收 N、$P_2O_5$、$K_2O$ 分别为 3.47 千克、1.14 千克和 3.02 千克，N：$P_2O_5$：$K_2O$ 为 3：1：2.7；套种春玉米吸收 N、$P_2O_5$、$K_2O$ 分别为 2.45 千克、1.41 千克和 1.92 千克，N：$P_2O_5$：$K_2O$ 为 1.7：1：1.4。吸收量常受播种季节、土壤肥力、肥料种类和品种特性等影响。

春玉米需肥的高峰比夏玉米来得晚，到拔节、孕穗时对养分吸收开始加快，直到抽雄开花时达到高峰，在后期灌浆过程中吸收数量减少。春玉米需肥可分为两个关键时期，一是拔节至孕穗期，二是抽雄至开花期。

玉米不同生育阶段对养分的吸收数量和比例变化很大。春玉米苗期吸氮占总吸收量的 2.1%，中期（拔节至抽穗开花）占 51.2%，后期占 46.7%。春玉米吸磷量，苗期占 1.1%，中期占 63.9%，后期占 35.0%。，春玉米吸收钾素以苗期占干物重的百分比最高，以后随植株生长逐渐下降，其累计吸钾量均在拔节后迅速上升，至开花期已达顶峰，以后吸收很少。

## 二、春玉米测土施肥配方

**1. 东北春玉米测土施肥配方**　氮肥采用总量控制，分期实施、实地精确监控技术；磷、钾采用恒量监控技术；中微量元素应因缺补缺。

（1）东北春玉米氮素实时实地监控技术。根据大量试验总结，东北春玉米氮肥总量控制在 9～15 千克/亩，并依据产量目标进行总量调控，其中 30%～40% 的氮肥在播前翻耕入土，60%～70% 的氮肥追施。详细技术规程和指标体系如表 7-58。基肥推荐方案见表 7-59、追肥推荐方案见表 7-60。

**表 7-58　东北春玉米氮肥总量控制、分期调控指标（千克/亩）**

| 目标产量（千克/亩） | 氮肥总量 | 基肥用量 | 追肥用量 |
| --- | --- | --- | --- |
| ＜500 | 9～11 | 3～4 | 6～7 |
| 500～650 | 11～13 | 4～5 | 7～8 |
| ＞650 | 13～15 | 5～6 | 8～9 |

**表7-59　东北春玉米氮肥基肥推荐用量**（千克/亩）

| 0～30厘米土壤硝态氮含量（毫克/千克） | 玉米目标产量（千克/亩） | | |
|---|---|---|---|
| | <500 | 500～650 | >650 |
| 15 | 4 | 5 | 6 |
| 22 | 3.5 | 4.5 | 5.5 |
| 30 | 3 | 4 | 5 |
| 37 | 2.5 | 3.5 | 4.5 |
| 45 | 2 | 3 | 4 |
| 60 | 1.5 | 2.5 | 3 |

**表7-60　东北春玉米氮肥追肥（大喇叭口期）推荐用量**（千克/亩）

| 0～90厘米土壤硝态氮含量（毫克/千克） | 玉米目标产量（千克/亩） | | |
|---|---|---|---|
| | <500 | 500～650 | >650 |
| 75 | 8 | 9 | 10 |
| 90 | 7.5 | 8.5 | 9.5 |
| 105 | 7 | 8 | 9 |
| 120 | 6.5 | 7.5 | 8.5 |
| 135 | 6 | 7 | 8 |
| 150 | 5.5 | 6.5 | 7.5 |

（2）东北春玉米磷素恒量监控技术。基于目标产量和土壤有效磷的磷肥用量如表7-61。

**表7-61　东北春玉米磷肥（五氧化二磷）推荐用量**

| 划分等级 | 相对产量（%） | Olsen-P（毫克/千克） | 目标产量 | 磷肥用量（千克/亩） |
|---|---|---|---|---|
| 低 | <75 | <10 | <500 | 4.5～5.5 |
| | | | 500～650 | 5.5～6.5 |
| | | | >650 | 6.5～7.5 |
| 中 | 75～90 | 10～25 | <500 | 3～4 |
| | | | 500～650 | 3.5～4.5 |
| | | | >650 | 4.5～5.5 |
| 高 | 90～95 | 25～40 | <500 | 2～3 |
| | | | 500～650 | 3～4 |
| | | | >650 | 4～5 |

（续）

| 划分等级 | 相对产量（%） | Olsen-P（毫克/千克） | 目标产量 | 磷肥用量（千克/亩） |
|---|---|---|---|---|
| 极高 | ＞95 | ＞40 | ＜500 | 1～2 |
| | | | 500～650 | 1.5～2.5 |
| | | | ＞650 | 2～3 |

（3）东北春玉米钾素恒量监控技术。基于目标产量和土壤交换钾的钾肥用量如表7-62。

表7-62　东北春玉米钾肥（氧化钾）推荐用量

| 划分等级 | 相对产量（%） | 土壤交换钾（毫克/千克） | 目标产量 | 磷肥用量（千克/亩） |
|---|---|---|---|---|
| 低 | ＜75 | ＜60 | ＜500 | 3.5～4.5 |
| | | | 500～650 | 4～5 |
| | | | ＞650 | 4.5～5.5 |
| 中 | 75～90 | 60～120 | ＜500 | 2.5～3 |
| | | | 500～650 | 3～4 |
| | | | ＞650 | 3.5～4.5 |
| 高 | 90～95 | 120～160 | ＜500 | 0 |
| | | | 500～650 | 1.5～2.5 |
| | | | ＞650 | 2～4 |
| 极高 | ＞95 | ＞160 | ＜500 | 0 |
| | | | 500～650 | 1 |
| | | | ＞650 | 2 |

（4）东北春玉米微量元素推荐用量。该地区微量元素丰缺指标及推荐用量见表7-63。

表7-63　东北春玉米微量元素丰缺指标及推荐用量

| 元素 | 提取方法 | 临界指标（毫克/千克） | 基施用量（千克/亩） |
|---|---|---|---|
| 锌 | DTPA | 0.6 | 硫酸锌1～2 |
| 硼 | 沸水 | 0.5 | 硼砂0.5～1 |

**2. 西北地区春玉米测土施肥配方**　西北地区春玉米全生育期推荐施肥量见表7-64。

表 7 - 64　西北地区春玉米推荐施肥量

| 肥力等级 | 推荐施肥量（千克/亩） | | |
| --- | --- | --- | --- |
| | 纯氮 | 五氧化二磷 | 氧化钾 |
| 低产田 | 16～18 | 5～6 | 9～10 |
| 中产田 | 15～17 | 4～5 | 8～9 |
| 高产田 | 14～16 | 3～4 | 7～8 |

### 三、春玉米施肥模式

**1. 施肥原则**　春玉米施肥以基肥为主、追肥为辅；农家肥为主、化肥为辅；氮肥为主、磷肥为辅；穗肥为主、粒肥为辅。有机肥、全部磷钾肥和 1/3 氮肥作基肥施入。采用底肥、种肥、追肥相结合的方法，做到深松施肥、种肥隔离和分次施肥。

**2. 施肥方法**　氮肥、钾肥分基肥和两次追肥施入；磷肥全部作基肥。化肥和农家肥（或商品有机肥）混合施用。

（1）基肥。每亩施农家肥 1 500～2 000 千克或商品有机肥 250～300 千克，尿素 5～6 千克、磷酸二铵 9～11 千克、氯化钾 5 千克，缺锌土壤可施 1～2 千克硫酸锌。底肥应在整地打垄时施入，或采用具有分层施肥功能的播种机在播种时深施，结合整地施有机肥。施肥深度应在种子下面 8～10 厘米。氮肥的20%、磷肥与钾肥的 80% 及有机肥、长效碳铵等其他肥料可全部作基肥深施。增施有机肥或农家肥来弥补磷钾肥施用量的不足。

（2）种肥。种肥施肥深度应在种子下方 3～5 厘米，氮肥的 5%、磷肥与钾肥的 20% 作种肥施用。

（3）追肥。追肥应在喇叭口期追施，施肥深度应达到 8～10 厘米，并覆好土，施肥量约为全部速效性氮肥用量的 75%。每亩小喇叭口期追肥施尿素14～15 千克、氯化钾 7～8 千克。大喇叭口期追肥施尿素 8～9 千克，氯化钾 4～5 千克。

（4）根外追肥。根据植株生长发育状况，适时进行叶面喷肥。如种肥中磷肥用量少，可后期喷施磷酸二氢钾，用 300 克磷酸二氢钾加 100 千克水，充分溶解后喷施，还可起到抗旱作用。缺锌地块可用 0.1%～0.2% 硫酸锌加少量石灰液后喷施。

# 任务八　春大豆测土配方施肥技术

北方春大豆区包括黑龙江、吉林、辽宁、内蒙古、宁夏、新疆等省（自治区）及河北、山西、陕西、甘肃等省北部地区。其中以东北春大豆最为有名。

## 一、东北春大豆营养需求特点

东北大豆生长发育分为苗期、分枝期、开花期、结荚期、鼓粒期和成熟期。大豆是需肥较多的作物，一般认为，每生产 100 千克大豆需吸收氮（N）5.3~7.2 千克，磷（$P_2O_5$）1~1.8 千克，钾（$K_2O$）1.3~4.0 千克。大豆生长所需的氮素并不完全需要根系从土壤中吸收，而仅需吸收 1/3 的氮素，其余 2/3 则由根瘤菌来满足大豆生长发育的需要。

出苗和分枝期吸氮量占全生育期吸氮总量的 15%，分枝至盛花期占 16.4%，盛花至结荚期占 28.3%，鼓豆期占 24%，开花至鼓粒期是大豆吸氮的高峰期。苗期至初花期吸磷量占全生育期吸磷总量的 17%，初花至鼓豆期占 70%，鼓粒至成熟期 13%，大豆生长中期对磷的需要最多。开花前累计吸钾量占 43%，开花至鼓粒期占 39.5%，鼓粒至成熟期仍需吸收 17.2% 的钾。由上可见，开花至鼓粒期既是大豆干物质累积的高峰期，又是吸收氮磷钾养分的高峰期。

## 二、东北春大豆测土施肥配方

东北地区大豆采用土壤、植株测试推荐施肥方法，在综合考虑有机肥、作物秸秆应用和管理措施的基础上，氮素推荐根据土壤供氮状况和作物需氮量，进行实时动态监测和精确调控；磷钾通过土壤测试和养分平衡进行监控；中微量元素采用因缺补缺的矫正施肥策略。

**1. 东北春大豆基于目标产量和土壤有机质含量的氮肥用量确定**　基于目标产量和土壤有机质含量的春大豆氮肥推荐用量如表 7 - 65。

表 7 - 65　春播大豆子氮肥推荐用量（千克/亩）

| 土壤有机质<br>（克/千克） | 大豆目标产量（千克/亩） | | |
|---|---|---|---|
| | 150 | 200 | 250 |
| <25 | 6 | 7 | 8 |
| 25~40 | 7 | 8 | 9 |
| 40~60 | 8 | 9 | 10 |
| >60 | 9 | 10 | 11 |

**2. 东北春大豆磷肥恒量监控技术**　基于目标产量和土壤有效磷含量的春大豆磷肥推荐用量如表 7 - 66。

表 7 - 66 土壤磷素分级及春大豆磷肥（五氧化二磷）推荐用量

| 产量水平（千克/亩） | 肥力等级 | Olsen-P（毫克/千克） | 磷肥用量（千克/亩） |
| --- | --- | --- | --- |
| | 极低 | <10 | 6 |
| | 低 | 10～20 | 5 |
| 150 | 中 | 20～35 | 4 |
| | 高 | 35～45 | 3 |
| | 极高 | >45 | 2 |
| | 极低 | <10 | 7 |
| | 低 | 10～20 | 6 |
| 200 | 中 | 20～35 | 5 |
| | 高 | 35～45 | 4 |
| | 极高 | >45 | 3 |
| | 极低 | <10 | 8 |
| | 低 | 10～20 | 7 |
| 250 | 中 | 20～35 | 6 |
| | 高 | 35～45 | 5 |
| | 极高 | >45 | 4 |

**3. 东北春大豆钾肥恒量监控技术** 基于土壤速效钾含量的春大豆钾肥推荐用量如表 7 - 67。

表 7 - 67 土壤交换性钾含量的春大豆钾肥（氧化钾）推荐用量

| 产量水平（千克/亩） | 肥力等级 | 速效钾（毫克/千克） | 钾肥用量（千克/亩） |
| --- | --- | --- | --- |
| | 极低 | <70 | 7 |
| | 低 | 70～100 | 6 |
| 150 | 中 | 100～150 | 5 |
| | 高 | 150～200 | 4 |
| | 极高 | >200 | 3 |
| | 极低 | <70 | 8 |
| | 低 | 70～100 | 7 |
| 200 | 中 | 100～150 | 6 |
| | 高 | 150～200 | 5 |
| | 极高 | >200 | 4 |

（续）

| 产量水平（千克/亩） | 肥力等级 | 速效钾（毫克/千克） | 钾肥用量（千克/亩） |
|---|---|---|---|
| | 极低 | ＜70 | 9 |
| | 低 | 70～100 | 8 |
| 250 | 中 | 100～150 | 7 |
| | 高 | 150～200 | 6 |
| | 极高 | ＞200 | 5 |

**4. 东北春大豆中微量元素推荐用量** 东北春大豆中微量元素丰缺指标及推荐用量见表7-68。

**表 7-68 东北春大豆中微量元素丰缺指标及推荐用量**

| 元素 | 提取方法 | 临界指标（毫克/千克） | 基施用量（千克/亩） |
|---|---|---|---|
| 镁 | 醋酸铵 | 50 | 镁 15～25 |
| 锌 | DTPA | 0.5 | 硫酸锌 1～2 |
| 硼 | 沸水 | 0.5 | 硼砂 0.5～0.75 |
| 钼 | 草酸-草酸铵 | 0.1 | 钼酸铵 0.03～0.06 |

## 三、东北春大豆施肥模式

**1. 施肥原则** 大豆采用有机—无机肥料配合体系，以磷、氮、钾、钙和钙营养元素为主，以基肥为基础，基肥中以有机肥为主，适当配施氮、磷、钾肥。

**2. 施肥方法**

（1）基肥。一般每亩施腐熟有机肥 1 000～2 000 千克或商品有机肥 200～300 千克和专用配方肥 40～60 千克。在轮作地上可在前茬粮食作物上施用有机肥料，而大豆则利用其后效。在低肥力土壤上种植大豆可以加过磷酸钙、氯化钾各 10 千克作基肥，对大豆增产有好处。

（2）种肥。每亩施用磷酸二铵 3～5 千克、硫酸钾 3 千克加适量生物磷、钾肥，或每亩施用三元素复合肥（或大豆专用肥）加生物肥。最好与 15～20 千克优质腐熟的有机肥配合施用效果最好。

（3）微肥、菌肥拌种。如果用根瘤菌肥料拌种，可与硼、钼等微肥同时拌种，用量为每千克种子用 4 克根瘤菌肥料和 2 克微量元素肥料拌种。

（4）追肥。在大豆幼苗期、初花期酌情施用少量氮肥，氮肥用量一般以每亩施尿素 7.5～10 千克为宜。

（5）根外追肥。花期喷 0.2%～0.3%磷酸二氢钾溶液或每亩用 2～4 千克过磷酸钙加水 100 L 根外喷施，可增加籽粒含氮率，有明显增产作用；另据资料所述，花期喷施 0.1%硼砂等溶液可促进籽粒饱满，增加大豆含油量。

# 任务九　夏大豆测土配方施肥技术

黄淮海夏播大豆区是我国大豆种植面积最大、产量最高的两个地区之一。

## 一、黄淮夏大豆营养需求特点

黄淮大豆生长发育分为苗期、分枝期、开花期、结荚期、鼓粒期和成熟期。每生产 100 千克大豆需吸收氮（N）6.5～8.52 千克、磷（$P_2O_5$）1.8～2.8 千克、钾（$K_2O$）2.7～3.7 千克、钙（CaO）3.5～4.8 千克、镁（Mg）1.8～2.9 千克、锌（Zn）4.5～9.5 克。对主要营养元素的吸收积累高峰在花荚期，氮、磷、钾的 60%～70%在此期吸收；总氮源的 40%～60%来源于共生固氮，而共生固氮又受土壤氮、磷、钾、钙、镁、锌等及土壤 pH 的影响；大豆成熟阶段营养器官的养分向籽粒转移率高，氮、磷、钾分别达 58%～77%、60%～75%、45%～75%。

在苗期，大豆根瘤菌着生的数量少而小，植株尚不能或很少利用根瘤共生固氮供给的氮素，主要从土壤中吸收，因此苗期对氮肥的需要特别敏感，适量的氮肥有利于促进根瘤菌的发育。

大豆是需磷较多的作物，随着大豆产量的提高，吸磷量几乎正比例增加。出苗期至初花期吸磷量仅为总量的 15%，开花结荚期吸收量占 60%，结荚至鼓粒期吸收 20%，在鼓粒后期则很少吸收磷素。

在大豆生育期对钾的吸收主要在幼苗期至开花结荚期，约在出苗后第八至第九周植株对钾的吸收达到高峰。大豆结荚期和成熟期钾的吸收速度降低，主要是茎叶中的钾向荚粒中转移。

## 二、黄淮夏大豆测土施肥配方

夏播大豆在生产上一直存在忽视施肥、管理粗放等问题，致使大豆产量较低。如河南省根据测土结果提出了以下施肥配方，见表 7-69。

表 7-69　黄淮夏播大豆测土施肥配方

| 土壤养分（毫克/千克） | | | 施肥量（千克/亩） | | |
|---|---|---|---|---|---|
| 碱解氮 | 有效磷 | 速效钾 | N | $P_2O_5$ | $K_2O$ |
| <40 | <5 | <80 | 5～6 | 10 | 8 |
| 40～65 | 5～18 | 80～120 | 3～5 | 6～10 | 4～8 |
| >65 | >18 | >120 | 2～3 | 6 | 4 |

## 三、黄淮夏播大豆施肥模式

**1. 施肥原则**　夏播大豆采用有机—无机肥料配合，以磷、氮、钾、钙和钙营养元素为主，以基肥为基础，基肥中以有机肥为主，适当配施氮、磷、钾肥。

**2. 施肥方法**

（1）多施有机肥。麦茬直播夏大豆由于播种时间紧，来不及整地施基肥，应强调前茬小麦田多施有机肥，培肥地力。据研究，前茬肥力基础好、有机肥施用足时大豆增产效果明显。

（2）巧施氮肥。大豆施用的氮肥并不太多，关键是要突出一个"巧"字。一般地块每亩可施尿素 5 千克或碳酸氢铵 15 千克作底肥；高肥田可少施或不施氮肥；薄地用少量氮肥作种肥效果更好，有利于大豆壮苗和花芽分化。种肥用量要少，但要做到肥种隔离，以免烧种。一般地块种肥每亩施尿素 3～5 千克，同时配施 10～15 千克过磷酸钙为宜，或每亩亩施尿素 2～3 千克加磷酸二铵 3 千克增产更明显。大豆开花前或初花期追施氮素化肥（每亩追施尿素 10～15 千克）也有很好的增产作用。追肥可于中耕前撒施，随后立即中耕。肥地此肥可不施。

（3）增施磷肥。大豆需磷较多，磷肥宜作基肥或种肥早施。一般每亩可施过磷酸钙 15～20 千克或磷酸二铵 8～10 千克。如果前茬小麦施足了磷肥，种大豆时可不再施。

（4）根外补肥。每亩可用磷酸二铵 1 千克，或尿素 0.5～1 千克，或过磷酸钙 1.5～2 千克，或磷酸二氢钾 0.2～0.3 千克加硼砂 100 克，兑水 50～60 千克于晴天傍晚喷施（如用过磷酸钙要先预浸 24～28 小时后过滤再喷），喷施部位以叶片背面为好。从结荚开始每隔 7～10 天喷 1 次，连喷 2～3 次。此外，结合根外喷肥，在肥液中加入适当品种和适量的植物生长调节剂，增产效果会更好。

# 任务十　马铃薯测土配方施肥技术

马铃薯，东北和鄂西北一带称土豆，华北称山药蛋，西北和两湖地区称洋芋，江浙一带称洋番芋或洋山芋，广东称薯仔，粤东一带称荷兰薯，闽东地区则称番仔薯。2015 年我国启动马铃薯主粮化战略，推进把马铃薯加工成馒头、面条、米粉等主食，马铃薯将成除水稻、小麦、玉米外的又一主粮。

## 一、马铃薯的营养需求特点

马铃薯吸肥特点是钾吸收量最大、氮次之、磷最少，是一种喜钾作物。试验表明，每生产 1 000 千克马铃薯块茎，需吸收氮（N）4.5～5.5 千克，磷（$P_2O_5$）1.8～2.2 千克，钾（$K_2O$）8.1～10.2 千克，氮、磷、钾比例为 1：0.4：2。如黑龙江省不同产量水平下马铃薯对氮、磷、钾的吸收量如表 7-70。

表 7-70　不同产量水平下马铃薯对氮、磷、钾的吸收量（千克/亩）

| 产量水平（千克/亩） | 养分吸收量 | | |
| --- | --- | --- | --- |
| | N | $P_2O_5$ | $K_2O$ |
| 1 000 | 5.1 | 2.3 | 10.0 |
| 1 350 | 6.9 | 3.1 | 13.3 |
| 1 700 | 8.6 | 3.8 | 16.7 |
| 2 000 | 10.3 | 4.6 | 20.0 |

马铃薯幼苗期吸肥量很少，发棵期吸肥量迅速增加，到结薯初期达到最高峰，而后吸肥量急剧下降。

苗期是马铃薯的营养生长期，此期植株吸收的氮、磷、钾为全生育期总量的 18％、14％和 14％，养分来源前期主要是种薯供应，种薯萌发新根后从土壤和肥料中吸收养分。块茎形成期所吸收的氮、磷、钾占总量的 35％、30％、29％，而且吸收速度快，此期供肥的好坏将影响结薯的多少。块茎肥大期，主要以块茎生长为主，植株吸收的氮、磷、钾占总量的 35％、35％、43％，养分需求量最大，吸收速率仅次于块茎形成期。淀粉积累期叶中的养分向块茎转移，茎叶逐渐枯萎，养分吸收减少，植株吸收的氮、磷、钾占总量的 12％、21％和 14％，此期供应一定的养分对块茎的形成与淀粉积累具有重要意义。

马铃薯除去需要吸收大量元素之外，还需要吸收钙、镁、硫、锰、锌、硼、铁等中微量元素。马铃薯对氮、磷、钾肥的需要量随茎叶和块茎的不断增长而增加。在块茎形成盛期需肥量约占总需肥量的 60％，生长初期与末期约各需总需肥量的 20％。

## 二、马铃薯测土施肥配方

**1. 东北马铃薯产区**　东北地区马铃薯采用土壤、植株测试推荐施肥方法，在综合考虑有机肥、作物秸秆应用和管理措施基础上，氮素推荐根据土壤供氮状况和作物需氮量进行实时动态监测和精确调控；磷钾通过土壤测试和养分平衡进行监控；中微量元素采用因缺补缺的矫正施肥策略。

（1）东北马铃薯基于目标产量和土壤有机质含量的氮肥用量确定。基于目标产量和土壤有机质含量的马铃薯氮肥推荐用量如表 7-71。

表 7-71　马铃薯氮肥推荐用量（千克/亩）

| 土壤有机质 | 马铃薯目标产量（千克/亩） | | |
|---|---|---|---|
| （克/千克） | 1 000～1 350 | 1 350～1 700 | 1 700～2 000 |
| <25 | 6～7 | 7～9 | 8～9 |
| 25～40 | 5～6 | 6～8 | 7～8 |
| 40～60 | 4～5 | 5～7 | 6～7 |
| >60 | 3～5 | 4～5 | 5～6 |

（2）东北马铃薯磷肥恒量监控技术。基于目标产量和土壤有效磷含量的马铃薯磷肥推荐用量如表 7-72。

表 7-72　土壤磷素分级及马铃薯磷肥（$P_2O_5$）推荐用量

| 产量水平（千克/亩） | 肥力等级 | Olsen-P（毫克/千克） | 磷肥用量（千克/亩） |
|---|---|---|---|
| | 极低 | <10 | 7～8 |
| | 低 | 10～20 | 6～7 |
| 1 000～1 350 | 中 | 20～35 | 5～6 |
| | 高 | 35～45 | 4～5 |
| | 极高 | >45 | — |
| | 极低 | <10 | 8～9 |
| | 低 | 10～20 | 7～8 |
| 1 350～1 700 | 中 | 20～35 | 6～7 |
| | 高 | 35～45 | 5～6 |
| | 极高 | >45 | 4～5 |
| | 极低 | <10 | 9～10 |
| | 低 | 10～20 | 8～9 |
| 1 700～2 000 | 中 | 20～35 | 7～8 |
| | 高 | 35～45 | 6～7 |
| | 极高 | >45 | 5～6 |

（3）东北马铃薯钾肥恒量监控技术。基于土壤速效钾钾含量的马铃薯钾肥推荐用量如表7-73。

**表7-73 土壤交换性钾含量的马铃薯钾肥（氧化钾）推荐用量**

| 产量水平（千克/亩） | 肥力等级 | 速效钾（毫克/千克） | 钾肥用量（千克/亩） |
|---|---|---|---|
| 1 000～1 350 | 极低 | <70 | 9～11 |
| | 低 | 70～100 | 8～10 |
| | 中 | 100～150 | 7～9 |
| | 高 | 150～200 | 6～8 |
| | 极高 | >200 | 5～7 |
| 1 350～1 700 | 极低 | <70 | 10～12 |
| | 低 | 70～100 | 9～11 |
| | 中 | 100～150 | 8～10 |
| | 高 | 150～200 | 7～9 |
| | 极高 | >200 | 6～8 |
| 1 700～2 000 | 极低 | <70 | 11～13 |
| | 低 | 70～100 | 10～12 |
| | 中 | 100～150 | 9～11 |
| | 高 | 150～200 | 8～10 |
| | 极高 | >200 | 7～9 |

**2. 华北马铃薯产区** 根据北方各地马铃薯生产情况，依据土壤肥力状况，马铃薯全生育期推荐施肥量见表7-74。

**表7-74 马铃薯推荐施肥量**

| 肥力等级 | 推荐施肥量（千克/亩） | | |
|---|---|---|---|
| | 纯氮 | 五氧化二磷 | 氧化钾 |
| 低产田 | 14～16 | 8～9 | 11～13 |
| 中产田 | 12～14 | 7～8 | 10～12 |
| 高产田 | 10～12 | 6～7 | 9～11 |

**3. 黄淮马铃薯产区** 如山东省马铃薯种植面积较大，以滕州为主要产区的马铃薯测土施肥配方如表7-75。

**表 7 - 75  山东省马铃薯不同土壤养分类型配方肥推荐用量**

| 土壤养分类型 | 配方肥类型<br>（N-P-K） | 常用量<br>（千克/亩） | 土壤养分丰缺指标<br>（毫克/千克） | | |
| --- | --- | --- | --- | --- | --- |
| 高氮、低磷、高钾 | 45（15-12-18） | 90～120 | 肥料 | 高 | 中 | 低 |
| 高氮、中磷、高钾 | 43（15-10-18） | 100～130 | N | >150 | 100～-150 | <100 |
| 高氮、中磷、中钾 | 45（15-10-20） | 90～120 | P | >70 | 40～70 | <40 |
| 中氮、高磷、中钾 | 45（17-8-20） | 100～130 | K | >160 | 120～160 | <120 |

**4. 西北马铃薯产区**　以宁夏、甘肃等省种植面积较大，如宁夏回族自治区马铃薯主要产区马铃薯测土施肥配方如表 7 - 76。

**表 7 - 76  宁夏马铃薯配方肥推荐表**

| 马铃薯产区 | 目标产量（千克/亩） | 配方肥类型（N-P-K） | 常用量（千克/亩） |
| --- | --- | --- | --- |
| 自流灌区 | 2 000 | | 50 |
| | 2 500 | 37（24-8-5） | 65 |
| | 3 000 | | 70 |
| 扬黄灌区 | 1 500 | | 35 |
| | 2 000 | | 45 |
| | 2 500 | 35（18-10-7） | 60 |
| | 3 000 | | 70 |
| 宁南山区 | 1 000 | | 30 |
| | 1 500 | | 40 |
| | 2 000 | 35（21-8-6） | 50 |
| | 2 500 | | 60 |

**5. 南方秋马铃薯**　针对南方秋冬季马铃薯生产的有机肥和钾肥施用不足等问题，提出以下施肥配方（表 7 - 77）。

**表 7 - 77  南方马铃薯肥料推荐用量**（千克/亩）

| 目标产量<br>（千克/亩） | 施肥量 | | |
| --- | --- | --- | --- |
| | 氮 | 五氧化二磷 | 氧化钾 |
| <1 500 | 6～7 | 3～4 | 7～8 |
| 1 500～2 000 | 7～9 | 3～4 | 9～12 |
| 2 000～3 000 | 9～11 | 4～5 | 12～14 |
| >3 000 | 11～14 | 5～6 | 14～18 |

对于硼或锌缺乏的土壤，每亩可基施硼砂 1 千克或硫酸锌 1～2 千克。对于硫缺乏的地区，每亩可基施硫磺 2 千克左右，若使用其他含硫肥料，可酌情减少硫磺用量。

## 三、马铃薯施肥模式

**1. 施肥原则** 马铃薯施肥应遵循以有机肥肥为主、化肥为辅；基肥为主、追肥为辅；大量元素为主、微量元素为辅的原则。具体做到前促、中控、后保，前期施肥以氮、磷为主；中期不施肥，控制茎叶生长；后期叶面喷肥，以保持叶片的光合作用效率，多制造养分。此外，马铃薯是喜钾、忌氯作物，在平衡施肥中要特别重视钾肥的施用，应选用硫酸钾，不宜施用过多的含氯肥料，如氯化钾，否则会影响马铃薯的品质。

**2. 重施基肥** 基肥用量一般占总施肥量的 70%，基肥以充分腐熟的农家肥为主，配施一定量的化肥，氮、磷、钾肥配合施用，既能全面提供养分，又能改善土壤的物理性质，十分利于生长和结薯。一般亩产马铃薯 2 000 千克左右的地块，每亩施有机肥 3 000～3 500 千克，尿素 20～25 千克，过磷酸钙 40～50 千克，硫酸钾 18～20 千克，高产田块施肥量可适当增加。化肥要施于离种薯 4～5 厘米处，避免与种薯直接接触，以防烧种。基肥的施用方法是耕前有机肥地面撒施，化肥应在种植前集中沟施，施深 15 厘米左右。

**3. 及早根肥** 根肥要结合马铃薯生长时期及早追施。幼苗期要追施氮肥，可结合中耕培土，每亩根追施尿素 8～10 千克，离植株根系 3～5 厘米处开沟条施或穴施，施后覆土盖严有利于促苗早发。马铃薯开花后一般不进行根际追肥，特别是不能追施氮肥。

**4. 叶面喷肥** 在马铃薯块茎形成期和块茎膨大期以叶面喷施磷、钾肥为主，每亩叶面喷施 0.3%～0.5% 的磷酸二氢钾溶液 40～50 千克，若缺氮可增加 100～150 克尿素，每 10～15 天喷 1 次，连喷 2～3 次。马铃薯对硼、锌比较敏感，如果土壤缺硼或缺锌可以用 0.1%～0.3% 的硼砂或硫酸锌溶液根外喷施，一般每隔 5～7 天喷 1 次，连喷两次。

# 8 模块八

## 主要经济作物测土配方施肥技术

经济作物是指具有某种特定经济用途的农作物。按其用途可分为纤维作物（棉花等）、油料作物（花生、油菜等）、糖料作物（甜菜、甘蔗等）、嗜好作物（烟叶、茶叶等）、热带作物（橡胶等）。

## 任务一　华北棉花测土配方施肥技术

华北棉区主要包括山东、河南、山西、河北等省份，是我国棉花三大主要产区之一。

### 一、华北棉花的营养需求特点

据有关研究资料表明，每亩皮棉产量 76 千克，每生产 100 千克皮棉需要吸收氮 14.08 千克，五氧化二磷 4.37 千克，氧化钾 14.08 千克，氮、磷、钾比例为 1：0.31：1；每亩皮棉产量 101.6 千克，每生产 100 千克皮棉需要吸收氮 13.14 千克，五氧化二磷 4.59 千克，氧化钾 13.14 千克，氮、磷、钾比例为 1：0.35：1；每亩皮棉产量 126.75 千克，每生产 100 千克皮棉需要吸收氮 12.61 千克，五氧化二磷 4.21 千克，氧化钾 12.61 千克，氮、磷、钾比例为 1：0.33：1.0。随着皮棉产量的提高，每生产 100 千克皮棉吸收养分的数量逐渐降低。

华北棉区，高、中、低三种产量水平的棉花吸收养分动态基本一致，即苗期吸收养分较少，现蕾后明显增多，花铃期达到高峰，吐絮期后显著降低。氮、磷、钾养分吸收高峰期分别出现在开花前 4 天、5 天和 6 天。

从出苗至现蕾需 40～45 天，这段时期称为苗期。以长根、茎、叶等营养器官为主，并开始花芽分化。由于华北棉花苗期气温较低，棉株生长较慢，对养分需求不大。出苗 10～20 天是棉花吸磷的临界期，需要注意磷肥的供应。根据综合资料统计，华北棉花苗期吸收氮、磷、钾的数量分别占其全生育期总吸收量的 4.5%～6.5%、3.0%～3.8% 和 3.7%～9.0%。

蕾期即现蕾至开花的一段时期，为 24～30 天。蕾期棉花生长加快，根系吸收能力很强，需肥量增加。根据综合资料统计，华北棉花蕾期吸收氮、磷、钾数量分别占全生育期总吸收量的 25.8%～30.4%、18.5%～28.7% 和 28.0%～31.6%。蕾期是棉花生长发育的转折期，是增蕾增铃的关键时期。

花铃期是指开花到棉铃吐絮的时期，为 50～60 天。棉花开花后，特别是结铃后营养生长减弱，但在盛花结铃前 10 天左右是高产棉花生长最旺盛的时期。根据综合资料统计，华北棉花花铃期吸收氮、磷、钾的数量分别占其全生育期总吸收量的 54.8%～62.4%、64.4%～67.2% 和 61.6%～63.2%。

成熟期是指从棉铃吐絮至收花结束的时期，也称吐絮期。此期棉花营养生长基本停止，进入生殖生长期。根据综合资料统计，华北棉花成熟期吸收氮、磷、钾的数量分别占其全生育期总吸收量的 2.7%～22.2%、1.1%～10.9% 和 1.3%～6.3%。

## 二、华北棉花测土施肥配方

**1. 山东省棉花推荐施肥量** 山东省棉区土壤养分状况及推荐施肥量参考表 8-1、表 8-2。

表 8-1 山东省棉区土壤养分丰缺指标

| 肥力等级 | 极低 | 低 | 中 | 高 |
|---|---|---|---|---|
| 有机质（克/千克） | <7 | 7～10 | 10～12 | >12 |
| 有效氮（毫克/千克） | <40 | 45～60 | 60～80 | >80 |
| 有效磷（毫克/千克） | <8 | 8～15 | 15～20 | >20 |
| 速效钾（毫克/千克） | <80 | 80～120 | 120～150 | >150 |

表 8-2 山东省棉区以地定产推荐施肥

| 肥力等级 | 目标产量（千克/亩） | 推荐施肥量（千克/亩） | | |
|---|---|---|---|---|
| | | N | $P_2O_5$ | $K_2O$ |
| 低肥力 | 75 | 10 | 8 | 6 |
| 中肥力 | 100 | 12 | 6 | 8 |
| 高肥力 | 120 | 10 | 5 | 10 |

**2. 河南省棉花推荐施肥量** 河南省棉区土壤养分状况及推荐施肥量参考表 8-3、表 8-4。

**表 8-3 河南省棉花土壤肥力分级**

| 肥力等级 | 土壤养分状况 | | | |
|---|---|---|---|---|
| | 有机质（克/千克） | 全氮（克/千克） | 有效磷（毫克/千克） | 速效钾（毫克/千克） |
| 低 | <8 | <0.8 | <10 | <70 |
| 中 | 8~12 | 0.8~1.0 | 10~25 | 70~150 |
| 高 | >12 | >1.0 | >25 | >150 |

**表 8-4 河南省棉花氮肥推荐量**

| 目标产量（千克/亩） | 等级划分 | 土壤养分及推荐施肥量 | | |
|---|---|---|---|---|
| | | 有机质（克/千克） | 全氮（克/千克） | 施氮量（千克/亩） |
| <60 | 低 | <8 | <0.8 | 11~12 |
| | 中 | 8~10 | 0.8~1.0 | 9~11 |
| | 高 | >10 | >1.0 | 8~9 |
| 60~100 | 极低 | <8 | <0.8 | 12~13 |
| | 低 | 8~10 | 0.8~1.0 | 10~12 |
| | 中 | 10~12 | 0.8~1.0 | 9~10 |
| | 高 | >12 | >1.0 | 7~9 |
| >100 | 低 | <10 | <0.8 | 11~13 |
| | 中 | 10~12 | 0.8~1.0 | 9~11 |
| | 高 | >12 | >1.0 | 7~9 |

**3. 河北省棉花推荐施肥量** 河北省棉区土壤养分状况及推荐施肥量参考表 8-5、表 8-6。

**表 8-5 河北省棉花土壤肥力分级**

| 肥力等级 | 常年皮棉产量（千克/亩） | 土壤养分状况 | | | |
|---|---|---|---|---|---|
| | | 有机质（克/千克） | 碱解氮（毫克/千克） | 有效磷（毫克/千克） | 速效钾（毫克/千克） |
| 高 | >100 | >12 | >60 | >30 | >120 |
| 中 | 70~100 | 8~12 | 40~60 | 15~30 | 100~120 |
| 低 | <70 | <8 | <40 | <15 | <100 |

表 8-6  河北省棉花推荐施肥量

| 肥力等级 | 推荐施肥量（千克/亩） | | |
| --- | --- | --- | --- |
| | 尿素（46%） | 过磷酸钙（12%） | 氯化钾（60%） |
| 高 | 18~30 | 60~80 | 10~18 |
| 中 | 16~25 | 40~70 | 8~12 |
| 低 | 13~22 | 30~60 | 6~9 |

**4. 山西省棉花推荐施肥量**　山西省棉区推荐施肥量参考表 8-7。

表 8-7  山西省棉花推荐施肥量

| 类别 | | 目标产量（千克/亩） | 推荐施肥量（千克/亩） | | | |
| --- | --- | --- | --- | --- | --- | --- |
| | | | 有机肥 | 纯氮 | 五氧化二磷 | 氧化钾 |
| 平川 | 水地 | 90 | 5 000 | 8~12 | 7~10.5 | — |
| | 旱地 | 50~75 | 4 000 | 7~10 | 5.5~8 | — |
| 丘陵 | 水地 | 60~90 | 4 000 | 6.5~10 | 4~7.5 | — |
| | 旱地 | 35~50 | 3 500 | 6~8 | 3.5~6 | — |
| 河滩 | 水地 | 50~80 | 4 000 | 7~10 | 5~8 | 10 |
| | 旱地 | 25~40 | 3 000 | 6~8 | 3.5~6 | 15 |
| 盐碱地 | 水地 | 60~90 | 4 000 | 7~10 | 6~7.5 | — |
| | 旱地 | 25~50 | 3 000 | 5~9 | 4~6 | — |

## 三、华北棉花施肥模式

**1. 施足基肥，全层施肥**　棉花是深根作物，生长期长、生长量大、对土壤肥力要求高，施足基肥是棉花高产的基础，应亩施有机肥 3~5 吨，在棉苗移栽前 15 天左右每亩施碳酸氢铵 40~50 千克或尿素 15~18 千克、磷肥 45~60 千克、钾肥 15~20 千克、硼砂 0.5 千克。对缺锌地块可每亩施硫酸锌 1~2千克，配合有机肥撒施。

**2. 稳施苗蕾肥**　在施足基肥的情况下苗期一般不再追肥。现蕾期已进入营养生长和生殖生长的并行阶段，既要搭好丰产的架子，又要防止棉花徒长，本期追肥应以稳为妥。

**3. 重施花铃肥**　棉株开花后，营养生长和生殖生长都进入盛期，并逐渐转入以生殖生长为主的时期，茎、枝、叶面积都长到最大值，同时又大量开花结铃，干物质积累量最大，持续的时间最长，养分需求量最大，是追肥的关键时期，必须重施。本期追肥以氮为主，可适当补磷、补钾。

**4. 补施盖顶肥** 棉株谢花后，棉铃大量形成，为防止后期脱肥早衰可叶面喷施 0.5%～1.0% 的磷酸二氢钾溶液，每隔 7～10 天喷 1 次，连续 3～4 次。

# 任务二 长江流域棉花测土配方施肥技术

长江流域棉区包括四川、重庆、湖南、湖北、江西、安徽、江苏、浙江等省份。

## 一、长江流域棉花营养需求特点

据有关研究资料表明，长江流域每亩皮棉产量 100 千克时需要吸收氮 11～13 千克、五氧化二磷 4～6 千克、氧化钾 10～12 千克；每亩皮棉产量 200 千克时，每生产 100 千克皮棉需要吸收氮 10～18.5 千克、五氧化二磷 3.5～6 千克、氧化钾 13～16.5 千克。

长江流域棉区氮素吸收规律为苗期较低，蕾期明显增加，花铃期最高，吐絮期逐渐趋减少。磷素吸收苗、蕾期低于氮、钾，开花期后高于氮、钾。钾素吸收苗期、蕾期显著高于氮、磷，花铃期较高，而吐絮期明显下降，显著低于氮、磷。现蕾前需要的磷占总量的 3%～5%、钾占总量的 2%～3%；现蕾至开花需要的氮、磷占总量的 25%～30%，钾占总量的 12%～15%；开花至吐絮需要的氮、磷占总量的 65%～70%，钾占总量的 75%～80%。

## 二、长江流域棉花测土施肥配方

根据土壤肥力分级和目标产量确定的肥料推荐量见表 8-8。

表 8-8 长江流域棉区根据土壤肥力分级和目标产量确定的化肥推荐量

| 肥力等级 | 目标产量（千克/亩） | 氮肥推荐量（千克/亩） | | 磷肥推荐量（千克/亩） | | 钾肥推荐量（千克/亩） | |
| --- | --- | --- | --- | --- | --- | --- | --- |
| | | 总量 | 基施 | 总量 | 基施 | 总量 | 基施 |
| 低肥力 | 80 | 16 | 5 | 5 | 3 | 9 | 6 |
| 中肥力 | 100 | 19 | 8 | 6 | 4 | 12 | 6 |
| 高肥力 | 120 | 21 | 10 | 7 | 6 | 15 | 8 |

## 三、长江流域棉花施肥模式

根据棉花生长发育的特性及其需肥规律，生产实践中亩产 100 千克皮棉一般需亩施猪牛栏粪 1 500～2 000 千克或饼肥 75～100 千克、磷肥（过磷酸钙）50～60 千克、钾肥 25～30 千克、尿素 40～45 千克、硼肥 0.5 千克、锌肥 1.0 千克。具体施肥方法大致如下。

**1. 轻施苗床肥**　3 月底整理苗床时，每分苗床均匀撒播高效复合肥 1.5～2.5 千克用作营养钵肥。移栽前 5～7 天，每分苗床施用腐熟带水的稀人粪尿 50～75 千克加尿素 0.2～0.3 千克。并在移栽前喷施 0.5%～1% 的过磷酸钙浸出液（喷时搅拌均匀，以免伤苗），以促发根。

**2. 穴施安家肥**　安家肥是促苗快发、早搭丰产架子的主要营养基础，但在施用时又要注意使棉苗在盛蕾期稳得住，初花期有落黄的过程。根据这个原则，一般每亩用复合肥 7.5～10.0 千克施于移栽穴底。

**3. 早施提苗肥**　早追苗肥有利于促进棉苗早生快发、早现蕾、早发棵。苗肥要本着早施、轻施的原则，一般追施两次左右氮素肥。在移栽后 5～7 天，普施 1 次提苗肥，每亩用尿素 5～7 千克点苑。然后看天看地看苗再补施 1 次平衡肥，每亩施用稀水粪 300～350 千克，掺施尿素 5～6 千克。

**4. 稳施蕾期肥**　蕾肥施用的总体原则是"数量要足、品种要全、时间得当、促中求稳"。一般每亩用饼肥 50～75 千克，磷肥（过磷酸钙）35～40 千克，钾肥 15～20 千克，硼砂 0.5 千克、锌肥 1.0 千克于现蕾期混合埋施于窄行。对于二、三类棉田可视情配施速效氮肥，以促平衡生长。

**5. 重施花铃肥**　重施花铃肥除有利于满足开花结铃需要的氮肥以外，还能满足保持茎叶营养生长对氮的需求，从而促多开花、多结桃、结大桃。每亩用饼肥 25 千克、尿素 20 千克、钾肥 7.5～10.0 千克于花铃盛期混合埋施于宽行沟边。

**6. 普施盖顶肥**　为了满足不断增多、增大的棉桃生长发育需要，力争多结秋桃，要普施一次盖顶肥。每亩用尿素 5.0～7.5 千克于 8 月中下旬结合抗旱施于宽行，促秋桃盖顶。

**7. 喷施叶面肥**　进入吐絮期后要及时喷施叶面肥，促进功能叶的光合作用。结合打药，每隔 1 周喷施 1 次 0.2% 的磷酸二氢钾和 1%～2% 的尿素液，共 2～3 次。

# 任务三　西北内陆棉花测土配方施肥技术

西北内陆棉区位于六盘山以西，大约北纬 35° 以北、东经 105° 以西。包括新疆、甘肃河西走廊及沿黄灌区，主要以新疆为主。

### 一、西北内陆棉花的营养需求特点

据有关研究资料表明，该区不同肥力水平棉花吸收的氮磷钾数量有所差异。低肥力每亩皮棉产量 77 千克需要吸收氮 10.37 千克、五氧化二磷 3.68 千克、氧化钾 10.13 千克，氮、磷、钾比例为 1：0.36：0.98；中肥力每亩皮棉产量 86 千克需要吸收氮 11.58 千克、五氧化二磷 4.20 千克、氧化钾 11.57 千克，氮、磷、钾比例为 1：0.36：1；中高肥力每亩皮棉产量 98 千克需要吸收氮 13.65 千克、五氧化二磷 4.86 千克、氧化钾 13.71 千克，氮、磷、钾比例为 1：0.36：1.0；高肥力每亩皮棉产量 112 千克需要吸收氮 14.70 千克、五氧化二磷 5.49 千克、氧化钾 14.86 千克，氮、磷、钾比例为 1：0.37：1.01。

从出苗至现蕾时期称为苗期。以长根、茎、叶等营养器官为主。根据综合资料统计，西北内陆棉区棉花苗期吸收氮、磷、钾数量分别占其全生育期总吸收量的 3.0%～4.5%、3.0%～4.0% 和 2.5%～3.0%，氮、磷、钾比例为 1：0.27～0.33：0.78～0.93。该期吸收氮量超过吸收磷、钾量。

蕾期即现蕾至盛花的一段时期，是营养生长与生殖生长并进的时期，但仍以营养生长为主。主要是增根、长茎、增枝和增叶，同时形成大量的蕾、花和铃。根据综合资料统计，棉花蕾期吸收氮、磷、钾数量分别占其全生育期总吸收量的 20%～25%、17%～18% 和 33%～40%，氮、磷、钾比例为 1：0.28～0.34：1.47～1.54。钾的吸收明显高于氮、磷。

花铃期是指盛花到棉铃吐絮的时期，棉花进入盛花期以后，棉株的营养生长高峰已过，开始转入以生殖生长为主的阶段，此期棉株开始大量开花、结铃，生长中心是增铃、保铃和增铃重。根据综合资料统计，西北内陆棉区花铃期吸收氮、磷、钾数量分别占其全生育期总吸收量的 60%～63%、55%～64% 和 56%～62%，氮、磷、钾比例为 1：0.37～0.40：0.86～1.05。磷的吸收比例较前期明显增加，钾的吸收比例开始下降。

成熟期是指从棉铃吐絮至收花结束的时期，也称吐絮期。此期棉花营养生长基本停止，仍以生殖生长为主。根据综合资料统计，西北内陆棉区棉花成熟期吸收氮、磷、钾数量分别占其全生育期总吸收量的 15%～18%、3%～6% 和 1%～2%，氮、磷、钾比例为 1：0.45～0.60：0.19～0.31。磷的吸收比例进一步提高，钾的吸收比例继续下降。

在新疆棉区，南疆棉花氮、磷、钾养分的吸收高峰在出苗后 51～92 天、50～103 天和 62～94 天；吸收氮素 17.6 千克、五氧化二磷 4.6 千克、氧化钾 22.3 千克，氮、磷、钾比例为 1：0.26：1.27。北疆棉花氮、磷、钾养分吸收高峰在出苗后 58～93 天、59～90 天和 63～97 天；吸收氮素 16.3～18.0 千

克、五氧化二磷 4.8～5.0 千克、氧化钾 18.0～18.2 千克，氮、磷、钾比例为
1：0.29：1.05。

## 二、西北内陆棉花测土施肥配方

**1. 西北内陆棉区主要是新疆** 其棉花的土壤肥力丰缺指标及根据目标产量确定的相应施肥量见表 8-9、表 8-10。

**表 8-9 西北棉区土壤养分丰缺指标**

| 肥力等级 | 低 | 中 | 高 |
|---|---|---|---|
| 有机质（克/千克） | 8～15 | 15～18 | ＞18 |
| 有效氮（毫克/千克） | 20～40 | 40～80 | 80～120 |
| 有效磷（毫克/千克） | 4～10 | 10～20 | 20～30 |
| 速效钾（毫克/千克） | 50～100 | 100～280 | 180～250 |

**表 8-10 西北棉区根据目标产量确定的施肥量**

| 肥力等级 | 棉区 | 推荐施肥量（千克/亩） | | |
|---|---|---|---|---|
| | | N | $P_2O_5$ | $K_2O$ |
| 低肥力 | 特早熟棉区 | 16～19 | 9～11 | 6～8 |
| | 早熟棉区 | 18～21 | 11～13 | 7～10 |
| | 中早熟棉区 | 17～21 | 8～12 | 6～9 |
| | 中熟棉区 | 19～21 | 10～13 | 8～10 |
| 中肥力 | 特早熟棉区 | 14～16 | 5～7 | 3～6 |
| | 早熟棉区 | 15～18 | 6～8 | 5～7 |
| | 中早熟棉区 | 13～17 | 8～12 | 4～6 |
| | 中熟棉区 | 16～19 | 5～9 | 4～6 |
| 高肥力 | 特早熟棉区 | 9～12 | 3～5 | 0～3 |
| | 早熟棉区 | 11～13 | 4～6 | 0～3 |
| | 中早熟棉区 | 9～12 | 3～6 | 0～4 |
| | 中熟棉区 | 11～14 | 5～7 | 0～4 |

**2. 新疆膜下滴灌棉花测土施肥配方** 棉花采用膜下滴灌技术，可以在每次滴灌时分次追肥，能够有效减少氮素损失，且肥料集中施在棉株根部，吸收利用效率很高，可提高肥料利用率。

（1）氮素实时监控。基于目标产量和土壤硝态氮含量的棉花氮肥基肥用量

如表8-11，棉花氮肥追肥用量如表8-12。

**表 8-11　棉花氮肥基肥推荐用量**（千克/亩）

| 土壤硝态氮 | 目标产量（千克/亩） | | | | |
|---|---|---|---|---|---|
| | 120 | 140 | 160 | 180 | 200 |
| 90 | 3.1 | 4.0 | 4.8 | 5.6 | 6.4 |
| 120 | 2.7 | 3.6 | 4.5 | 5.4 | 6.3 |
| 150 | 2.1 | 3.1 | 4.0 | 4.9 | 5.8 |
| 180 | 1.5 | 2.5 | 3.5 | 4.4 | 5.4 |
| 210 | 0.8 | 1.8 | 2.8 | 3.9 | 4.9 |

**表 8-12　棉花氮肥追肥推荐用量**（千克/亩）

| 土壤硝态氮 | 目标产量（千克/亩） | | | | |
|---|---|---|---|---|---|
| | 120 | 140 | 160 | 180 | 200 |
| 90 | 12.5 | 15.7 | 19.1 | 22.4 | 25.7 |
| 120 | 10.8 | 14.4 | 18.0 | 21.6 | 25.1 |
| 150 | 8.4 | 12.1 | 15.9 | 19.5 | 23.3 |
| 180 | 6.0 | 9.9 | 13.8 | 17.7 | 21.6 |
| 210 | 3.2 | 7.3 | 11.3 | 15.3 | 19.4 |

（2）磷肥恒量监控。基于目标产量和土壤有效磷含量的棉花膜下滴灌磷肥推荐用量如表8-13。

**表 8-13　土壤磷素分级及棉花膜下滴灌薯磷肥（五氧化二磷）推荐用量**

| 产量水平（千克/亩） | 肥力等级 | Olsen-P（毫克/千克） | 磷肥用量（千克/亩） |
|---|---|---|---|
| | 极低 | <10 | 8 |
| | 低 | 10～15 | 7.3 |
| 100 | 中 | 15～25 | 6.3 |
| | 高 | 25～40 | 5.7 |
| | 极高 | >40 | 4.7 |
| | 极低 | <10 | 10 |
| | 低 | 10～15 | 9 |
| 130 | 中 | 15～25 | 8 |
| | 高 | 25～40 | 7.3 |
| | 极高 | >40 | 6 |

（续）

| 产量水平（千克/亩） | 肥力等级 | Olsen-P（毫克/千克） | 磷肥用量（千克/亩） |
|---|---|---|---|
| | 极低 | <10 | 11.3 |
| | 低 | 10~15 | 10.7 |
| 160 | 中 | 15~25 | 9.3 |
| | 高 | 25~40 | 8 |
| | 极高 | >40 | 6.7 |

（3）钾肥恒量监控。基于土壤有交换性钾含量的棉花膜下滴灌钾肥推荐用量如表8-14。

**表8-14 土壤交换性钾含量的棉花膜下滴灌钾肥（氧化钾）推荐用量**

| 肥力等级 | 交换性钾（毫克/千克） | 钾肥用量（千克/亩） |
|---|---|---|
| 极低 | <90 | 10 |
| 低 | 90~180 | 6 |
| 中 | 180~250 | 4 |
| 高 | 250~350 | 2 |
| 极高 | >350 | 0 |

（4）中微量元素。主要是锌、硼等微量元素（表8-15）。

**表8-15 棉花膜下滴灌微量元素丰缺指标及推荐用量**

| 元素 | 提取方法 | 临界指标（毫克/千克） | 基施用量（千克/亩） |
|---|---|---|---|
| 锌 | DTPA | 0.5 | 硫酸锌1~2 |
| 硼 | 沸水 | 1 | 硼砂0.5~0.75 |

## 三、西北内陆棉花施肥模式

**1. 氮肥施用技术** 根据新疆目前的棉花生产技术条件、棉田土壤肥力状况及生产实践，要获得120~150千克皮棉，每亩氮素总用量以18.5~23千克为宜，即施尿素40~50千克左右。土壤肥力高的酌情减少，超高产的棉田酌情增加。

根据试验和生产实践，氮肥的基追比例应根据土壤质地的不同各异：黏质土壤棉田氮肥可全部作基肥，结合秋耕深翻入土壤；黏壤土棉田氮肥的60%~70%作基肥，结合秋耕深翻入土壤；沙质土和轻壤土棉田氮肥的30%~40%

作基肥，结合秋耕深翻土壤，其余的 60%～70% 在棉花灌第一水和第二水前结合中耕开沟条施。

氮肥应深施，作基肥施肥深度为 20～25 厘米，作追肥施肥深度为 10～14 厘米。氮肥深施是防止氮素挥发损失，提高氮素利用率和肥效的根本措施。浅施氮肥挥发损失可达 20%～40%。

**2. 磷肥施用技术**　棉花对磷的敏感期是 2～3 片叶前后的幼苗期，对磷吸收的高峰期在开花盛期。施用磷肥既要考虑磷在土壤中的固定作用，也要考虑磷在土壤中移动性很小的特点。根据多年多点试验，磷肥施用以作基肥深施最好。

磷肥施用量应根据土壤有效磷含量的丰缺状况与施氮量水平确定。在当前棉花生产水平下，每亩磷肥（五氧化二磷）用量以 7.5～9 千克为宜，即施重过磷酸钙（三料磷肥）16～19.5 千克左右。

根据试验，磷肥作为基肥撒施结合秋耕深翻的增产效果最好。棉花幼苗期的根系生长明显大于地面部分，蕾期根系大部分集中在地下 5～25 厘米处，在较肥沃的土壤中大部分集中在 4～45 厘米处，所以磷肥深施对棉花生长发育具有良好的作用，施肥深度以 20～25 厘米为宜。

**3. 钾肥施用技术**　新疆棉区的全钾含量平均为 2.19%，速效钾含量平均为 319 毫克/千克，属富钾地区。以目前的棉花产量水平，每亩施氧化钾以 3～5 千克或氯化钾 5～8.4 千克为宜。

根据生产实践和试验，钾肥的施用以棉花播前（秋季）作基肥一次性深翻 20～25 厘米增产效果最好。若作追肥应尽量早施，因为棉花在现蕾至结铃期需钾较多，其吸收量约占总需钾量的 70%，故追肥应在现蕾前施入，深度为 10～15 厘米。

**4. 微肥施用技术**　一是作基肥，每亩施硼砂 0.25～0.50 千克、硫酸锌 1～2 千克，与有机肥均匀掺混。二是叶面喷施，每亩现蕾期用硼酸或硼砂 50 克、硫酸锌 50 克，喷液量 30 千克。每亩初花期、花铃期用硼酸或硼砂 80 克、硫酸锌 80 克，喷液量 30～40 千克。

**5. 叶面肥施用技术**　现蕾期（头水前）每亩喷施磷酸二氢钾 100 克，喷液量 20～30 千克；开花期每亩施磷酸二氢钾 150 克，喷液量 30 千克；结铃期每亩混合喷施尿素 200～300 千克、磷酸二氢钾 200 克，喷液量 30～40 千克。喷施 1～2 次，间隔 15 天左右。

# 任务四　花生测土配方施肥技术

中国花生分布很广，各地都有种植。主产地区为山东、辽宁东部、广东雷州半岛、黄淮海地区以及东南沿海的海滨丘陵和沙土区。

## 一、花生的营养需求特点

据研究，每生产 100 千克花生荚果需要吸收氮 5.0～6.8 千克、五氧化二磷 1.0～1.3 千克、氧化钾 2.0～3.8 千克，其吸收比例为 1：0.19：0.49。此外还吸收钙 2.52 千克、镁 2.53 千克，比磷的吸收量还多。

花生各发育阶段需肥量不同，花生苗期需要的养分数量较少，氮、磷、钾的吸收量仅占一生吸收总量的 5％左右，开花期吸收养分数量急剧增加，氮的吸收占一生吸收总量的 17％、磷占 22.6％、钾占 22.3％；结荚期是花生营养生长和生殖生长最旺盛的时期，有大批荚果形成，也是吸收养分最多的时期，氮的吸收占一生吸收总量的 42％、磷占 46％、钾占 60％；饱果成熟期吸收养分的能力渐渐减弱，氮的吸收占一生总量的 28％、磷占 22％、钾占 7％。花生对微量元素硼、钼、铁较为敏感，在含碳酸钙较多且 pH 较高的土壤上较易出现缺铁黄化现象。

## 二、花生测土施肥配方

综合全国各地花生测土配方施肥技术成果资料，我国主要花生产区的测土施肥配方如下。

**1. 华北地区（河南省）花生**　根据多年试验资料，河南省不同肥力的花生施肥配方如表 8 - 16。

表 8 - 16　河南省不同肥力花生施肥配方（千克/亩）

| 不施肥花生荚果产量 | 推荐肥料用量 | | 氮磷比例 |
| --- | --- | --- | --- |
| | 氮 | 五氧化二磷 | |
| ＜150 | 8～10 | 6～10 | 0.9：1 |
| 150～250 | 4～6 | 5～8 | 0.8：1 |
| ＞250 | 4～6 | 6 | 0.7：1 |

**2. 长江流域及东南沿海花生**　根据多年试验资料，长江流域及东南沿海不同肥力的花生施肥配方如表 8 - 17。

**3. 东北花生**　根据多年试验资料，东北地区不同肥力的花生施肥配方如表 8 - 18。

**4. 西北花生**　根据多年试验资料，西北地区不同肥力的花生施肥配方如表 8 - 19。

表 8 - 17　长江流域及东南沿海不同肥力的花生施肥配方

| 肥力水平 | 产量水平（千克/亩） | 有效磷（毫克/千克） | 速效钾（毫克/千克） | 推荐施肥量（千克/亩） | | |
|---|---|---|---|---|---|---|
| | | | | N | P$_2$O$_5$ | K$_2$O |
| 极高 | ＞500 | ＞30 | ＞180 | 7.5～12 | 3.5 | 3.5 |
| 高 | 400～500 | 25～30 | 135～180 | 7～10 | 4.5 | 4.5 |
| 中 | 300～400 | 12～25 | 60～135 | 6.5～8 | 6 | 6 |
| 低 | 200～300 | 6～12 | 26～60 | 5.5～7 | 7 | 7 |
| 极低 | ＜200 | ＜6 | ＜26 | 5～6 | 8.5 | 8.5 |

表 8 - 18　东北地区不同肥力的花生施肥配方

| 肥力水平 | 有机质（%） | 有效磷（毫克/千克） | 速效钾（毫克/千克） | 推荐施肥量（千克/亩） | | |
|---|---|---|---|---|---|---|
| | | | | N | P$_2$O$_5$ | K$_2$O |
| 极高 | ＞0.6 | ＞45 | ＞200 | 0～3 | 2.5 | 2.5 |
| 高 | 0.4～0.6 | 35～45 | 150～200 | 3～5 | 3 | 3 |
| 中 | 0.25～0.4 | 20～35 | 100～150 | 5～6 | 3.5 | 3.5 |
| 低 | ＜0.25 | 10～25 | 70～100 | 6～8 | 4.5 | 4.5 |
| 极低 | | ＜10 | ＜70 | 8 | 5 | 5 |

表 8 - 19　西北地区不同肥力的花生施肥配方

| 肥力水平 | 碱解氮（毫克/千克） | 有效磷（毫克/千克） | 速效钾（毫克/千克） | 推荐施肥量（千克/亩） | | |
|---|---|---|---|---|---|---|
| | | | | N | P$_2$O$_5$ | K$_2$O |
| 极高 | ＞120 | ＞45 | ＞200 | 12～14 | 0 | 0 |
| 高 | 90～120 | 30～45 | 150～200 | 10～12 | 3 | 3 |
| 中 | 60～90 | 20～30 | 100～150 | 8～10 | 4 | 4 |
| 低 | 30～60 | 10～20 | 70～100 | 6～8 | 5 | 5 |
| 极低 | ＜30 | ＜10 | ＜70 | 5～6 | 6 | 6 |

## 三、花生施肥模式

**1. 基肥**　花生应着重施足基肥。一般每亩施用农家肥 1 000～1 200 千克、硫酸铵 5～10 千克、钙镁磷肥 15～25 千克、氯化钾 5～10 千克。基肥宜将化肥和农家肥混和堆闷 20 天左右后分层施肥，2/3 深施于 30 厘米深的土层，1/3 施于 10～15 厘米深的土层。

**2. 种肥**　选用腐熟好的优质有机肥 1 000 千克左右与磷酸二铵 5～10 千克或钙镁磷肥 15～20 千克混匀沟施或穴施。另在花生播种前亩用 0.2 千克的花生根瘤菌剂，结合 10～25 克钼酸铵拌种可取得较好的经济效益。

**3. 追肥**　一般用于基、种肥不足的麦套花生或夏花生上。亩施腐熟有机肥 500～1 000 千克，尿素 4～5 千克，过磷酸钙 10 千克，在花生始花前施用。也可用 0.3％磷酸二氢钾和 2％的尿素溶液在花生中后期结合防治叶斑病和锈病与杀菌剂一起混合叶面喷施 2～3 次。

**4. 微肥的施用**　在石灰性较强的偏碱性土壤上要考虑施用铁、硼、锰等微肥；在多雨地区的酸性土壤上应注意施钼、硼等微肥。微肥可作基肥、种肥、浸种、拌种和根外喷施，一般以拌种加花期喷施增产效果最好，喷施时以 0.1％～0.25％浓度为好。

# 任务五　长江流域冬油菜测土配方施肥技术

油菜生产广泛分布于全国各地，是长江流域、西北地区的主要农作物。我国长江流域多种植冬油菜，秋季播种翌年夏季收获。

## 一、长江流域冬油菜的营养需求特点

目前冬油菜多种植"双低"甘蓝型油菜，其不同生育阶段的养分吸收规律为：氮素积累量最大时期为苗期；磷、钾积累量最大时期为花期；氮、磷、钾养分积累速率最大时期均为花期（表 8 - 20）。

表 8 - 20　油菜不同生育阶段养分积累量占最大积累量的百分数（％）

| 养分 | 苗期 | 蕾薹期 | 花期 | 角果成熟期 |
|---|---|---|---|---|
| 氮 | 33.3～47.8 | 11.9～14.7 | 15.5～28.1 | 17.7～28.8 |
| 五氧化二磷 | 23.4～37.9 | 22.5～29.4 | 32.7～54.1 | −17.2～−2.6 |
| 氧化钾 | 24.7～33.9 | 16.2～35.9 | 31.0～53.3 | −43.0～−23.5 |

油菜籽粒是氮、磷的分配中心，分别占总量的 75.3％～83.2％和 67.03％～78.3％；而茎秆和角壳则是钾的累积中心，二者累积的钾素占总量的 85.9％～87.6％。

## 二、长江流域冬油菜测土施肥配方

**1. 土壤养分丰缺指标**　如长江流域油菜种植区的土壤养分丰缺指标参考表 8-21。

表 8-21　长江流域土壤养分丰缺指标（毫克/千克）

| 土壤等级 | 极低 | 低 | 中 | 高 | 极高 |
|---|---|---|---|---|---|
| 碱解氮 | <70 | 70~90 | 90~120 | 120~150 | >150 |
| 有效磷 | <6 | 6~12 | 12~25 | 25~30 | >30 |
| 速效钾 | <26 | 26~60 | 60~135 | 135~180 | >180 |

**2. 氮肥用量的确定**　我国长江流域油菜多种植在水旱轮作的水稻土上，常根据土壤碱解氮测试值估算土壤供氮能力，并进行肥力分级。氮肥用量推荐参考表 8-22。

表 8-22　长江流域油菜氮肥用量推荐

| 目标产量（千克/亩） | 肥力等级 | | | | |
|---|---|---|---|---|---|
|  | 极低 | 低 | 中 | 高 | 极高 |
| 100 | 7.5 | 6 | 5 | 4 | 3 |
| 150 | 11.5 | 9 | 7.5 | 6 | 4.5 |
| 200 | 15.5 | 12.5 | 10.5 | 8 | 6 |
| 250 | 21 | 17 | 14 | 11 | 8.5 |

**3. 磷肥用量的确定**　我国长江流域油菜常根据土壤有效磷（olsen-P）测试值估算土壤供磷能力，并进行肥力分级。磷肥用量推荐参考表 8-23。

表 8-23　长江流域油菜磷肥用量推荐

| 目标产量（千克/亩） | 肥力等级 | | | | |
|---|---|---|---|---|---|
|  | 极低 | 低 | 中 | 高 | 极高 |
| 100 | 3 | 2.5 | 2 | 1.5 | 1 |
| 150 | 5 | 4 | 3 | 2.5 | 2 |
| 200 | 6.5 | 5 | 4.5 | 3.5 | 2.5 |
| 250 | 9 | 7 | 6 | 5 | 3.5 |

**4. 钾肥用量的确定** 我国长江流域油菜常根据土壤速效钾测试值估算土壤供钾能力,并进行肥力分级。钾肥用量推荐参考表8-24。

**表8-24 长江流域油菜钾肥用量推荐**

| 目标产量 (千克/亩) | 肥力等级 | | | | |
|---|---|---|---|---|---|
| | 极低 | 低 | 中 | 高 | 极高 |
| 100 | — | 7 | 4 | 2.5 | 1.5 |
| 150 | — | 10 | 6 | 4 | 2 |
| 200 | — | 13.5 | 8 | 5.5 | 3 |
| 250 | — | 19 | 11 | 7.5 | 4 |

**5. 硼肥用量的确定** 为保证油菜的正常生长,当有效硼含量低于临界值0.6毫克/千克时,每亩基施硼砂0.5~1.0千克。

## 三、长江流域冬油菜施肥模式

长江流域是冬油菜主产区,氮肥的50%~60%、钾肥的60%和全部磷肥作基肥在油菜移栽前施用,余下的氮肥和钾肥分两次分别在移栽后50天和100天左右平均施用。由于油菜对硼敏感,当硼肥作基肥施用时每亩施用硼砂0.5~1.0千克。

**1. 苗床施肥** 做好苗床施肥,首先要施足基肥,具体做法是每亩苗床在播种前施用腐熟的优质有机肥200~300千克,尿素2千克,过磷酸钙5千克,氯化钾1千克,将肥料与土壤(10~15厘米厚)混匀后播种。结合间苗和定苗,追肥1~2次,追肥在人畜粪尿为主,并注意肥水结合,以保证壮苗移栽。在移栽前可喷施硼肥1次,浓度为0.2%。

**2. 移栽田施肥** 从油菜移栽到收获,每亩移栽田所需投入不同养分总量分别为氮(N)9~10千克、磷($P_2O_5$)4~6千克、钾($K_2O$)6~10千克、硼砂0.5~1.0千克(基施)、七水硫酸锌(锌肥)2~3千克。

(1)基肥。在油菜移栽前0.5~1天穴施基肥,施肥深度为10~15厘米。基施氮肥占氮肥总用量的2/3左右,即每亩基施碳酸氢铵35~47千克,或尿素13~17千克。磷肥全部基施,每亩基施过磷酸钙33~50千克。用作基肥的钾肥占钾肥总量的2/3左右,每亩基施氯化钾为6.7~11.0千克。若不准备叶面喷施硼肥,每亩可基施硼砂0.5~1.0千克。

(2)追肥。油菜追肥一般可分为两次。第一次追肥在移栽后50天左右进行，即油菜苗进入越冬期前，此次追肥施用剩余氮肥的 1/2，追施氮肥种类宜用尿素，每亩施尿素 3.2～4.3 千克。另外，追施剩余的氯化钾为 3.3～5.5 千克。施肥方法为结合中耕进行土施，若不进行中耕可在行间开 10 厘米深的小沟，将两种肥料混匀后施入，施肥后覆土。第二次追肥在开春后薹期，撒施余下的尿素 3.2～4.3 千克。

（3）叶面追肥。若在基肥时没有施用硼肥，则一定要进行叶面施硼。叶面喷施硼肥一般为硼砂）的方法是分 3 次分别在苗期、薹期和初花期结合施药喷施硼肥，浓度为 0.2%，每亩用溶液量 50 千克。

# 任务六　北方春油菜测土配方施肥技术

油菜生产广泛分布于全国各地，是长江流域、西北地区的主要农作物。东北、西北、青藏高原地区多种植春油菜，春、夏播种，夏、秋收获。

## 一、北方春油菜的营养需求特点

油菜是需肥多、耐肥力强的作物，而且对磷、硼敏感。研究表明，甘蓝型油菜的生长发育规律呈 M 形，苗期、蕾薹期、开花期、角果成熟期各器官的生长发育由低到高、再由高向低，呈 M 形进行。

苗期至现蕾期，主要是营养生长，苗后期也有生殖生长。这一阶段累积的干物质约占全期干物重的 10% 左右，吸收氮、磷、钾占总吸收量的 43.5%、23.5% 和 29.8%，苗期阶段是需肥的重要时期。

蕾薹期营养生长和生殖生长都很旺盛，以营养生长为主，累积的干物质约占全期干物重的 35%，吸收氮、磷、钾占总吸收量的 44.4%、30.7% 和47.6%，是需肥最多的时期。

开花到成熟期，这一阶段约占全生育期的 1/4 左右，生殖生长最旺盛，累积干物质最多，约占全期干重的 55%。此阶段氮、钾养分的吸收积累较少，氮、钾吸收量占总量的 12.0%、22.6%。磷的吸收量占全生育期磷素总吸收量的 45.7%，是油菜生育期中吸磷最多的阶段。

## 二、北方春油菜测土施肥配方

北方春油菜根据土壤养分测定值和目标产量，氮、磷、钾肥推荐用量如表8-25、表 8-26 和表 8-27。

表 8 - 25　根据油菜籽目标产量和土壤供氮能力的氮肥（N）推荐用量

| 油菜籽目标产量 | N 推荐用量（千克/亩） | | |
|---|---|---|---|
| （千克/亩） | 高肥力田块 | 中肥力田块 | 低肥力田块 |
| <50 | <2.5 | <4.5 | <5.5 |
| 50～100 | 2.5～4.5 | 4.5～8.0 | 5.5～9.0 |
| 100～150 | 4.5～6.0 | 7.0～10.0 | 9.0～12.0 |
| 150～200 | 6.0～8.0 | 10.0～13.0 | 12.0～16.0 |
| 200～250 | 8.0～11.0 | 13.5～18.0 | 15.0～21.0 |

表 8 - 26　根据油菜籽目标产量和土壤供磷能力的磷肥（$P_2O_5$）推荐用量

| 油菜籽目标产量 | $P_2O_5$ 推荐用量（千克/亩） | | | |
|---|---|---|---|---|
| （千克/亩） | 土壤 P<5 毫克/千克 | 5～10 毫克/千克 | 10～20 毫克/千克 | >20 毫克/千克 |
| <50 | 2.5 | 2.0 | 1.5 | 0 |
| 50～100 | 2.5～5.0 | 2.0～4.0 | 1.5～2.5 | 0 |
| 100～150 | 5.0～8.5 | 4.5～7.0 | 2.5～4.5 | 2.0～3.0 |
| 150～200 | 8.5～11.5 | 7.0～8.5 | 2.5～4.5 | 2.0～3.0 |
| 200～250 | 11.5～13.5 | 8.5～10.0 | 6.0～7.5 | 4.0～5.0 |

表 8 - 27　根据油菜籽目标产量和土壤供钾能力的钾肥（$K_2O$）推荐用量

| 油菜籽目标产量 | $K_2O$ 推荐用量（千克/亩） | | | |
|---|---|---|---|---|
| （千克/亩） | 土壤 K<50 毫克/千克 | 土壤 K 50～100 毫克/千克 | 土壤 K 100～130 毫克/千克 | 土壤 K>130 毫克/千克 |
| <50 | 7.0 | 6.0 | 2.0 | 0 |
| 50～100 | 7.0～12.5 | 6.0～10.0 | 2.0～4.0 | 0 |
| 100～150 | 12.5～19.5 | 10.0～16.0 | 4.0～5.5 | 2.0～3.0 |
| 150～200 | 29.5～24.0 | 16.0～20.0 | 6.5～6.5 | 3.0～4.0 |
| 200～250 | 24.0～28.0 | 20.0～24.0 | 6.5～8.0 | 4.0～5.0 |

## 三、北方春油菜施肥模式

根据优质春油菜不同生育时期的需肥特点，氮肥按底施 50%、苗肥 30%、薹肥 20% 比例施用，磷、钾、硼肥一次性作底肥施用。

**1. 施足底肥**　一般每亩施有机肥 2 000 千克，碳酸氢铵 20～25 千克，过磷酸钙 25 千克，氯化钾 10～15 千克。应采取分层施肥，耕地前将有机肥撒施地面，随深耕翻入，浅耕时将氮、磷、钾化肥施入 10～15 厘米的浅土层，供油菜苗期利用。

**2. 早施提苗肥**　移栽油菜在栽后 7～10 天活苗后追施速效氮肥。一般每亩施尿素 5～10 千克或人粪尿 1 000 千克。

**3. 稳施薹肥**　要根据底肥、苗肥的施用情况和长势酌情稳施薹肥。底、苗肥充足，植株生长健壮，可不施薹肥；若底、苗肥不足，有脱肥趋势的应早施薹肥。一般每亩施尿素 5～8 千克。

**4. 必施硼肥**　根据优质油菜尤其是杂交优质油菜对硼素敏感、需硼量大的特点，硼肥最好底施加蕾薹期叶面喷洒。

底施：一般每亩硼肥施用量为 0.5～1 千克。可与其他氮磷化肥混匀，施入苗床或直播油菜田。一般施于土壤上层为宜。底施量可根据土壤有效硼含量的多少而定。一般土壤有效硼在 0.5 毫克/千克以上的适硼区可底施 0.5 千克硼砂；含硼在 0.2～0.5 毫克/千克的缺硼区可底施 0.75 千克硼砂；含硼 0.2 毫克/千克以下的严重缺硼区，硼肥施用量应在 1 千克左右。

叶面喷洒：0.05～0.1 千克的硼砂或 0.05～0.07 千克的硼酸，加入少量水溶化，再加入 50～60 千克水稀释即为每亩田块喷洒用量。应注意在晴天的下午喷洒。

# 任务七　烟草测土配方施肥技术

我国共有 26 个省（自治区、直辖市）的 1 700 多个县（市）有烟草种植，其中，广泛种植的有 23 个省（自治区、直辖市）的 900 多个县，主产区是云南、贵州、四川、河南、山东、福建、湖南等。

## 一、烟草的营养需求特点

据测定，生产 100 千克烟叶需要氮素 3 千克、五氧化二磷 1.5～2.0 千克、氧化钾 5～6 千克。烟草对氮、磷、钾的吸收比例在大田前期为 5∶1∶6～8，现蕾期为 2～3∶1∶5～6，成熟期为 2～3∶1∶5。也就是说烟草对氮和钾的吸收量较大，而对磷稍低。

烤烟苗床阶段在十字期以前需肥量较少，十字期以后需肥量逐渐增加，以移栽前 15 天内需肥量最多。这一时期吸收的氮量占苗床阶段烟草吸氮总量的 68.4%、五氧化二磷为 72.7%、氧化钾为 76.7%。

大田阶段，在移栽后 30 天内吸收养分较少，此时吸收的氮、磷、钾分别占全生育期吸收总量的 6.6%、5.0% 和 5.6%；大量吸肥的时期是在移栽后的

45～75 天，吸收高峰在团棵、现蕾期，这一时期吸收的氮为烟草吸氮总量的 44.1%、五氧化二磷为 50.7%、氧化钾为 59.2%。此后各种养分吸收量逐渐下降，打顶以后由于产生次生根，对养分吸收又有回升，为吸收总量的 14.5%。但此时土壤含氮素过多，容易造成徒长，形成黑暴烟，不易烘烤。

夏烟的需肥规律与春烟基本相同。对养分的最大吸收期也在现蕾前后（在移栽后的 26～70 天），以后逐渐下降，采收前 15 天对磷的吸收量又趋上升。

## 二、烟草测土施肥配方

在目前的生产技术水平下，一般适宜施肥量应以保证获得最佳品质和适宜产量为标准，根据确定的适宜产量指标所吸收的养分数量，再根据烟田肥力等情况，来确定施肥量与养分配比。如云南烟区施肥配方推荐如下。

**1. 氮肥推荐量**　主要以土壤有机质含量、有效氮含量测定为依据，考虑不同烟草品种，确定氮肥施用量（表 8 - 28）。

表 8 - 28　土壤供氮能力指标与推荐施氮量

| 肥力等级 | 有机质（%） | 速效氮（毫克/千克） | 不同品种纯氮用量（千克/亩） | | | |
|---|---|---|---|---|---|---|
| | | | K326 | 云烟 85 | 云烟 87 | 红大 |
| 高 | >4.5 | >180 | 2～4 | 2～4 | 2～4 | 1～3 |
| 较高 | 3～4.5 | 120～180 | 4～6 | 4～5 | 4～5 | 3～4 |
| 中等 | 1.5～3 | 60～120 | 6～8 | 5～7 | 5～7 | 4～5 |
| 低 | <1.5 | <60 | 8～9 | 7～8 | 7～8 | 5～6 |

**2. 磷肥推荐量**　经研究，云南烟草氮磷比（$N : P_2O_5$）可普遍地由过去的 1:2 降至 1:0.5～1.0。在一般情况下，如施用了 12:12:24、10:10:25、15:15:15 的烟草复合肥后，就不必再施用普钙或钙镁磷肥；如施用的烟草复合肥是硝酸钾，每亩施用普钙或钙镁磷 20～30 千克，就可满足烟草生长的需要。磷肥可根据土壤有效磷分析结果和所用复合肥进行有针对性地施用（表 8 - 29）。

表 8 - 29　土壤供磷能力指标与推荐氮、磷配比

| 肥力等级 | 有效磷（毫克/千克） | 烟草品种 | | | |
|---|---|---|---|---|---|
| | | K326 | 云烟 85 | 云烟 87 | 红大 |
| 高 | >40 | 1:0.2～0.5 | 1:0.2～0.5 | 1:0.2～0.5 | 1:0.2～0.5 |
| 较高 | 10～40 | 1:0.5～1 | 1:0.5～1 | 1:0.5～1 | 1:1～1.5 |
| 低 | <10 | 1:1～1.5 | 1:1～1.5 | 1:1～1.5 | 1:2 |

**3. 钾肥推荐量**　烟草对钾素的吸收是三要素中最多的，当钾供应充足时，氮、钾的吸收比为1∶1.5～2。对于速效钾较丰富的土壤（200毫克/千克以上），肥料中氮钾比采用1∶1即可；速效钾比较低的土壤，肥料中氮钾比则以1∶2～3为宜。具体可根据土壤速效钾分析结果和所用复合肥进行有针对性地施用（表8-30）。

表8-30　土壤供钾能力指标与推荐氮、钾配比

| 肥力等级 | 速效钾（毫克/千克） | 烟草品种 | | | |
|---|---|---|---|---|---|
| | | K326 | 云烟85 | 云烟87 | 红大 |
| 高 | >250 | 1∶1.5～2 | 1∶1.5～2 | 1∶1.5～2 | 1∶2.5～3 |
| 较高 | 100～250 | 1∶2～2.5 | 1∶2～2.5 | 1∶2～2.5 | 1∶3～4 |
| 低 | <100 | 1∶2.5～3 | 1∶2.5～3 | 1∶2.5～3 | 1∶4～5 |

## 三、烟草苗床施肥技术

烟草苗床施肥主要是培育壮苗、保证适时移栽，为烟草优质高产奠定基础。因此，苗床要施足基肥、适时追肥。

**1. 苗床基肥**　应尽量施用腐熟有机肥料，以猪粪为最好。每平方米施腐熟的猪粪60千克、饼肥或干鸡粪20千克，过磷酸钙0.25～0.5千克，硫酸钾0.25千克。

**2. 苗床追肥**　出苗后，视幼苗长势，从十字期开始由少到多，一般追肥2～3次。第一次追肥每平方米用氮2克、磷1.5克、钾2.5克，兑水喷施，每隔7～10天喷1次。移栽前3～5天要控肥水，增强抗逆力。

## 四、烟草大田施肥技术

根据烟草"少时富、老来贫、烟株长成肥退劲"的需肥规律，要做到重施基肥、早施追肥、把握时机根外追肥。

**1. 基肥**　每亩施饼肥50千克，农家肥2 000～2 500千克，每亩开沟条施硫酸钾型复合肥（15-15-15）18～20千克、过磷酸钙35～40千克、硫酸钾12～15千克，在移栽穴内每亩施复合肥5～7.5千克、硫酸锌1～2千克，结合整地沟施或穴施土中。

**2. 定根肥**（也称口肥）　移栽时，每亩用硝酸铵5～10千克、过磷酸钙2.5～5千克，兑水淋施，以促使提早还苗成活。也可每亩用腐熟有机肥300～500千克、硫酸钾型复合肥（15-15-15）15～20千克，或饼肥20～30千克、过磷酸钙10～15千克、硝酸铵5～10千克，在移栽时作口肥施入。

**3. 追肥**　烟草追肥分 3 次施用，在移栽后 7 天每亩淋施硝酸钾 3～5 千克，15 天后亩淋施硝酸钾 5～7.5 千克，在烟株"团棵后、旺长前"每亩施硫酸钾型复合肥（15—15—15）5～7.5 千克、硫酸钾 8～10 千克，同时进行大培土。

**4. 根外追肥**　烟草生长后期可用 0.2% 磷酸二氢钾溶液叶面喷施，对提高产量和品质都有良好效果。

# 任务八　茶树测土配方施肥技术

中国有四大茶产区，即西南茶区、华南茶区、江南茶区和江北茶区。西南茶区（云南、贵州、四川及西藏东南部）是中国最古老的茶区；华南茶区（广东、广西、福建、台湾、海南）是中国最适宜茶树生长的地区，福建省是我国著名的乌龙茶产区；江南茶区（浙江、湖南、江西、江苏、安徽等）以生产绿茶为主；江北茶区（河南、陕西、甘肃、山东等）也以生产绿茶为主。

## 一、茶树的营养需求特点

据测定，在正常生长条件下，一年生茶苗需氮量只有 300 多毫克，需磷量仅 100 多毫克，需钾量仅 200 多毫克；两年生茶树需氮量比一年生增加 4 倍多；三年生茶树需氮量为一年生的 11 倍。对磷、钾的吸收量也有近似的增长趋势。茶树对氮素需求较多，其次是钾、磷，大致与茶叶吸收比例相接近。一般每采收鲜叶 100 千克，需吸收氮 1.2～1.4 千克、磷 0.20～0.28 千克、钾 0.43～0.75 千克，$N : P_2O_5 : K_2O$ 平均为 1.3 : 0.24 : 0.59。如果每亩产鲜茶 450 千克，需吸收 N、$P_2O_5$、$K_2O$ 平均为 6 千克、1 千克、3 千克。干茶叶与鲜茶叶之比约 1 : 4～4.5。

茶树在不同的年生育阶段对于肥料三要素在数量上各有不同的要求。以采叶茶园讲，在生育期中都是根系和营养芽最先活动，以营养生长领先，继而生殖生长，所以各个时期对营养物质在数量上各有不同的要求，因而对各种营养元素的吸收也有所侧重。一般 4～9 月地上部分处于生长旺期，对氮的吸收要占全年总吸收量的 70%～75%，10 月以后开始逐渐转入休眠期，吸收氮素仅占全年吸收量的 25%～30%；茶树新梢对磷素的吸收，4～5 月春茶期间占吸收总量的 1.44%，6～7 月占吸收总量的 33.3%，8 月、9 月和 10 月占吸收总量的 57.92%，以后开始显著降低；茶树对钾素的吸收量以夏季最多，秋季次之，春季明显减少。这说明茶树吸收利用营养元素不仅因元素不同而异，也因季节不同而异，茶树吸肥的这种阶段性特点，对于确定施肥的种类、时期，充分发挥肥效很有参考价值。

## 二、茶树测土施肥配方

茶园施肥配方一般是按照茶叶采收后所带走的氮、磷、钾数量，同时考虑肥料施入茶园后的自然挥发损失与雨水的淋溶流失情况而确定的。根据茶园生产水平的高低先确定施氮量；再依据土壤有效磷、速效钾来确定磷、钾肥的用量。

**1. 氮肥施用量** 一般根据茶园肥力水平进行确定：幼龄茶园，年用量如下：1～2年生，每亩施纯氮2.5～5千克；3～4年生，每亩施纯氮5～6.5千克；5～6年生，每亩施纯氮6.5～10千克。生产茶园，亩产干茶在200千克以下的低产茶园，每采收100千克干茶，年施纯氮10千克；亩产干茶在200～250千克的中产茶园，每采收100千克干茶，年施纯氮12.5千克；亩产干茶在250～300千克的高产茶园，每采收100千克干茶，年施纯氮15千克。氮肥的1/3作基肥，2/3作追肥。

**2. 磷、钾肥施用量** 主要根据不同茶类的茶树各生育阶段的需肥规律，兼顾土壤速效磷、钾来确定磷、钾肥用量。幼龄茶园，幼龄茶园施肥应氮、磷、钾并重，年用量如下：1～2年生，氮、磷、钾三要素用量比例为1：1：1；3～4年生，三要素用量比例为2：1.5：1.5；5～6年生，三要素用量比例为2：1：1。生产茶园，每亩干茶产量在200千克以下茶园，三要素用量比例为2：1：1；200千克以上茶园，三要素用量比例为4：1：1～1.5。生产绿茶，三要素用量比例为4：1：1；生产红茶时要增加磷、钾肥用量，三要素用量比例为3：1.5：1。

**3. 其他肥料** 缺镁、锌、硼茶园，土壤施用镁肥（MgO）2～3千克/亩、硫酸锌（$ZnSO_4 \cdot 7H_2O$）0.7～1千克/亩、硼砂（$Na_2B_4O_7 \cdot 10H_2O$）千克/亩。缺硫茶园，选择含硫肥料如硫酸铵、硫酸钾、过磷酸钙等。

## 三、茶树施肥模式

针对茶园有机肥料投入数量不足，土壤贫瘠及保水保肥能力差，部分茶园氮肥用量偏高，磷、钾肥比例不足，中微量元素镁、硫、硼等缺乏时有发生，提出以下施肥原则：增施有机肥，有机无机配合施用；依据土壤肥力条件和产量水平适当调减氮肥用量，加强磷、钾、镁肥的配合施用，注意硫、硼等养分的补充；出现土壤酸化的茶园可通过施用白云石粉、生石灰等进行改良；与高产优质栽培技术相结合。

**1. 建园施肥技术** 建园底肥一般以有机肥和磷肥为主，每亩施厩肥或堆肥等有机肥10吨及磷肥25～40千克。底肥数量较少时要集中施在播种沟里；

底肥数量较多时要全面分层施用，即先将熟土移开、生土不动，开沟约50厘米；沟底再松土15～20厘米，按层将肥与土混合，先施底层再施第二层最后放回熟土。

**2. 生长茶园施肥技术**　全年肥料运筹：原则上有机肥、磷、钾和镁等以秋冬季基肥为主，氮肥分次施用。基肥：施入全部的有机肥、磷、钾、镁、微量元素肥料和占全年用量30％～40％的氮肥，施肥适宜时期在茶季结束后的9月底至10月底，基肥结合深耕施用，施用深度在20厘米左右。追肥一般以氮肥为主，追肥时期依据茶树生长和采茶状况来确定，催芽肥在采春茶前30天左右施入，占全年用量的30％～40％，夏茶追肥在春茶结束夏茶开始生长之前进行，一般在5月中下旬，用量为全年的20％左右，秋茶追肥在夏茶结束之后进行，一般在7月中下旬施用，用量为全年的20％左右。

（1）基肥。基肥大都以厩肥、堆肥和饼肥等有机肥为主再加适量磷、钾肥一般每亩施菜饼100～150千克掺合过磷酸钙25千克、硫酸钾15千克。不同地区茶园基肥施用时间不同，如山东在白露前后；长江中下游茶区在9月底至10月底；广东、广西、福建等地则在11月下旬至12上旬；海南在12月上旬。不同树龄的茶树基肥施用位置和深度不同，1～2年生直播茶苗施在距根5～10厘米处，施肥深度15～20厘米；一年生扦插苗施在距根10～15厘米，施肥深度10～15厘米；3～4年生茶树施在距根15～20厘米，施肥深度20～30厘米；成年茶树施在树冠边缘垂直下方施肥深度20厘米。

（2）追肥。追肥应以速效氮肥为主，适当配施磷、钾及微量元素。追肥主要是两个时期。

春茶追肥期：茶树经过冬季休眠之后生长能力强需肥量大。第一次追肥俗称催芽肥，其施用时期一般根据茶树生育的物候期来确定当茶芽伸长到鱼叶初展期施肥的效果最好；长江中下游茶区约在3月上中旬，即在茶园正式开采前15～20天施下效果最好。

夏、秋茶追肥期：春茶采摘后消耗了茶树体内大量的养分必须及时补充。因此，在春茶结束后夏茶大量萌发前进行第二次追肥，以促进夏茶的萌发；春、夏茶之间时间间隔短，因此春茶结束后立即施。夏茶结束后进行第三次追肥。在气温高、雨水充沛、无霜期长、茶芽轮次多的茶区和高产茶园要进行第四次甚至多次追肥。在每轮新梢生长的间隙期都是最好的施肥时间。在长江中下游茶区秋茶延续时间长，特别是三茶后常遭干旱，四茶后已有早霜，因此有伏旱的茶区秋肥必须在伏旱后施，以有利于肥效的发挥。在有霜冻的茶区，秋茶的最后一次追肥必须在早霜来临前1个月进行最后一次追肥，太迟易促使越冬芽萌发不利于茶树安全越冬。

　　茶园追施氮肥的用量、次数及其分配需要考虑茶叶的产量、土壤肥力等因素。中国农业科学院茶叶研究所根据各地的施肥经验，提出了不同年龄茶树追施氮肥的用量。茶园追肥的次数一般要考虑茶芽萌发轮次及氮肥用量。在长江中下游地区全年茶芽萌发 4～5 轮，每亩施 20 千克纯氮，应分 4～5 次施；每亩施 10 千克纯氮可分 3～4 次。每亩产 500 千克干茶以上的高产茶园，全年每亩追施 40 千克纯氮以上，追肥次数达 10 次以上。在每亩施氮 10 千克时，追肥中春、夏、秋肥的分配比例以 60：15：25 为最好；长江中下游茶区一般宜用 60：15：25 或 60：20：20 的分配比例；在热带及南亚热带南部地区常年均可采茶，春、夏、秋、冬的追肥比例以 40：20：20：20 为好；而只采春、夏茶的茶园，追肥比例以 70：30 或 60：40 为宜。

　　（3）叶面施肥。各地茶园试验说明，在茶叶采摘前 15～30 天喷施某些微量元素有利于改善茶叶品质。叶面喷施还应选择适宜的时期，一般长江中下游茶区以夏、秋茶叶面施肥效果好；而江北茶区则以早春叶面施肥催芽作用显著；就新梢发育而言，一芽一叶到一芽三叶期间叶面施肥效果好；在一天当中则以傍晚喷施效果好。

# 模块九

# 主要果树测土配方施肥技术

我国地域广阔，种植的果树种类繁多，南北差距较大，北方以落叶果树为主，南方以常绿果树为主。落叶果树的主要种类有苹果、梨、桃、李、杏、樱桃、葡萄等；常绿果树的主要种类有柑橘、荔枝、龙眼等；除此之外还有草本果树，主要有香蕉、菠萝、草莓、西瓜、甜瓜等。

## 任务一　苹果测土配方施肥技术

我国共有 24 个省（自治区、直辖市）生产苹果，主要集中在渤海湾、黄土高原、黄河故道和西南冷凉高地等四大产区，其中陕西、山东、河北、甘肃、河南、山西和辽宁是我国七大苹果主产省。

### 一、苹果树营养需求特点

苹果是多年生植物，在不同的生长发育时期，对养分的种类和数量需求不同。因此，苹果对营养的需求具有明显的年龄性和季节性特点。

**1. 苹果树生命周期的营养需求特点**　苹果树在生长发育过程中，不同的年龄时期、不同的生长季节，其吸收肥料的种类和吸收量不同。一般分为幼树期、初结果树期、盛结果树期和衰老树期 4 个时期。

幼树期是指苗木定植到开花结果这段时期，属于营养生长时期，由于养分供应生长积累较少，这一时期一般不结果，一般为 3～6 年。幼树期苹果树对养分的需求量相对较少，但对养分很敏感。需氮素较多，磷素、钾素较少。幼树期苹果树要充分积累更多的贮藏营养，及时满足幼树树体健壮生长和新梢抽发的需要，使其尽快形成树体骨架，为以后的开花结果奠定良好的物质基础。

初结果树期是指开始结果到大量结果这段时期。苹果初结果期一般为 4～5 年。初结果树期是营养生长到生殖生长转化的时期，此期既要促进树体贮备养分、健壮生长、提高坐果率，又要控制无效新梢的抽发和徒长，因此，既要注重氮、磷、钾的合理配比，又要控制氮素的用量，以协调营养生长和生殖生长之间的平衡。若营养生长长势较强，要以磷素为主，配施钾素营养，少施氮素营养；若营养生长较弱，则以磷素为主，适当增施氮素营养，配施钾素。

盛果期是指苹果大量结果而产量最高的时期。苹果盛果期为 15 年，有的甚至在 45 年以上。盛果期树营养的目的是促进果实优质丰产，维持树体健壮长势。该期对磷素、钾素的需求量增大，氮素的需求量相对稳定，因此应根据产量和树势适当调节氮、磷、钾的比例，同时注意微量元素营养的供应，并适当注意钙、镁的营养。

衰老期是指苹果树生命活动衰老退化的时期。衰老期的后期，当更新树冠再度衰老时，大多失去栽培价值。更新期和衰老期主要重视氮素营养，延长结果时间。

**2. 苹果树年生长周期的营养需求特点** 苹果树在一年中随环境条件的变化出现一系列的生理与形态的变化，并呈现一定的生长发育规律性，这种随气候而变化的生命活动称为年生长周期。在年生长周期中，苹果树进行营养生长的同时也进行开花、结果与花芽分化。

未结果苹果树的年生长周期中，氮素的吸收自春至夏随气温的上升而增加，到 8 月上旬达到高峰期，以后随气温下降，吸收量逐渐下降。磷的吸收规律与氮大致相同，但吸收量较少，高峰期不明显。钾的吸收自萌芽开始，随着枝条生长，吸收量急剧增加；枝条停止生长后，吸收量急剧减少。

结果苹果树的年生长周期中，对氮素的需求生长前期量最大，新梢生长、花期和幼果生长都需要大量的氮，但这时期需要的氮主要来源于树体贮藏的养分，因此增加氮素的贮藏养分非常重要；进入 6 月下旬以后氮素要求量减少，如果 7、8 月氮素过多，必然造成秋梢旺长，影响花芽分化和果实膨大。而从采收到休眠前，是根系的再次生长高峰，也是氮素营养的贮藏期，对氮肥的需求量又明显回升。对磷元素的吸收，表现为生长初期迅速增加，花期达到吸收高峰，以后一直维持较高水平，直至生长后期仍无明显变化。对钾元素的需求表现为前低、中高、后低，即花期需求量少，后期逐渐增加，至 8 月果实膨大达到高峰，后期又逐渐下降。钙元素在苹果幼果期达到吸收高峰，占全年的 70%，因此，幼果期补充充足的钙对果实生长发育至关重要。苹果对镁的需求量随着叶片的生长而逐渐增加，并维持在较高水平。硼元素在花期需求量最大，其次是幼果期和果实膨大期，因此，花期补硼是关键时期，可提高坐果率，增加优质果率。锌元素在发芽期需要量最大，必须在发芽前进行补充。

## 二、苹果树测土施肥配方

姜远茂等（2009）针对苹果主产区施肥现状，提出在保证有机肥施用的基础上，氮肥推荐采用总量控制分期调控技术，磷钾肥推荐采取恒量监控技术中微量元素采用因缺补缺。

**1. 有机肥推荐技术** 考虑到果园有机肥水平、产量水平和有机肥种类苹果树有机肥推荐用量参考表9-1。

表 9-1 苹果树有机肥推荐用量（千克/亩）

| 有机质含量 | 产量水平（千克/亩） | | | |
|---|---|---|---|---|
| （克/千克） | 2 000 | 3 000 | 4 000 | 5 000 |
| >15 | 1 000 | 2 000 | 3 000 | 4 000 |
| 10~15 | 2 000 | 3 000 | 4 000 | 5 000 |
| 5~10 | 3 000 | 4 000 | 5 000 | — |
| <5 | 4 000 | 5 000 | — | — |

**2. 氮肥推荐技术** 考虑到土壤供氮能力和苹果产量水平，苹果树氮肥推荐用量参考表9-2。

表 9-2 苹果树氮肥推荐用量（千克/亩）

| 有机质含量 | 产量水平（千克/亩） | | | |
|---|---|---|---|---|
| （克/千克） | 2 000 | 3 000 | 4 000 | 5 000 |
| <7.5 | 23.3~33.3 | 30~40 | — | — |
| 7.5~10 | 16.7~26.7 | 23.3~33.3 | 30~40 | — |
| 10~15 | 10~20 | 16.7~26.7 | 23.3~33.3 | 30~40 |
| 15~20 | 3.3~10 | 10~20 | 16.7~26.7 | 23.3~33.3 |
| >20 | <3.3 | 3.3~10 | 10~20 | 16.7~26.7 |

**3. 磷肥推荐技术** 考虑到土壤供磷能力和苹果产量水平，苹果磷肥推荐用量参考表9-3。

表 9-3 苹果树磷肥推荐用量（千克/亩）

| 土壤有效磷 | 产量水平（千克/亩） | | | |
|---|---|---|---|---|
| （毫克/千克） | 2 000 | 3 000 | 4 000 | 5 000 |
| <15 | 8~10 | 10~13 | 12~16 | — |
| 15~30 | 6~8 | 8~11 | 10~14 | 12~17 |
| 30~50 | 4~6 | 6~9 | 8~12 | 10~15 |
| 50~90 | 2~4 | 4~7 | 6~10 | 8~13 |
| >90 | <2 | <4 | <6 | <8 |

**4. 钾肥推荐技术** 考虑到土壤供钾能力和苹果产量水平，苹果钾肥推荐用量参考表 9-4。

表 9-4　苹果树钾肥推荐用量（千克/亩）

| 土壤交换钾 | 产量水平（千克/亩） | | | |
|---|---|---|---|---|
| （毫克/千克） | 2 000 | 3 000 | 4 000 | 5 000 |
| <50 | 20～30 | 23.3～40 | 26.7～43.3 | — |
| 50～100 | 16.7～20 | 20～30 | 23.3～40 | 26.7～43.3 |
| 100～150 | 10～13.3 | 16.7～20 | 20～30 | 23.3～40 |
| 150～200 | 6.7～10 | 10～13.3 | 16.7～20 | 20～30 |
| >200 | <6.7 | 6.7～10 | 10～13.3 | 16.7～20 |

**5. 中微量元素因缺补缺技术** 根据土壤分析结果，对照临界指标，如果缺乏进行矫正（表 9-5）。

表 9-5　苹果产区中微量元素丰缺指标及对应肥料用量

| 元素 | 提取方法 | 临界指标（毫克/千克） | 基施用量（千克/亩） |
|---|---|---|---|
| 锌 | DTPA | 0.5 | 硫酸锌：2.5～5.0 |
| 硼 | 沸水 | 0.5 | 硼砂：2.5～5.0 |
| 钙 | 醋酸铵 | 450 | 硝酸钙：10～20 |

## 三、苹果树施肥模式

苹果施肥的具体时间因品种、树体的生长结果状况以及施肥方法而有差异。不同时期，施肥种类、数量和方法不同。

**1. 基肥** 基肥以施用有机肥料为主，最宜秋施。秋施基肥的时间以中熟品种采收后、晚熟品种采收前为最佳，一般为 9 月下旬至 10 月上旬。为了充分发挥肥效，可先将几种肥料一起堆腐，然后拌匀施用。基肥的施用量按有效成分计算，宜占全年总施肥量的 70% 左右，其中化肥用量应占全年的 2/5。

**2. 追肥** 一般一年追肥 2～4 次。可根据实际情况酌情增减。

（1）花前（萌芽）追肥。是指土壤解冻后至萌芽开花前这段时期的追肥。此时正值果树萌芽开花、根系生长的生理活跃期，需要大量的氮素营养物质，因此应以有效氮肥为主，早施较好。

对基肥不足或没有施基肥的果园、弱树、老树和结果过多的大树，此期应加大氮肥用量，促进萌芽、整齐开花、提高坐果率、加速营养生长；若树势强，或上年秋施基肥充足，或历年施肥较多的果园，此期追肥可以少施或不施，也可将花前追肥推迟到花后。

（2）花后追肥。也称稳果肥，是在落花后的坐果期施用，一般落花后立即进行。苹果树开花、坐果需要消耗大量营养，是果树年周期中需肥较多的时期。此期追肥以有效氮肥为主，配施少量磷肥、钾肥，以促进枝梢生长、扩大叶面积、增加叶绿素含量、提高光合效率，并有利于糖类和蛋白质的形成，减少生理落果。

一般苹果树花前追肥和花后追肥互相补充，如花前追肥量大，花后可少施或不施。

（3）果实膨大和花芽分化期追肥。此期正值部分新梢停长、花芽开始分化、生理落果前后，果实迅速膨大，需肥量一般较大。此期追肥可提高果树光合强度，促进养分积累，提高细胞液浓度，有利于果实肥大和花芽分化，既保证当年产量，又为翌年结果奠定营养基础，对克服大小年尤为重要。

此期追肥应以氮肥和磷肥为主，并适当配施钾肥。但追肥不能过早，否则正赶上新梢生长和果实膨大期，施肥反而容易引起新梢猛长，造成大量落果。对结果不多的大树或新梢尚未停长的初果树，要注意氮肥适量施用，否则易引起二次生长，影响花芽分化。

（4）果实生长后期追肥。此期追肥应在早、中熟品种采收后，晚熟品种采收前施入。一般为8月下旬至9月中旬。此期追肥主要解决大量结果造成树体营养物质亏缺和花芽分化的矛盾，尤其是晚熟品种后期追肥尤为必要。此期追肥可以提高叶的功能，加强树体养分的后期积累，促进花芽的继续分化和充实饱满，促进果实的着色和成熟，促进根系生长，并提高果树的越冬能力。

**3. 根据树势合理追肥**　主要有旺长树、衰弱树、结果壮树、大小年树等。

（1）旺长树。追肥应避开新梢旺盛期，提倡"两停"追肥（春梢和秋梢停长期），尤其注重"秋停"追肥，有利于分配均衡、缓和旺长。应注重磷、钾肥，促进成花。春梢停长期追肥（5月下旬至6月上旬）时值花芽生理分化期，追肥以铵态氮肥为主，配合磷、钾肥，结合小水、适当干旱、提高浓度、促进发芽分化；秋梢停长期追肥（8月下旬），时值秋梢花芽分化和芽体充实期，追肥应以磷、钾肥为主，补充氮肥，注重配方、有机充足。

（2）衰弱树。应在旺长前期追施速效肥，以硝态氮肥为主，有利于促进生长。萌芽前追氮，配合浇水，加盖地膜。春梢旺长前追肥，配合大水。夏季借雨勤追，猛催秋梢，恢复树势。秋天带叶追，增加贮备，提高芽质，促进秋根。

（3）大小年树。大年树追肥时期宜在花芽分化前1个月左右，以利于促进花芽分化，增加次年产量；追氮数量宜占全年总施氮量的1/3。小年树追肥宜在发芽前，或开花前及早进行，提高坐果率，增加当年产量；追氮数量宜占全年总施氮量的1/3。

（4）结果壮树。萌芽前追肥以硝态氮肥为主，有利于发芽抽梢、开花坐果。果实膨大期追肥，以磷、钾肥为主，配合铵态氮肥，加速果实增长，增糖增色。采收后补肥浇水，恢复树体，增加贮备。

**4. 根外追肥**　在果树营养生长期，以喷施氮素肥料为主，浓度应偏低；生长季后期以喷施磷、钾为主，浓度可偏高；花期可喷施氮、硼、钙等肥料或光合微肥。进行叶面喷施肥料主要是补充磷、钾、钙、镁、硼、铁、锰、锌等营养元素，具体见表3-11。

表9-6　苹果的根外追肥

| 时期 | 种类、浓度 | 作用 | 备注 |
| --- | --- | --- | --- |
| 萌芽前 | 2%～3%尿素 | 促进萌芽、叶片、短枝发育，提高坐果率 | 可连续喷2～3次 |
| | 1%～2%硫酸锌 | 矫正小叶病，保持树体正常含锌量 | 主要用于易缺锌果园 |
| 萌芽后 | 0.3%尿素 | 促进叶片转色、短枝发育、提高坐果率 | 可连续喷2～3次 |
| | 0.3%～0.5%硫酸锌 | 矫正小叶病 | 出现小叶病 |
| 花期 | 0.3%～0.4%硼酸 | 提高坐果率高 | 可连续喷2次 |
| 新梢旺长期 | 0.1%～0.2%柠檬酸铁或黄腐酸二铵铁 | 矫正缺铁黄叶病 | 可连续喷2次 |
| 5～6月 | 0.3%～0.4%硼酸 | 防治缩果病 | |
| 5～7月 | 0.2%～0.5%硝酸钙 | 防治苦痘病，改善品质 | 可连续喷2～3次 |
| 果实发育后期 | 0.4%～0.5%磷酸二氢钾 | 增加果实含糖量，促进着色 | 可连续喷3～4次 |
| 采收后至落叶前 | 0.5%尿素 | 延缓叶片衰老、提高贮藏营养 | 可连续喷3～4次，大年尤为重要 |
| | 0.3%～0.5%硫酸锌 | 矫正小叶病 | 主要用于易缺锌果园 |
| | 0.4%～0.5%硼酸 | 矫正缺硼症 | 主要用于易缺硼果园 |

# 任务二　梨树测土配方施肥技术

梨树是我国分布面积最广的重要果树之一，全国各地均有栽培。梨园面积和梨果产量仅次于苹果和柑橘，名列第三位。

## 一、梨树的营养需求特点

梨树是多年生植物，在不同的生长发育时期对养分的种类和数量需求不同。因此，梨树对营养的需求具有明显的年龄性和季节性特点。

**1. 梨树生命周期的营养需求特点**　梨树幼龄树以长树、扩大树冠、搭好骨架为主，以后逐步过渡到以结果为主。幼树需要的主要养分是氮和磷，特别是磷，其对植物根系的生长发育具有良好的作用。成年果树对营养的需求主要是氮和钾，特别是由于果实的采收带走了大量的氮、钾和磷等许多营养元素，若不能及时补充则将影响梨树翌年的长势及产量。梨树随树龄增加，结果部位不断更替，对养分的需求数量和比例也随之发生变化。

**2. 梨树年周期对氮、磷、钾的吸收特点**　梨树对各种元素的需要量不是一成不变的，而是依据各个生长发育阶段的不同而有不同。在一年中需氮有两个高峰期，第一次大高峰期在 5 月，吸收量可达 80%，由于此期是枝、叶、根生长的旺盛期，需要的营养多；第二次小高峰在 7 月，比第一次吸收的量少 35%～40%，由于此期是果实的迅速膨大期和花芽分化期，所需养分亦多。磷在全年在的波峰不大，只在 5 月有个小高峰，由于此期是种子发育和枝条木质化阶段，需磷较多。需钾也有两个高峰期，时期与氮相同，由于第二次高峰期正值果实迅速膨大和糖分转化期，需钾量较多，所以差幅没有氮大，比第一次小 8% 左右。

## 二、梨树测土施肥配方

**1. 根据树龄确定**　不同树龄施肥量有所不同。表 9-7 列出了几种常用的肥料用量，如施其他肥料要进行养分量换算，在生产上提倡采用复合肥或配方肥。

表 9-7　不同树龄梨树的施肥量（千克/亩）

| 树龄（年） | 有机肥 | 尿素 | 过磷酸钙 | 硫酸钾 |
|---|---|---|---|---|
| 1～5 | 1 000～1 500 | 5～10 | 25～30 | 5～10 |
| 6～10 | 2 000～3 000 | 10～15 | 35～50 | 5～15 |
| 11～15 | 3 000～4 000 | 10～30 | 55～75 | 10～20 |
| 16～20 | 3 000～4 000 | 20～40 | 55～100 | 15～40 |
| 21～30 | 4 000～5 000 | 20～40 | 55～75 | 20～40 |
| >30 | 4 000～5 000 | 40 | 55～7 | 20～30 |

**2. 根据土壤肥力水平确定**　姜远茂等提出，在中等产量水平和中等肥力水平的条件下，梨树每亩年施肥量（33 株/亩）为：尿素 26 千克、过磷酸钙 67 千克、氯化钾 20 千克。土壤有效养分在中等水平以下时，增加 25%～50% 的量；

在中等水平以上时，要减少 25%～50% 的量，特别高时可考虑不施该种肥料。

### 三、梨树施肥模式

梨树施肥一般分为基肥、根部追肥和根外追肥。

**1. 基肥** 以有机肥为主，配合适量的氮、磷、钾肥，在秋季采果后至落叶前结合深耕施入。具体的施肥方法以树的大小而定，树体较小时一般采用轮状施肥，施肥的位置以树冠的处围 0.5～2.5 米为宜，开宽 20～40 厘米、深 20～30 厘米的沟，将肥料与土壤适度混合后施入沟内，由于梨树的根系主要集中在土层的 20～60 厘米，且根系的生长有明显的趋肥性，有机肥和磷、钾肥最好施入 20～40 厘米深的土壤中，以提高根系分布的深度和广度，以增强梨树的吸收，提高抗旱能力和树体固地性。

**2. 根部追肥** 根部追肥分为花前追肥、花后追肥、花芽分化期追肥、果实膨大期追肥等时期，通常在各时期中选择 1～3 次进行。

不同梨树树龄的基肥和根部追肥具体见表 9-8。

**表 9-8　不同树龄梨树基肥和追肥时期**

| 树龄（年） | 基肥 | 根部追肥 |
|---|---|---|
| 1 | 定植肥：亩施有机肥 1 000 千克，磷酸二铵 3 千克 | 6 月中旬：亩施磷酸二铵 5 千克；或尿素 2 千克、过磷酸钙 10 千克 |
| 2～5 | 秋季基肥：亩施有机肥 1 500 千克，复合肥（20 - 10 - 10）10～20 千克；或有机肥 2 000～3 000 千克，尿素 5～10 千克、过磷酸钙 10～20 千克、硫酸钾 3 千克 | 3 月中旬：亩施复合肥（20 - 10 - 10）10～15 千克；或尿素 5 千克、过磷酸钙 10～15 千克、硫酸钾 3 千克<br>6 月中旬：亩施复合肥（10 - 10 - 20）15～20 千克；或过磷酸钙 10～15 千克、硫酸钾 3 千克 |
| 6～10 | 秋季基肥：亩施有机肥 2 000～3 000 千克，复合肥（20 - 10 - 10）10～20 千克；或有机肥 3 000～4 000 千克，尿素 10～20 千克、过磷酸钙 20～30 千克、硫酸钾 5 千克 | 3 月中旬：亩施复合肥（20 - 10 - 10）20～40 千克；或尿素 5～10 千克、过磷酸钙 15～20 千克、硫酸钾 5 千克<br>6 月中旬：亩施复合肥（10 - 10 - 20）30～40 千克；或过磷酸钙 10～20 千克、硫酸钾 10 千克 |
| 11～25 | 秋季基肥：亩施有机肥 3 000～4 000 千克，复合肥（20 - 10 - 10）20～30 千克；或有机肥 3 000～4 000 千克，尿素 10～20 千克、过磷酸钙 20～30 千克、硫酸钾 5 千克 | 3 月中旬：亩施复合肥（20 - 10 - 10）55～70 千克；或尿素 10～20 千克、过磷酸钙 35～40 千克、硫酸钾 10 千克<br>6 月中旬：亩施复合肥（10 - 10 - 20）30～40 千克；或过磷酸钙 50 千克、硫酸钾 20 千克<br>晚熟品种 8 月上旬：亩施复合肥（10 - 10 - 20）15～30 千克；或硫酸钾 5～10 千克 |

（续）

| 树龄（年） | 基肥 | 根部追肥 |
|---|---|---|
| 25~30 | 秋季基肥：亩施有机肥 3 000~4 000千克，复合肥（20-10-10）30~35 千克；或有机肥 3 000~4 000千克，尿素 10~20 千克、过磷酸钙 20~30 千克、硫酸钾 5 千克 | 3 月中旬：亩施复合肥（20-10-10）50~80 千克；或尿素 20~30 千克、过磷酸钙 35~40 千克、硫酸钾 10 千克<br>6 月中旬：亩施复合肥（10-10-20）40~50 千克；或尿素 5 千克、过磷酸钙 50 千克、硫酸钾 20 千克 |

**3. 根外追肥**　梨树根外追肥一般在花后、花芽形成前、果实膨大期及采果后进行，但在具体应用时应根据树体的营养需求确定。具体见表 9-9。

表 9-9　梨树根外追肥的适宜浓度和时期

| 种类 | 浓度（%） | 时期 | 作用 |
|---|---|---|---|
| 尿素 | 0.3~0.5 | 花后，5 月上中旬喷施 1 次 | 提高坐果率、促进果实膨大 |
| 硫酸铵 | 1.0 | | |
| 磷酸铵 | 0.5~1.0 | 5 月下旬至 8 月中旬喷 3~4 次 | 促进花芽分化和果实膨大、提高品质 |
| 磷酸二氢钾 | 0.3~0.5 | | |
| 硫酸钾 | 0.3~0.5 | | |
| 硫酸锌 | 3.0~5.0 | 发芽前 | 防止缺锌 |
| | 0.3~0.5 | 春季落花后 | |
| 硼酸或硼砂 | 0.2~0.5 | 花前或花后 | 防止缺硼 |
| 硫酸亚铁 | 0.3~0.5 | 发现黄叶病时 | 防止缺铁 |

# 任务三　桃树测土配方施肥技术

桃原产于我国黄河上游海拔 1 200~1 300 米的高原地带，是我国普遍栽培的一种果树。我国规模化栽培的地区主要集中在华北、华东、华中、西北和东北的一些省份。

## 一、桃树的营养需求特点

桃树的生长具有一定的积累作用，同时又具有周年变化的特点，因此在桃树整个生命周期中，不同时期需要的养分不同，一年内树体的养分需求也有差异。

**1. 桃树各生长期对养分的需求特点**　桃树从幼树到死亡一般经过幼树期、初果期、盛果期、更新期和衰落死亡期等过程。在不同时期，由于其生理功能的差异造成对养分需求的差异。

幼树期桃树需肥量少，但对肥料特别敏感。对氮素的需求不是太多，若施用氮肥较多，易引起营养生长过旺、花芽分化困难；对磷素的需求迫切，施用磷肥可促进根系生长。因此施肥以施足磷素，适量施用钾素，少施或不施氮素。

初果期是桃树由营养生长向生殖生长转化的关键时期，施肥上应针对树体状况区别对待。若营养生长较强，应以磷素为主，配合钾素，少施氮素；若营养生长未达到结果要求，培养健壮树势仍是重点，应以施磷为主，配合氮、钾。

盛果期树以维持健壮树势、保证优质丰产为主要目的。进入结果盛期后，根系的吸收能力有所降低，而树体对养分的需求量又较多，此时如供氮不足，易引起树势衰弱、抗性差、产量低，结果寿命缩短。施肥上应以氮、磷、钾配合，并根据树势和结果多少有所侧重。

在更新衰老期树，主要是维持结果时间，保证一定产量，因此施肥上应偏施氮素，以促进更新复壮、维持树势、延长结果年份。

**2. 桃树周年生长对养分的需求特点**　桃树年周期可分为 4 个时期：贮藏营养期、贮藏营养与当年生营养交替期、利用当年生营养期和营养转化积累贮藏期。

桃树早春利用贮藏营养期，萌芽、枝叶生长和根系生长与开花坐果对养分的竞争激烈，开花坐果对养分竞争力最强，因此在协调矛盾上主要应采取疏花疏果措施，减少无效消耗，把尽可能多的养分节约下来，用于营养生长，为以后的生长发育打下坚实基础。在施肥上应注意提高地温，促进根系活动，加强树体对养分的吸收，从萌芽前就开始进行根外追肥，缓和养分竞争，保证桃树正常生长发育。

桃树贮藏营养与当年生营养交替期又称青黄不接期，是衡量树体养分状况的临界期，若养分贮藏不足或分配不合理则会出现"断粮"现象，从而制约桃树的正常生长发育。应加强秋季管理，提高树体营养贮藏水平；春季地温早回升、疏花疏果节约养分等措施均有利于延长春季养分贮藏供应期，提高当年生营养供应，缓解矛盾是保证桃树连年生产稳产的基本措施。

在利用当年生营养期，有节奏地进行养分积累、营养生长、生殖生长是养分合理运用的关键，此期养分利用中心主要是枝梢生长和果实发育，新梢持续旺长和坐果过多是造成营养失衡的主要原因。因此，调节枝类组成、合理负荷是保证桃树有规律生长发育的基础；此期是氮素的大量吸收期，应注意根据树势调整氮、磷、钾的施用比例。

营养转化积累贮藏期是叶片中各种养分回流到枝干和根系的过程。早熟、中熟品种从采果后开始积累，晚熟品种采果前已经开始，二者持续到落叶前结束。适时采收、早施基肥和加强秋季根外追肥、防止秋梢生长过旺、保护秋叶等措施是保证养分及时、充分回流的有效手段。

## 二、桃树测土施肥配方

陈清等（2009）针对桃树主产区施肥现状，提出在保证有机肥施用的基础上，氮肥推荐采用总量控制分期调控技术，磷钾肥推荐采取恒量监控技术，中微量元素采用因缺补缺。

**1. 有机肥推荐技术**　考虑到果园的有机肥水平、产量水平和有机肥种类等，桃树有机肥推荐用量参考表 9-10。

表 9-10　桃树有机肥推荐用量（千克/亩）

| 产量水平（千克/亩） | 土壤有机质（克/千克） | | | | |
| --- | --- | --- | --- | --- | --- |
| | >25 | 15～25 | 10～15 | 6～10 | <6 |
| 1 500 | 500 | 1 000 | 1 500 | 2 000 | 2 000 |
| 2 000 | 1 000 | 1 500 | 2 000 | 2 500 | 3 000 |
| 2 500 | 1 500 | 2 000 | 2 500 | 3 000 | 4 000 |
| 3 500 | 2 000 | 2 500 | 3 000 | 4 000 | — |
| 4 000 | 2 500 | 3 000 | 4 000 | 5 000 | — |

**2. 氮肥推荐技术**　考虑到土壤供氮能力和果园产量水平，桃树氮肥推荐用量参考表 9-11。

表 9-11　桃树氮肥推荐用量（千克/亩）

| 品种 | 产量水平（千克/亩） | 土壤有机质（克/千克） | | | | |
| --- | --- | --- | --- | --- | --- | --- |
| | | >25 | 15～25 | 10～15 | 6～10 | <6 |
| 早熟品种 | 1 500 | 2.5 | 3.0 | 4.5 | 6.5 | 8.5 |
| | 2 000 | 3.5 | 4.5 | 6.5 | 10.0 | 12.5 |
| | 2 500 | 4.5 | 5.5 | 9.0 | 13.5 | 17.0 |
| 中晚熟品种 | 1 500 | 2.5 | 3.0 | 4.5 | 7.0 | 9.0 |
| | 2 000 | 3.5 | 4.5 | 7.0 | 10.5 | 13.0 |
| | 2 500 | 4.5 | 6.0 | 9.5 | 14.0 | 17.5 |
| | 3 500 | 6.0 | 7.5 | 12.0 | 17.5 | — |
| | 4 000 | 7.0 | 9.0 | 14.0 | 21.0 | — |

**3. 磷肥推荐技术**　考虑到土壤供磷能力和果园产量水平，桃树磷肥推荐用量参考表 9 - 12。

**表 9 - 12　桃树磷肥推荐用量**（千克/亩）

| 品种 | 产量水平（千克/亩） | 土壤有效磷（毫克/千克） | | | | |
|---|---|---|---|---|---|---|
| | | ＞60 | 60～40 | 40～20 | 206～10 | ＜10 |
| 早熟品种 | 1 500 | 1.0 | 1.5 | 2.0 | 3.0 | 4.0 |
| | 2 000 | 1.5 | 2.5 | 3.0 | 4.5 | 6.0 |
| | 2 500 | 2.0 | 3.0 | 4.0 | 6.0 | 8.0 |
| 中晚熟品种 | 1 500 | 1.0 | 2.0 | 2.5 | 3.5 | 4.5 |
| | 2 000 | 1.5 | 2.5 | 3.5 | 5.0 | 7.0 |
| | 2 500 | 2.5 | 3.5 | 4.5 | 7.0 | 9.0 |
| | 3 500 | 3.0 | 4.5 | 5.5 | 8.5 | — |
| | 4 000 | 3.5 | 5.0 | 7.0 | 10.0 | — |

**4. 钾肥推荐技术**　考虑到土壤供钾能力和果园产量水平，桃树钾肥推荐用量参考表 9 - 13。

**表 9 - 13　桃树钾肥推荐用量**（千克/亩）

| 品种 | 产量水平（千克/亩） | 土壤交换钾（毫克/千克） | | | | |
|---|---|---|---|---|---|---|
| | | ＞200 | 200～150 | 150～100 | 100～50 | ＜50 |
| 早熟品种 | 1 500 | 3.0 | 4.0 | 6.0 | 9.0 | 11.5 |
| | 2 000 | 4.5 | 6.0 | 9.0 | 14.0 | 17.5 |
| | 2 500 | 6.0 | 7.5 | 12.5 | 18.5 | 23.0 |
| 中晚熟品种 | 1 500 | 4.0 | 4.5 | 7.5 | 11.0 | 13.5 |
| | 2 000 | 5.5 | 7.0 | 11.0 | 16.0 | 20.0 |
| | 2 500 | 7.5 | 9.0 | 14.5 | 21.5 | 27.0 |
| | 3 500 | 9.0 | 11.5 | 18.0 | 27.0 | — |
| | 4 000 | 11.0 | 13.5 | 21.5 | 32.0 | — |

## 三、桃树施肥模式

**1. 基肥**　早熟品种基肥施用量可占全年施肥量的 70%～80%，中晚熟品种占 50%～60%。基肥通常自采果后至翌年萌芽前均可施用，但以秋季早施为好，施基肥时加放适量速效肥。所以，秋施基肥好于春施，一般在 9 月至 10 月中旬施用，即在落叶前 1 个月施用。一般，1～3 年生幼龄树每亩施用腐熟有机肥 1.0～1.5 吨；结果大树基施腐熟有机肥 3～4 吨、配方肥（总养分含量 35%）20～30 千克。

**2. 根际追肥** 基肥施用充足时，萌芽前至攻果第一次迅速生长期，可不必追肥。但在基肥半施、施用不足或施用过迟的情况下，必须追肥。追肥应根据桃树萌芽、开花、抽梢、结果等各个生长发育时期分次进行，主要有以下几个时期（表 9-14）。

表 9-14 桃树追肥的几个时期及具体操作方法

| 时期 | 作用 | 用量 |
|---|---|---|
| 萌芽前 | 补充树体贮藏营养的不足，促进开花，提高坐果率，增加新梢的前期生长量 | 以氮肥为主，配合磷、钾、硼等。1～3 年生幼树株施 0.1～0.2 千克尿素，结果大树每株 0.2 千克尿素 |
| 谢花后（1～2 周） | 补充花期的营养消耗，促进新梢生长，减轻生理落果 | 以氮肥配合微量元素施用，应注意用量，以免造成新梢旺长，增加落果。1～3 年生幼树，追 0.1 千克尿素加少量磷、钾、锌肥等；结果树追 0.2 千克尿素加少量磷、钾肥；或根据树体缺素状况，加入少量对应的微量元素肥料 |
| 壮果肥（5 月中旬） | 5 月中旬是最关键的追肥时期。因为中旬以后，桃树正处于种核硬化、花芽分化和果实第二次迅速膨大前期的 3 个重要生长发育阶段，三者都需要消耗大量养分，而树体的贮藏营养在花期大部分已被消耗，因此需要补充大量的养分 | 此时追肥应以控氮为主，多施复合肥和磷、钾肥。1～3 年生幼树施复合肥或专用肥（养分比例为 16∶8∶16）0.5～1 千克，结果大树 1～1.5 千克 |
| 采果肥 | 有利于提高果实品质，促果实长大，提高含糖量恢复树势 | 一般在采前 15 天施入，主要施用速效钾肥 |
| 采后肥 | 有利于恢复树势，增加树体内的养分累积，充实枝芽，提高越冬抗寒性，为翌年丰产打下基础 | 以氮肥为主，施全年用量的 10%～20%。幼树、结果少的旺树，可少施或不施，以稳定生长、少发秋梢，保证安全越冬 |

**3. 根外追肥** 在桃树生长季节中，还可以根据树体的生长结果状况和土壤施肥情况，适当进行根外追肥（表 9-15）。

**表 9 – 15　桃树叶面喷肥的种类与浓度**

| 肥料种类 | 喷施浓度（%） | 喷施时期 | 作用 |
|---|---|---|---|
| 尿素 | 0.3～0.5 | 整个生长期 | 促进生长和果实发育，提高树体营养 |
| 磷酸二氢钾 | 0.2～0.3 | 果实膨大期至成熟期 | 促进花芽分化，提高果实品质 |
| 氯化钾 | 0.3～0.5 | 落果后至成熟期 | |
| 硫酸钾 | 0.2～0.5 | 落果后至成熟期 | |
| 硫酸锌 | 3～5 | 萌芽前 3～4 周 | 防止缺锌引起小叶病 |
| | 0.3～0.5 | 整个生长期 | |
| 硼砂或硼酸 | 1.0 | 发芽前后 | 提高坐果率，防止缺硼症 |
| | 0.1～0.3 | 花期 | |
| 柠檬酸铁 | 0.05～0.1 | 生长期 | 防止缺铁症 |
| 硫酸亚铁 | 0.3～0.5 | 生长期 | 防止缺铁症 |
| 硝酸钙或氯化钙 | 0.3～0.5 | 盛花后 3～5 周，果实采收后 3～5 周 | 防止果实缺钙症 |

# 任务四　葡萄测土配方施肥技术

我国各地基本都能种植葡萄，主要产区有新疆、黄土高原区、晋冀京地区、环渤海湾、黄河古道及南方欧美杂交种产区等。

## 一、葡萄树的营养需求特点

葡萄树生长旺盛，结果量大，因此对养分的需求也明显增多。研究表明，在一个生长季节中，丰产葡萄园每生产 1 000 千克葡萄鲜果，每年从土壤中吸收氮 7.5 千克、五氧化二磷 4.2 千克、氧化钾 8.3 千克；一般产量葡萄园每生产 100 千克鲜果，每亩每年从土壤中吸收氮 5～7 千克、五氧化二磷 2.5～3.5 千克、氧化钾 6～8 千克、钙 4.64 千克、镁 0.026 千克。

一年之中，在葡萄树生长发育的不同阶段，对不同营养元素的需求种类和数量也有明显不同。一般从萌芽至开花前主要需要氮和磷，开花期需要硼和锌，幼果生长至成熟需要充足的磷和钾，到果实成熟前则主要需要钙和钾。从萌动、开花至幼果初期，需氮最多，约占全年需氮量的 64.5%；磷的吸收则随枝叶生长、开花坐果和果实增大而逐步增多，至新梢生长最盛期和果粒增大期而达到高峰；钾的吸收虽从展叶抽梢开始，但以果实肥大至着色期需钾最多；开花期需要硼素较多，花芽分化、浆果发育、产量品质形成需要大量的磷、钾、锌等元素，果实成熟需要钙素，而采收后需要补充一定的氮素营养。葡萄树对铁的吸收和转运都很慢，叶面喷施硫酸亚铁类化合物效果不佳。

## 二、葡萄树测土施肥配方

张丽娟（2009）根据目标产量、土壤肥力状况等，提出葡萄树肥料推荐施用量。

**1. 有机肥推荐量** 根据各地经验，腐熟的鸡粪、纯羊粪可按葡萄产量与施有机肥量之比为 1∶1 的标准施用；厩肥（猪、牛圈肥）按 1∶2～3 标准施用；商品有机肥或生物有机肥可按 1∶2 或 1∶3 比例酌减。

**2. 氮、磷、钾肥推荐量** 氮肥根据土壤有机质含量和目标产量进行推荐（表 9-16），磷肥根据土壤有效磷含量和目标产量进行推荐（表 9-17），钾肥根据土壤交换钾含量进行推荐（表 9-18）。

表 9-16 根据土壤有机质和目标产量推荐葡萄树氮肥用量（千克/亩）

| 肥力等价 | 有机质（克/千克） | 目标产量（千克/亩） | | | | | |
|---|---|---|---|---|---|---|---|
| | | 660 | 1 000 | 1 660 | 2 000 | 2 330 | 3 000 |
| 极低 | <6 | 10.0 | 14.7 | 24.0 | 30.0 | 34.7 | 44.7 |
| 低 | 6～10 | 7.5 | 11.0 | 18.0 | 22.5 | 26.0 | 33.5 |
| 中 | 10～15 | 5.0 | 7.3 | 12.0 | 15.0 | 17.3 | 22.3 |
| 高 | 15～20 | 2.5 | 3.7 | 6.0 | 7.5 | 8.7 | 11.2 |
| 极高 | >20 | 0 | 0 | 0 | 0 | 0 | 0 |

表 9-17 根据土壤有效磷和目标产量推荐葡萄树磷肥用量（千克/亩）

| 肥力等价 | 有效磷（毫克/千克） | 目标产量（千克/亩） | | | | | |
|---|---|---|---|---|---|---|---|
| | | 660 | 1 000 | 1 660 | 2 000 | 2 330 | 3 000 |
| 极低 | <5 | 6.7 | 10.0 | 17.3 | 20.0 | 24.0 | 30.7 |
| 低 | 5～15 | 5.0 | 7.5 | 13.0 | 15.0 | 18.0 | 23.0 |
| 中 | 15～30 | 3.3 | 5.0 | 8.7 | 10.0 | 12.0 | 15.3 |
| 高 | 30～40 | 1.7 | 2.5 | 4.3 | 5.0 | 6.0 | 7.7 |
| 极高 | >40 | 0 | 0 | 0 | 0 | 0 | 0 |

表 9 - 18　根据土壤交换钾和目标产量推荐葡萄树钾肥用量（千克/亩）

| 肥力等价 | 交换钾（毫克/千克） | 目标产量（千克/亩） | | | | | |
|---|---|---|---|---|---|---|---|
| | | 660 | 1 000 | 1 660 | 2 000 | 2 330 | 3 000 |
| 极低 | <60 | 14.0 | 21.3 | 34.7 | 41.3 | 49.3 | 63.3 |
| 低 | 60～100 | 10.5 | 16.0 | 26.0 | 31.0 | 37.0 | 47.5 |
| 中 | 100～150 | 7.0 | 10.7 | 17.3 | 20.7 | 24.7 | 31.7 |
| 高 | 150～200 | 3.5 | 5.3 | 8.7 | 10.3 | 12.3 | 15.9 |
| 极高 | >200 | 2.3 | 3.5 | 5.8 | 6.9 | 8.2 | 10.5 |

**3. 中微量元素因缺补缺技术**　中微量元素通过土壤测定，低于临界指标时采用因缺补缺进行施肥（表 9 - 19）。

表 9 - 19　北方地区葡萄树中微量元素丰缺指标及施肥量

| 元素 | 提取方法 | 临界指标（毫克/千克） | 施用时期 | 施用量 |
|---|---|---|---|---|
| 钙 | 乙酸铵 | 800 | 果实采收前 | 1%～1.5%硝酸钙喷施 |
| 铁 | DTPA | 2.5 | 花期 | 0.3%硫酸亚铁喷施 |
| 锌 | DTPA | 0.5 | 采收后、花期 | 亩施硫酸锌1～2千克 |
| 硼 | 沸水 | 0.5 | 花期 | 0.1%～0.3%硼砂喷施 |

## 三、葡萄树施肥模式

**1. 基肥**　基肥通常用腐熟的有机肥（厩肥、堆肥等）在葡萄采收后立即施入，并加入一些速效性化肥，如硝酸铵、尿素和过磷酸钙、硫酸钾等。施基肥的方法有全园撒施和沟施两种。基肥施用量占全年总施肥量的 50%～60%。一般丰产稳产葡萄园每亩施土杂肥 5 000 千克（折合氮 12.5～15 千克、磷 10～12.5 千克、钾 10～15 千克，氮、磷、钾的比例为 1∶0.5∶1）。果农总结为"1 千克果 5 千克肥"。

**2. 根际追肥**　在葡萄生长季节施用，一般丰产园每年需追肥 2～3 次。追肥施用方法：结合灌水或雨天直接施入植株根部的土壤中。第一次追肥在早春芽开始膨大时进行。此时花芽正继续分化，新梢即将旺盛生长，需要大量的氮素养分，宜施用腐熟的人粪尿混掺硝酸铵或尿素，施用量占全年用肥量的 10%～15%。第二次追肥在谢花后幼果膨大初期进行，以氮肥为主，结合施磷、钾肥。这一时期追肥以施腐熟的人粪尿或尿素、草木灰等速效肥为主，施肥量占全年施肥总量的 20%～30%。第三次施肥在果实着色初期进行，以磷、钾肥为主，施肥量占全年用肥量的 10% 左右。

**3. 根外追肥**　葡萄树生长不同时期对营养需求的种类也有所不同，主要在开花前、生长期、坐果期、浆果膨大期、着色期、萌芽前等时期叶面喷施（表 9 - 20）。

表 9 - 20　葡萄叶面追肥时间与作用

| 肥料 | 浓度（%） | 时期 | 作用 |
|---|---|---|---|
| 硼砂 | 0.1～0.3 | 开花前 | 提高坐果率 |
| 硼酸 | 0.05～0.1 | 开花前 | 提高坐果率 |
| 尿素 | 0.2～0.3 | 生长前期 | 补充氮素，促进生长 |
| 磷酸二氢钾 | 0.2～0.5 | 浆果膨大期 | 提高果实品质 |
| 草木灰浸出液 | 3 | 着色期 | 提高果实品质 |
| 过磷酸钙浸出液 | 1～3 | 着色期 | 提高果实品质 |
| 硫酸锌 | 0.3 | 萌芽前 | 防止小叶病 |
| 硫酸亚铁 | 0.2～0.5 | 萌芽前 | 防止黄叶病 |
| 硝酸钙 | 2～3 | 坐果期 | 增加果实硬度 |

# 任务五　柑橘测土配方施肥技术

柑橘类果树种类繁多，品种复杂。主要有枸橼、柠檬、来檬、酸橙、甜橙、柚、葡萄柚和柑橘等。我国经济栽培区集中在四川、台湾、广东、广西、福建、浙江、江西、湖南、湖北、贵州和云南 11 个省（自治区）。

## 一、柑橘树的营养需求特点

柑橘是常绿果树，全年生长周期中无明显的休眠期，根系可周年吸收养分，加之根系发达，茎叶繁茂，一年多次抽梢，所以需肥量大，是落叶果树的 1～2 倍。综合各地研究资料，每生产 1 000 千克的柑橘果实，需氮 1.18～1.85 千克、五氧化二磷 0.17～0.27 千克、氧化钾 1.70～2.61 千克、钙 0.36～1.04 千克、镁 0.17～1.19 千克，硼、锌、锰、铁、铜、钼等微量元素 10～100 毫克/千克。

柑橘树对养分的吸收随物候期的不同而发生变化。早春气温低，柑橘对养分的需要量比较少。当气温回升、春梢抽发时，需要养分量逐渐增加。在夏季，由于枝梢生长和果实膨大，需要养分量明显增多，不仅需要大量的氮，还需要磷、钾配合。秋季随着秋梢的停长，根系进入第三次生长高峰，为补充树体营养、贮藏养分、促进花芽分化，柑橘仍需大量养分。以后随着气温的降低，生长量渐小，需要养分量也逐渐减少。

总的来说，4～10月是柑橘树一年中吸肥最多的时期，氮、钾的吸收从仲夏开始增加，8～9月出现最高峰。新梢对氮、磷、钾的吸收由春季开始迅速增长，夏季达到高峰，入秋后开始下降，入冬后氮、磷吸收基本停止，接着钾的吸收也停止；果实对磷的吸收，从仲夏逐渐增加，至夏末秋初达到高峰，以后趋于平稳；对氮、钾的吸收从仲夏开始增加，秋季出现最高峰。

## 二、柑橘树测土施肥配方

胡承孝等（2009）综合考虑品种、树龄、产量水平、土壤肥力等因素后，提出"以果定肥，以树调肥，以土补肥"的原则，柑橘施肥应以提高果园土壤缓冲性为核心，氮采取总量控制分期调控技术，磷、钾采取恒量监控技术，中微量元素做到因缺补缺技术。

**1. 有机肥推荐技术**　综合考虑品种、树龄、产量水平、土壤肥力等因素，早熟品种、土壤肥沃、树龄小的果园有机肥施用量为 2 000～3 000 千克/亩；高产品种、土壤瘠薄、树龄大的果园有机肥施用量为 3 000～4 000 千克/亩。

**2. 氮采取总量控制分期调控技术**　氮肥施用量取决于土壤有机质和柑橘的产量水平（表 9-21）。

表 9-21　柑橘氮肥推荐用量（千克/亩）

| 有机质含量（克/千克） | 产量水平（千克/亩） | | | |
|---|---|---|---|---|
| | <1 330 | 1 330～2 000 | 2 000～3 330 | >3 330 |
| <7.5 | >10 | >16.7 | >23.3 | — |
| 7.5～10 | 10 | 16.7 | 20.0 | 23.3 |
| 10～15 | 6.7 | 13.3 | 16.7 | 20.0 |
| 15～20 | 5.0 | 10.0 | 13.3 | 16.7 |
| >20 | <3.3 | 6.7 | 10.0 | 13.3 |

**3. 磷、钾采取恒量监控技术**　磷肥施用量取决于土壤有效磷和柑橘的产量水平（表 9-22）。钾肥施用量取决于土壤交换量和柑橘的产量水平（表 9-23）。

**4. 中微量元素做到因缺补缺技术**　主要是硼、锌等微量元素。

硼肥：有效硼≤0.25 毫克/千克，基施硼砂 15 克/株，幼果期喷施 0.1%～0.2%硼砂溶液 1～2 次；有效硼为 0.25～0.50 毫克/千克，基施硼砂 10 克/株，幼果期喷施 0.1%～0.2%硼砂溶液 1 次；有效硼为 0.50～0.80 毫克/千克，幼果期喷施 0.1％～0.2％硼砂溶液 2～3 次。

**表 9-22　柑橘磷肥推荐用量**（千克/亩）

| 有效磷含量<br>（毫克/千克） | 产量水平（千克/亩） | | | |
|---|---|---|---|---|
| | <1 330 | 1 330～2 000 | 2 000～3 330 | >3 330 |
| <15 | >6 | >8 | >10 | >12 |
| 15～30 | 6 | 8 | 10 | 12 |
| 30～50 | 4 | 6 | 8 | 10 |
| >50 | <2 | 4 | 6 | 8 |

**表 9-23　柑橘钾肥推荐用量**（千克/亩）

| 交换钾含量<br>（毫克/千克） | 产量水平（千克/亩） | | | |
|---|---|---|---|---|
| | <1 330 | 1 330～2 000 | 2 000～3 330 | >3 330 |
| <50 | >16.7 | >20 | >23.3 | >26.7 |
| 50～100 | 16.7 | 20 | 23.3 | 26.7 |
| 100～150 | 13.3 | 16.7 | 20 | 23.3 |
| >150 | <6.7 | 6.7～10 | 10～13.3 | 16.7～20.0 |

锌肥：有效锌（DTPA 提取）≤0.55 毫克/千克，基施硫酸锌 1.5 千克/亩；也可在幼果期喷施 0.1％～0.2％的硫酸锌溶液。

## 三、柑橘幼树施肥技术

柑橘幼树根浅且少，幼嫩、耐肥力弱，幼树施肥的重点在于促进枝梢的速生快长，迅速扩大树冠骨架，培育健壮枝条，为早结果和丰产打下基础，因此，柑橘幼树在肥料分配上要求施足有机肥培肥土壤，化肥做到前期薄肥勤施，后期控肥水、促老熟。

长江流域柑橘每年抽生 3 次新梢，因此以 3 次重肥为主，即 2 月底至 3 月初施春梢肥，5 月中旬施夏梢肥，7 月上中旬施早秋梢肥，11 月下旬还要补施冬肥。夏季修剪结合整形，重施氮、磷、钾肥，以促发 7 月下旬抽生的早秋梢。丘陵山地的橘园应多积制有机肥，深埋深施，深耕改土，促进根系的生长和扩展。全年施肥 3～5 次。

根据各地经验，一般 1～3 年生柑橘幼树全年施肥量平均每株有机肥 15～30 千克、尿素 0.7～0.8 千克、过磷酸钙 0.7～1.3 千克、氯化钾 0.3～0.4 千克，或 40％专用肥 1.5～2 千克。随着树龄增加，树冠不断扩大，对养分的需求也不断增加，因此，柑橘幼树施肥应坚持从少到多，逐年提高的原则。

柑橘幼树株行间空地较多，为了改良土壤、提高肥力、改善果园小气候、防除杂草，应在冬季和夏季种植豆科绿肥，深翻入土。绿肥深翻入土时可混合石灰，每亩 50～80 千克。

幼年柑橘树施肥采用环状沟施，在树冠外围挖一条 20～40 厘米宽、15～45 厘米深的环状沟，然后将表土和基肥混合施入，以后施肥位置依次轮换。

### 四、柑橘结果树施肥技术

柑橘进入结果期后，施肥的目的主要是不断扩大树冠，同时获得果实的丰产和优质，施肥要做到调节营养生长和生殖生长达到相对平衡。

我国成年柑橘树一般每年施肥 3～5 次。亩产 2 500～3 000 千克的树一般年每株需施有机肥 30～50 千克、尿素 1.4～2.0 千克、过磷酸钙 2～3 千克、氯化钾 0.9～1.2 千克或 40％柑橘配方肥 3.5～4.5 千克。

**1. 春梢肥**　春梢肥主要作用为促春梢抽生和花芽分化，延迟和减少老叶脱落。一般在柑橘春梢萌芽前 15～20 天施入，以有效氮、磷肥为主，氮的施用量占全年的 20％～30％，并结合施一些农家肥，如人畜粪尿等。一般每株可施有机肥 15～25 千克、尿素 0.4～0.6 千克、过磷酸钙 1 千克、氯化钾 0.25～0.35 千克，或 40％柑橘配方肥 1～1.3 千克。

**2. 谢花肥**（保果肥）　柑橘树因开花大量消耗养分，谢花后叶片会褪色，所以及时施肥有利于保果和促进果实发育。一般于 5 月中旬施用。保果肥以速效钾、有效磷为主，配合一定量的氮、镁肥，氮肥用量占全年用量的 10％。此期是柑橘对氮敏感时期，氮不足会引起落果，供氮过多而促发大量新梢会导致更多落果。一般每株可施尿素 0.1～0.2 千克、过磷酸钙 1 千克、氯化钾 0.1～0.2 千克、硫酸镁 0.2～0.4 千克，或 40％柑橘配方肥 0.2～0.4 千克。

**3. 壮果促梢肥**　壮果促梢肥有利于果实膨大和促发早秋梢。一般在 7 月末至 8 月中旬施入。施肥时需要氮、磷、钾配合，以氮、钾为主，施氮量占全年的 20％～30％，施钾量占全年的 30％～40％。一般每株可施尿素 0.6～0.8 千克、氯化钾 0.4～0.5 千克、硫酸镁 0.2～0.4 千克，或 40％柑橘配方肥 1.5～1.7 千克。

**4. 采果肥**　其作用是恢复树势，提高抗寒力，保叶过冬，促进花芽分化。一般在 10 月下旬至 12 月上旬，采果后 10 天左右施用，要重施有机肥和过磷酸钙、钾肥等，施肥量为施肥总量的 30％～35％，施肥要结合扩大改土进行。一般每株可施有机肥 15～25 千克、尿素 0.2～0.4 千克、过磷酸钙 1 千克、氯化钾 0.2～0.3 千克，或 40％柑橘配方肥 0.7～0.8 千克。

**5. 根外追肥技术**　根外追肥抓住 3 个时期：一是花芽分化期，可在秋冬季用 0.2％磷酸二氢钾＋0.3％尿素液喷 2～3 次，促进花芽分化；二是在萌芽期和蕾期，用 0.1％硼砂液＋0.2％磷酸二氢钾＋0.3％硫酸锌溶液喷 3 次；三是在果实迅速膨大期用 0.3％磷酸二氢钾液，加 2％～3％的硫酸镁，或多元微肥液喷两次，但应注意在果实成熟前一个半月不施用任何叶面肥。稀土对果品增色有突出效果，并能使果实含糖量增加 1％左右，并增重 10％～15％。喷施方法是在生长季节喷施 2～3 次 1 000 毫克/千克的稀土溶液。

# 任务六　荔枝测土配方施肥技术

我国荔枝主要产地为广东、广西、福建、台湾和海南，另外四川、云南、浙江、贵州等也有少量栽培。

## 一、荔枝树的营养需求特点

荔枝生长发育需要吸收 16 种必需营养元素，从土壤中吸收最多的是氮、磷、钾。据报道，每生产 1 000 千克鲜荔枝果实需从土壤中吸收氮 13.6～18.9 千克、五氧化二磷 3.18～4.94 千克、氧化钾 20.8～25.2 千克，其吸收比例为 1∶0.25∶1.42，由此可见，荔枝是喜钾果树。

荔枝对养分吸收有两个高峰期：一是 2～3 月抽发花穗和春梢期，对氮的吸收最多，磷次之；二是 5～6 月果实迅速生长期，对氮的吸收达到高峰，对钾的吸收也逐渐增加，如果养分供应不足，易造成落花落果。

## 二、荔枝树测土施肥配方

邓兰生等（2009）根据树龄、产量水平、土壤肥力等因素，对有机肥、氮肥、磷肥、钾肥进行推荐，中微量元素做到因缺补缺。

**1. 有机肥推荐技术**　根据荔枝树龄和土壤肥力水平，有机肥推荐用量如表 9 - 24。

表 9 - 24　荔枝全年有机肥推荐用量（千克/亩）

| 树龄（年） | 土壤肥力水平 | | |
| --- | --- | --- | --- |
| | 低 | 中 | 高 |
| 1～3 | 2 000 | 1 500 | 1 500 |
| 4～8 | 3 000 | 2 500 | 2 000 |
| ＞8 | 3 500 | 3 000 | 2 500 |

**2. 氮肥推荐技术** 根据荔枝树龄和土壤肥力水平，氮肥推荐用量如表 9-25。

表 9-25 荔枝氮肥推荐用量（千克/亩）

| 树龄（年） | 土壤肥力水平 | | |
| --- | --- | --- | --- |
| | 低 | 中 | 高 |
| 1～3 | 8 | 6 | 4 |
| 4～8 | 16.7 | 14.7 | 13.3 |
| >8 | 22 | 20 | 17.3 |

**3. 磷肥推荐技术** 根据荔枝树龄和土壤肥力水平，磷肥推荐用量如表 9-26。

表 9-26 荔枝磷肥推荐用量（千克/亩）

| 树龄（年） | 土壤肥力水平 | | |
| --- | --- | --- | --- |
| | 低 | 中 | 高 |
| 1～3 | 5.3 | 4 | 2.7 |
| 4～8 | 8 | 6.7 | 5.3 |
| >8 | 10.7 | 9.3 | 8 |

**4. 钾肥推荐技术** 根据荔枝树龄和土壤肥力水平，钾肥推荐用量如表 9-27。

表 9-27 荔枝钾肥推荐用量（千克/亩）

| 树龄（年） | 土壤肥力水平 | | |
| --- | --- | --- | --- |
| | 低 | 中 | 高 |
| 1～3 | 30 | 26.7 | 23.3 |
| 4～8 | 40 | 36.7 | 33.3 |
| >8 | 53.3 | 46.7 | 43.3 |

**5. 中微量元素因缺补缺** 钙镁肥：一般株施石灰 3～5 千克，采果后清园施用。一般株施硫酸镁 0.5～1 千克，与氮、磷、钾肥同时施用。硼锌肥：出现缺素症状时，叶面喷施 0.1%～0.2% 硼砂或硫酸锌溶液 2～3 次。

## 三、荔枝树施肥模式

**1. 荔枝树施肥原则** 重视有机肥料的施用，根据生育期施肥，合理搭配氮、磷、钾肥，视荔枝品种、长势、气候等因素调整施肥计划。土壤酸性较强果园，适量施用石灰、钙、镁、磷肥来调节土壤酸碱度和补充相应养分。采用适宜施肥方法，针对性施用中微量元素肥料。果实发育期正值雨季，氮肥尽量选用铵态氮肥，避免用尿素或硝态氮肥。施肥与其他管理措施相结合，例如采用滴喷灌施肥、拖管淋灌施肥、施肥枪施肥料溶液等。

**2. 施肥时期**　肥料分 6～8 次分别在采后（一梢一肥，2～3 次）、花前、谢花及果实发育期施用。视荔枝树体长势，可将花前和谢花肥合并施用，或将谢花肥和壮果肥合并施用。氮肥在上述 4 个生育期施用比例为 45％、10％、20％和 35％，磷肥可在采后一次施入或分采后和花前两次施入。花期可喷施磷酸二氢钾溶液。

**3. 缺硼和缺钼的果园**　在花前、谢花及果实膨大期喷施 0.2％硼砂＋0.05％钼酸铵溶液；在荔枝梢期喷施 0.2％的硫酸锌或复合微量元素。pH＜5.0 的果园，每亩施用石灰 100 千克，5.0＜pH＜6.0 的果园，每亩施用石灰 40～60 千克，在冬季清园时施用。

# 任务七　香蕉测土配方施肥技术

香蕉通常仅在南、北纬 23°的区域大规模种植，我国香蕉种植主要分布在广东、广西、海南、福建、台湾等省区，云南、四川等省的南部也有种植。

## 一、香蕉的营养需求特点

香蕉为多年生常绿大型草本植物。若以中等产量每亩产 2 000 千克蕉果计算，每亩香蕉约需从土壤中吸收氮 24 千克、磷 7 千克、钾 87 千克，而香蕉 1 千克鲜物中含有氮 5.6 克、磷 1 克、钾 28.3 克，三者的比例为 1∶0.2∶5。可见，香蕉是非常喜钾的植物。

香蕉在营养生长期（18 片大叶前），氮、磷、钾吸收量占总生育期的 10.7％，吸收的比例为 1∶0.10∶2.72；孕蕾期（18～28 片大叶）氮、磷、钾吸收量占总生育期的 35.4％，吸收的比例为 1∶0.11∶3.69；果实发育成熟期氮、磷、钾吸收量占总生育期的 53.9％，吸收的比例为 1∶0.10∶3.19。

香蕉对养分的需求随着叶期增大而增加，18～40 叶期生长发育的好坏对香蕉的产量与质量起决定性作用，是香蕉重要的施肥期。这个时期又可分两个重施期：一是营养生长中后期（18～29 叶，春植蕉植后 3～5 个月，夏秋植蕉植后与宿根蕉出芽定笋后 5～9 个月），此期处于营养生长盛期，对养分要求十分强烈，反应最敏感。二是花芽分化期（30～40 叶，春植蕉植后 5～7 个月，夏秋植蕉植后与宿根蕉出芽定笋后 9～11 个月），由抽大叶 1～2 片至短圆的葵扇叶，叶距由疏转密，抽叶速度转慢；假茎发育至最粗，球茎（蕉头）开始呈坛形；此期处于生殖生长的花芽分化过程需要大量养分供幼穗生长发育，才能形成穗大果长的果穗。

## 二、香蕉测土施肥配方

**1. 常规沟灌条件**　根据土壤肥力水平、有机肥品种、产量水平等，有机肥推荐用量参考表 9-28；氮肥推荐用量参考表 9-29；磷肥推荐用量参考表 9-30；钾肥推荐用量参考表 9-31。

表 9-28　常规沟灌香蕉有机肥推荐用量（千克/亩）

| 肥力等级 | 产量水平（千克/亩） | | | | | |
|---|---|---|---|---|---|---|
| | 3 330 | | 4 660 | | 6 000 | |
| | 商品有机肥 | 禽粪类 | 商品有机肥 | 禽粪类 | 商品有机肥 | 禽粪类 |
| 低 | 360 | 733 | 453 | 867 | 533 | 1067 |
| 中 | 267 | 533 | 320 | 667 | 400 | 867 |
| 高 | 187 | 333 | 213 | 467 | 267 | 667 |
| 极高 | 80 | 133 | 107 | 267 | 133 | 467 |

表 9-29　常规沟灌香蕉氮肥推荐用量（千克/亩）

| 肥力等级 | 产量水平（千克/亩） | | |
|---|---|---|---|
| | 3 330 | 4 660 | 6 000 |
| 低 | 16.7 | 23.3 | 26.7 |
| 中 | 13.3 | 20.0 | 23.3 |
| 高 | 10.0 | 16.7 | 20.0 |
| 极高 | 6.7 | 13.3 | 16.7 |

表 9-30　常规沟灌香蕉磷肥推荐用量（千克/亩）

| 肥力等级 | 极低 | 低 | 中 | 高 | 极高 |
|---|---|---|---|---|---|
| Bray II - P<br>（毫克/千克） | <7 | 7~20 | 20~30 | 30~45 | >45 |
| 磷肥用量 | 26.7 | 23.3 | 20.0 | 16.7 | 13.3 |

表 9-31　常规沟灌香蕉钾肥推荐用量（千克/亩）

| 肥力等级 | 产量水平（千克/亩） | | |
|---|---|---|---|
| | 3 330 | 4 660 | 6 000 |
| 低 | 50.0 | 70.0 | 80.0 |
| 中 | 40.0 | 60.0 | 70.0 |
| 高 | 30.0 | 50.0 | 60.0 |
| 极高 | 20.0 | 40.0 | 50.0 |

**2. 滴灌条件**　有机肥和磷肥作基肥，可参考常规沟灌条件下表 11-2 和表 11-4。氮肥和钾肥作追肥，灌水时随滴灌管道施入（表 9-32）。

表 9-32　香蕉滴灌追肥推荐用量（千克/亩）

| 肥力等级 | 产量水平（千克/亩） | | | | | |
| | 3 330 | | 4 660 | | 6 000 | |
| | N | $K_2O$ | N | $K_2O$ | N | $K_2O$ |
|---|---|---|---|---|---|---|
| 低 | 8.3 | 25.0 | 11.7 | 35.0 | 13.3 | 40.0 |
| 中 | 6.7 | 20.0 | 10.0 | 30.0 | 11.7 | 35.0 |
| 高 | 5.0 | 15.0 | 8.3 | 25.0 | 10.0 | 30.0 |
| 极高 | 3.3 | 10.0 | 6.7 | 20.0 | 8.3 | 25.0 |

**3. 根据目标产量确定**　根据目标产量香蕉推荐施肥量参考表 9-33。

表 9-33　根据目标产量香蕉推荐施肥量

| 目标产量（千克/亩） | 推荐施肥量（千克/亩） | | | |
| | 有机肥 | N | $P_2O_5$ | $K_2O$ |
|---|---|---|---|---|
| >5 000 | 传统有机肥：1 000~3 000<br>腐熟禽畜粪：<1 000 | 45~60 | 15~20 | 70~90 |
| 3 000~5 000 | 传统有机肥：1 000~2 000<br>腐熟禽畜粪：<1 000 | 30~45 | 8~12 | 50~70 |
| <3 000 | 传统有机肥：1 000~1 500<br>腐熟禽畜粪：<1 000 | 18~25 | 6~8 | 30~45 |

## 三、香蕉施肥模式

**1. 存在问题与施肥原则**　针对香蕉生产中普遍忽视有机肥施用和土壤培肥，钙、镁、硼等中微量元素缺乏，施肥总量不足及过量现象同时存在，重施钾肥但时间偏迟等问题，提出"合理分配肥料、重点时期重点施用"的原则；氮、磷、钾肥配合施用，根据生长时期合理分配肥料，花芽分化期后加大肥料用量，注重钾肥施用，增加钙、镁肥，补充缺乏的微量元素养分；施肥配合灌溉，采用灌溉施肥技术的可减少 15% 左右的肥料投入；整地时增施石灰调节土壤酸碱度，同时补充土壤钙营养及杀灭有害菌。

**2. 施肥建议**　香蕉苗定植成活后至花芽分化前，施入约占总肥料量 20% 的氮肥、50% 的磷肥和 20% 的钾肥；在花芽分化期前至抽蕾前施入约占总施肥量 45% 的氮肥、30% 的磷肥和 50% 的钾肥；在抽蕾后施入 35% 的氮肥、

20％的磷肥和 30％钾肥。前期可施水肥或撒施，花芽分化期开始宜沟施或穴施，共施肥 7～10 次。

另根据土壤酸度，定植前每亩施用石灰 40～80 千克、硫酸镁 25～30 千克，与有机肥混匀后施用；缺硼、锌的果园，每亩施用硼砂 0.3～0.5 千克、七水硫酸锌 0.8～1.0 千克。

# 任务八　菠萝测土配方施肥技术

我国菠萝主要集中种植在广东省雷州半岛的徐闻、雷州，海南省的万宁、琼海、昌江，广西壮族自治区的南宁、钦州、防城，福建省的龙海市、漳浦，云南省的西双版纳、德宏州等地。

## 一、菠萝的营养需求特点

据广西研究资料表明，每亩产 3.5 吨的菠萝园，每年吸收氮 13.67 千克、五氧化二磷 3.87 千克、氧化钾 26.20 千克、氧化钙 8.07 千克、氧化镁 2.80 千克。每产 1 吨果实，需要吸收氮 3.7～7.0 千克、五氧化二磷 1.1～1.5 千克、氧化钾 7.2～10.8 千克、氧化钙 2.2～2.5 千克、氧化镁 0.25～0.78 千克。

菠萝吸收养分规律与其他植物不同，钾比氮多，钙比磷多，需钾需钙多，另外对铁、锰、锌、硼、钼、铜等微量元素需求全面，需要及时补充。菠萝营养生长期需氮多，氮、磷、钾吸收比例为 17∶10∶16；开花结果期需钾多，磷次之，氮较少，氮、磷、钾吸收比例为 7∶10∶23。

菠萝叶片中的氮、磷、钾含量在菠萝快速生长期略有下降，在果实生长发育期则显著下降。在营养生长发育期，茎部氮、磷、钾养分含量有升有降，在快速生长期略有下降，在缓慢生长期略有回升，在果实生长发育期则逐步下降。同茎一样，在营养生长发育期，根系氮、磷、钾养分含量有升有降，在前期略高、后期略低，在果实生长发育期则略有下降。果柄中氮、磷、钾养分含量随着生长发育而逐渐下降。果实中氮、磷、钾养分含量则随着果实生长而下降。

## 二、菠萝测土施肥配方

**1. 根据土壤养分测试确定**　广东省徐闻县冯奕玺（1997）把菠萝园土壤养分分为 3 级，并提出相应的有机肥、氮、磷、钾肥料施用量（表 9-34）。由于冯奕玺是在亩产 1 500～2 000 吨基础上提出的，而目前菠萝的平均产量已达2 700千克，高产可达5 000千克，因此实际应用时，应当根据当地情况进行修正。

表9-34　菠萝园土壤养分分级及相应施肥量推荐

| 土壤养分分级 | 土壤养分（毫克/千克） | | | 施肥量（千克/亩） | | | |
|---|---|---|---|---|---|---|---|
| | 碱解氮 | 有效磷 | 速效钾 | 有机肥 | N | $P_2O_5$ | $K_2O$ |
| 丰富 | >100 | >10 | >120 | 500 | 12.5 | 7.5 | 10 |
| 中等 | 50~100 | 5~10 | 50~120 | 750 | 15 | 10 | 15 |
| 缺乏 | <50 | <5 | <50 | 1 250 | 20 | 17.5 | 20 |

**2. 根据目标产量确定**　中国农业大学张江周等（2011）在广东省徐闻县进行"3414"肥效试验，提出不同产量水平下的施肥量推荐，如表9-35。

表9-35　不同产量水平下施肥量推荐（千克/亩）

| 目标产量 | N | $P_2O_5$ | $K_2O$ |
|---|---|---|---|
| >4 000 | 68.0~81.9 | 48.8~62.0 | 65.8~79.8 |
| 3 000~4 000 | 60.0~71.1 | 38.9~49.5 | 57.6~68.5 |
| <3 000 | 49.7~60.9 | 32.3~38.3 | 51.5~61.9 |

## 三、投产园菠萝施肥模式

将投产和已抽蕾的植株，施肥仍以钾肥为主，氮、磷肥为辅；当果实达到发育高峰时，施肥应改为氮肥为主，钾、磷肥为辅。

**1. 花芽分化肥或花前肥**　在花芽分化前期至花蕾抽发前期，即10月至翌年2月，每亩用生物有机肥40千克和氯化钾10千克混施。花芽分化肥以钾、磷为主，配施氮肥，施肥量占总施肥量的10%左右。可用1∶1∶1的尿素、磷酸二氢钾、硝酸钾进行根外追肥1~2次。没有磷酸二氢钾和硝酸钾，也可把尿素、硫酸钾等溶液混匀后（肥料浓度不超过2%），进行灌心淋施1~2次。若进行催花，在乙烯利中加入1%~2%的硝酸钾溶液，可提高抽蕾齐率。

**2. 攻果肥**　菠萝谢花后转入果实迅速生长膨大期和萌芽的抽生盛期，此期以中量氮、高量钾促进果实增大，氮、钾按1∶1施用，若氮肥过多，芽体生长过旺，影响果实膨大。也可用50~70毫克/千克的赤霉素喷果，可提高果实的单果重。肥料用量占全年施用量的20%。为缓解根部吸收压力，可进行1~2次的叶面追肥，以保持叶色浓绿。

**3. 壮芽肥**　果实采收后10天内，在秋冬季，日平均气温在18℃以上时，可把余下的5%左右的氮、钾肥对水淋施1～2次，以促进吸芽及托芽生长，为下造果提供健壮母株。若是在春、夏季收果，收果后迅速清园，割叶盖土，选定接替母株，把下造果追肥总量的30%～50%进行根际追肥，并进行大培土，促进吸芽迅速生长封行，还可在当年进行催花，收获第二造果。

对于宿根菠萝的施肥方法，结合气候状况，可参考新植菠萝中苗期以后的施肥管理措施。施肥量是新植苗总施量的60%～80%。

# 任务九  西瓜测土配方施肥技术

## 一、西瓜的营养需求特点

西瓜整个生育期需钾量多，氮次之，磷最少；广东省农业科学院测定，一株正常的西瓜一生吸收氮、磷、钾的总量为氮14.5克、磷4.78克、钾20.41克。按吸收量和各自的利用率计算，三者比例为3.24∶1∶4.27。周光华测定结果是3.28∶1∶4.33，两者测定结果非常接近。

据朱洪勋等（1989）研究，西瓜植株吸收氮量最大时期在果实膨大期，吸收量占总吸收量的68.1%，其余为成熟期和伸蔓期，分别为15.52%和12.86%。其他时期则较少。西瓜对磷的吸收高峰与氮相同，也在果实膨大期，占吸收总量的68.23%，其次为成熟期，占23.53%，再次为抽蔓期，占7.53%。西瓜吸收钾的量在三要素中最多，吸收高峰在果实膨大期，占吸收总量的66.345%，其次为成熟期，占21.99%，再次为抽蔓期，占8.82%。西瓜膨大期和成熟期吸收的钾在三要素中比例最高，氮、磷、钾吸收比例为1∶0.31∶1.13和1∶0.36∶1.22。西瓜全生育期三要素需求比例为1∶0.32∶1.14。

## 二、西瓜测土施肥配方

**1. 根据土壤养分测定结果确定**  有条件的地区，通过测定土壤速效养分含量，并对基础产量低、中、高进行聚类分析，确定西瓜施肥量，如表9-36。

表9-36  不同土壤养分与施肥推荐表

| 碱解氮 | 有效磷 | 速效钾 | 施肥量（千克/亩） | | |
|---|---|---|---|---|---|
| （毫克/千克） | （毫克/千克） | （毫克/千克） | 氮 | 五氧化二磷 | 氧化钾 |
| <30 | <10 | <100 | 18～21 | 10 | 12 |
| <30 | 10～20 | 100～150 | 18～21 | 8～10 | 9～12 |
| <30 | >20 | >150 | 18～21 | <8 | <9 |
| 30～60 | <10 | <100 | 15～18 | 10 | 12 |

（续）

| 碱解氮 | 有效磷 | 速效钾 | 施肥量（千克/亩） | | |
|---|---|---|---|---|---|
| （毫克/千克） | （毫克/千克） | （毫克/千克） | 氮 | 五氧化二磷 | 氧化钾 |
| 30～60 | 10～20 | 100～150 | 15～18 | 8～10 | 9～12 |
| 30～60 | >20 | >150 | 15～18 | <8 | <9 |
| >60 | <10 | <100 | 10～15 | 10 | 12 |
| >60 | 10～20 | 100～150 | 10～15 | 8～10 | 9～12 |
| >60 | >20 | >150 | 10～15 | <8 | <9 |

**2. 根据目标产量推荐施肥量**　利用以产定肥原则推荐施肥量可参考表 9-37。为了比较简便准确地确定施肥量，也可以计算土壤肥力基础，根据土壤肥沃程度酌情增减施肥量。

**表 9-37　西瓜以产定肥推荐施肥量**

| 目标产量 | 施肥量（千克/亩） | | |
|---|---|---|---|
| （千克/亩） | 氮 | 五氧化二磷 | 氧化钾 |
| 2 000 | 6.0 | 5.5 | 6.5 |
| 2 500 | 9.5 | 7.0 | 9.5 |
| 3 000 | 12.5 | 8.5 | 13.0 |
| 3 500 | 16.0 | 10.5 | 16.5 |
| 4 000 | 19.5 | 12.0 | 19.5 |
| 4 500 | 22.5 | 13.5 | 23.0 |
| 5 000 | 26.0 | 15.0 | 26.5 |

## 三、西瓜施肥模式

**1. 育苗肥**　营养土的配制为 3 年内未种过西瓜的沙质壤土 6 份、腐熟圈肥 3 份、干人粪 1 份。每立方米可混入研细的西瓜配方肥 0.5 千克，过筛后混匀。营养土 100 千克用 50％多菌灵或百菌清溶液等 0.5 千克以消毒灭菌。将营养土装入育苗袋中，排放苗床，浇透水，播种，覆土 2 厘米，盖地膜保温保湿。

**2. 大田基肥**　基肥一般以有机肥为主，配施适量化肥。畦地按 1.5～2.0 米的行距开宽 50 厘米左右、深 25～30 厘米的瓜沟（丰产沟），沟内每亩施优质腐熟的细肥 4 000～5 000 千克、尿素 15～20 千克、磷酸二铵 15～20 千克、硫酸钾 25～30 千克做底肥，肥土混匀，再加少量药土防治地下害虫，填平沟，拍实。

**3. 根际追肥** 西瓜追肥应掌握轻施苗肥，巧施催蔓肥，重点施好膨瓜肥的原则。

在基肥不足或基肥肥效还没有发挥出来时追施少量速效肥。土壤肥沃，基肥施用量大，幼苗生长健壮，可不追，或在 3~4 片真叶时追肥 1 次，每亩施尿素 10 千克；土壤瘠薄，基肥施用量少，瓜苗长势较差时，追肥两次，第一次在 2 叶期，每亩追施尿素 7~8 千克，第二次在团棵期，每亩施尿素 10 千克，开沟施肥后封土，然后浇小水。亦可捅孔施肥，简便易行。

定植后 30 天左右，当蔓长到 70 厘米时追肥 1 次，每株可施饼肥 100~150 克，或大粪干等 500 克左右。也可施用化肥，每亩施尿素 10~12 千克、过磷酸钙 8 千克、硫酸钾 13 千克，或冲施西瓜配方肥 25~30 千克。在距瓜根部 25~30 厘米或两株中间开沟施入，沟深 10~15 厘米。施后覆土浇水，促进肥料的吸收。

在幼果长至鸡蛋大小时，每亩施尿素 5~7.5 千克、硫酸钾 15 千克，或单追 10 千克西瓜配方肥。施肥时可在瓜蔓伸展一侧，距瓜根 40~50 厘米开沟追施，或者先撒施在高畦两侧排灌沟内，然后封土浇一次大水。

**4. 叶面追肥** 叶面追肥对促进西瓜生长、改善品质有很大作用，后期可用 0.2%~0.3%磷酸二氢钾、0.4%~0.5%硫酸钾、0.4%~0.5%过磷酸钙、0.3%~0.5%尿素或硫酸铵溶液等进行叶面喷施。为了防止西瓜缺乏微量元素，也可用 0.01%~0.05%硫酸锌、0.01%硼砂和硼酸、0.02%~0.05%钼酸铵等，在苗期和抽蔓期喷施效果最佳。

# 10 模块 十
## 主要蔬菜测土配方施肥技术

我国地域广阔，种植的蔬菜种类繁多，南北方差距较大，主要种类有白菜类蔬菜、绿叶类蔬菜、茄果类蔬菜、瓜类蔬菜、豆类蔬菜、根菜类蔬菜、薯芋类蔬菜、葱蒜类蔬菜、多年生蔬菜、水生蔬菜等大类。现主要介绍大白菜、甘蓝、芹菜、莴苣、番茄、樱桃番茄、辣椒、黄瓜、西葫芦、豇豆、萝卜等蔬菜的测土配方施肥技术。

## 任务一 白菜测土配方施肥技术

白菜原产于我国北方，俗称大白菜。引种南方，南北均有栽培。白菜种类很多，北方的白菜有山东胶州大白菜、北京青白、天津绿、东北大矮白菜、山西阳城的大毛边等。

### 一、白菜营养需求特点

白菜生长迅速，产量很高，对养分需求较多。每生产 1 000 千克白菜需吸收氮 1.3~2.5 千克、五氧化二磷 0.6~1.2 千克、氧化钾 2.2~3.7 千克。三要素大致比例为 2.5：1：3。由此可见，吸收的钾最多，其次是氮，磷量少。

白菜的养分需要量各生育期有明显差别。一般苗期（自播种约 31 天）养分吸收量较少，氮吸收占吸收总量的 5.1%~7.8%，磷吸收占总量的 3.2%~5.3%，钾吸收占总量的 3.6%~7.0%。进入莲座期（自播种约 31~50 天）大白菜生长加快，养分吸收增长较快，氮吸收占总量的 27.5%~40.1%，磷吸收占总量的 29.1%~45.0%，钾吸收占总量的 34.6%~54.0%。结球初、中期（自播种约 50~69 天）是生长最快、养分吸收最多的时期，吸氮占总量的 30%~52%，吸磷占总量的 32%~51%，吸钾占总量的 44%~51%。结球后期至收获期（自播种约 69~88 天），养分吸收量明显减少，吸氮占总量的

16%～24%，吸磷占总量的 15%～20%，而吸钾占总量已不足 10%。可见，白菜需肥最多的时期是莲座期及结球初期，也是白菜产量形成和优质管理的关键时期，要特别注意施肥。

## 二、白菜测土施肥配方

**1. 根据土壤肥力推荐**　根据测定土壤硝态氮、有效磷、速效钾等有效养分含量确定白菜地土壤肥力分级见表 10-1，然后根据不同肥力水平推荐施肥量见表 10-2。有机肥、磷肥全部作基肥，氮肥和钾肥作基肥和追肥施用。

**表 10-1　白菜地土壤肥力分级**

| 肥力水平 | 硝态氮（毫克/千克） | 有效磷（毫克/千克） | 速效钾（毫克/千克） |
|---|---|---|---|
| 低 | <100 | <50 | <120 |
| 中 | 100～140 | 50～100 | 120～160 |
| 高 | >140 | >100 | >160 |

**表 10-2　不同肥力水平白菜推荐施肥量**（千克/亩）

| 肥力等级 | 施肥量 | | |
|---|---|---|---|
| | 氮 | 五氧化二磷 | 氧化钾 |
| 低肥力 | 15～18 | 7～9 | 12～14 |
| 中肥力 | 13～16 | 5～8 | 10～12 |
| 高肥力 | 12～15 | 4～7 | 8～10 |

**2. 根据产量目标推荐**　根据产量水平确定有机肥及氮、磷、钾肥施用量见表 10-3。

**表 10-3　依据产量水平白菜推荐施肥量**（千克/亩）

| 目标产量（千克/亩） | 施肥量 | | | |
|---|---|---|---|---|
| | 有机肥 | 氮 | 五氧化二磷 | 氧化钾 |
| 3 500～4 500 | 3 000～4 000 | 8～10 | 3～4 | 10～13 |
| 4 500～6 000 | 4 000 | 10～13 | 4～6 | 13～17 |

## 三、白菜施肥模式

**1. 施肥原则**　依据土壤肥力条件和目标产量，优化氮磷钾肥用量；以基肥为主，基肥追肥相结合。追肥以氮、钾肥为主，适当补充微量元素。莲座期后加强追肥管理，包心前期需要增加一次追肥，采收前两周不宜追氮肥。

**2. 施肥建议**　全部有机肥和磷肥条施或穴施作底肥，氮肥的30％作基肥，70％分别于莲座期和结球前期结合灌溉分两次作追肥施用，注意在包心前期追施钾肥，占总施钾量的50％左右。对于容易出现微量元素硼缺乏的地块，或往年已表现有缺硼症状的地块，可于播种前每亩基施硼砂1千克，或于生长中后期用0.1％～0.5％的硼砂或硼酸水溶液进行叶面喷施（也可混入农药一起喷），每隔5～6天喷1次，连喷2～3次；白菜为喜钙作物，除了基施含钙肥料（过磷酸钙）以外，也可采取叶面补充的方法，喷施0.3％～0.5％的氯化钙或硝酸钙。南方菜地土壤pH＜5时，每亩需要施用生石灰100～150千克，可降低土壤酸度和补充钙素。

# 任务二　结球甘蓝测土配方施肥技术

甘蓝，别名卷心菜、洋白菜、高丽菜、椰菜、包包菜（四川地区）、圆菜（内蒙古地区）等，为十字花科芸薹属的一年生或两年生草本植物，是我国重要的蔬菜之一。重要的甘蓝菜有芽甘蓝、无头甘蓝、结球甘蓝、羽衣甘蓝、紫甘蓝等，生产上以结球甘蓝种植最为广泛。

## 一、结球甘蓝的营养需求特点

结球甘蓝整个生长期吸收的氮、磷、钾三要素大致比例为3：1：4，吸收的钾最多，其次是氮，磷量少。结球甘蓝喜硝态氮，硝态氮占90％，铵态氮占10％时生长最好。每生产1 000千克结球甘蓝需吸收氮3.5～5.0千克、五氧化二磷0.7～1.4千克、氧化钾3.8～5.6千克。

结球甘蓝从播种到开始结球生长量逐渐增大，氮、磷、钾的吸收量也逐渐增加，前期氮、磷的吸收量约为总吸收量的15％～20％，而钾的吸收量较少，约为6％～10％；开始结球后，养分吸收量迅速增加，在结球的30～40天内，氮、磷的吸收量占总吸收量的80％～85％，而钾的吸收量最多，占总吸收量的90％。

结球甘蓝是喜肥作物，幼苗期氮、磷不足时幼苗的发育会受到抑制。春季甘蓝育苗时容易出现先期抽薹现象，营养条件过差易促进抽薹，施肥过多幼苗生长快容易感受低温影响，更容易抽薹，所以对幼苗既要补充营养，又要适当控制施肥。一般情况下，苗期施少量速效性氮肥，有利于根系恢复生长，促进缓苗。

## 二、结球甘蓝测土施肥配方

**1. 根据土壤肥力推荐** 根据测定土壤碱解氮、有效磷、速效钾等有效养分含量确定结球甘蓝地土壤肥力分级见表 10-4，然后根据不同肥力水平推荐施肥量见表 10-5。有机肥、磷肥全部作基肥，氮肥和钾肥作基肥和追肥施用。

**表 10-4 结球甘蓝地土壤肥力分级**

| 肥力水平 | 碱解氮（毫克/千克） | 有效磷（毫克/千克） | 速效钾（毫克/千克） |
|---|---|---|---|
| 低 | <100 | <50 | <120 |
| 中 | 100~140 | 50~100 | 120~160 |
| 高 | >140 | >100 | >160 |

**表 10-5 不同肥力水平结球甘蓝推荐施肥量**（千克/亩）

| 肥力等级 | 施肥量 | | |
|---|---|---|---|
| | 氮 | 五氧化二磷 | 氧化钾 |
| 低肥力 | 17~20 | 7~8 | 10~13 |
| 中肥力 | 15~18 | 6~7 | 8~11 |
| 高肥力 | 13~16 | 5~6 | 7~9 |

**2. 根据目标产量推荐** 考虑到结球甘蓝目标产量和当地萝卜的施肥现状，结球甘蓝的氮、磷、钾施肥量可参考表 10-6。

**表 10-6 不同产量水平结球甘蓝推荐施肥量**（千克/亩）

| 目标产量（千克/亩） | 施肥量 | | |
|---|---|---|---|
| | 氮 | 五氧化二磷 | 氧化钾 |
| 4 500~5 500 | 9~11 | 3~4 | 10~12 |
| 5 500~6 500 | 11~13 | 4~5 | 12~14 |
| >6 500 | 13~15 | 5~8 | 14~16 |

## 三、结球甘蓝施肥模式

**1. 施肥问题及施肥原则** 针对露地甘蓝生产中不同田块有机肥施用量差异较大、盲目偏施氮肥现象严重、钾肥施用量不足、"重大量元素，轻中量元素"现象普遍、施用时期和方式不合理、过量灌溉造成水肥浪费普遍等问题，提出以下施肥原则：合理施用有机肥，有机肥与化肥配合施用，氮、磷、钾肥的施用应遵循控氮、稳磷、增钾的原则；肥料分配上以基、追结合为主；追肥以氮、钾肥为主；注意在莲座期至结球后期适当喷施钙、硼等中微量元素，防止"干烧心"等生理性病害的发生；蔬菜地酸化严重时应适量施用石灰等土壤调理剂；与节水灌溉技术结合，以充分发挥水肥耦合效应，提高肥料利用率。

**2. 施肥建议**　结球甘蓝基肥一次施用优质农家肥 4 000 千克/亩。氮钾肥 30%～40%基施，60%～70%在莲座期和结球初期分两次追施，注意在结球初期增施钾肥，磷肥全部作基肥条施或穴施。

对往年"干烧心"发生较严重的地块注意控氮补钙，可于莲座期至结球后期叶面喷施 0.3%～0.5%的氯化钙溶液或硝酸钙溶液 2～3 次；南方地区菜园土壤 pH<5 时，每亩需施用生石灰 100～150 千克；土壤 pH<4.5 时，每亩需施用生石灰（宜在整地前施用）150～200 千克。对于缺硼的地块，可基施硼砂 0.5～1 千克/亩，或叶面喷施 0.2%～0.3%的硼砂溶液 2～3 次。同时可结合喷药喷施 2～3 次 0.5%的磷酸二氢钾溶液，以提高甘蓝的净菜率和商品率。

# 任务三　番茄测土配方施肥技术

番茄，又名西红柿、洋柿子，一年生草本植物。番茄是喜温、喜光性蔬菜，对土壤条件要求不太严格。原产南美洲，在中国南北方均广泛栽培。

## 一、番茄的营养需求特点

番茄是需肥较多、耐肥的茄果类蔬菜。番茄不仅需要氮、磷、钾，而且对钙、镁等需要量也较大。一般认为，每 1 000 千克番茄需纯氮 2.6～4.6 千克、五氧化二磷 0.5～1.3 千克、氧化钾 3.3～5.1 千克、氧化钙 2.5～4.2 千克、氧化镁 0.4～0.9 千克。

番茄不同生育时期对养分的吸收量不同，一般随生育期的推进而增加。在幼苗期以氮为主，在第一穗果开始结果时，对氮、磷、钾的吸收量迅速增加，氮在三要素中占 50%，而钾只占 32%；到结果盛期和开始收获期，氮只占 36%，而钾占 50%，结果期磷的吸收量约占 15%。番茄需钾的特点是从坐果开始一直呈直线上升，果实膨大期吸钾量约占全生育期吸钾总量的 70%以上。直到采收后期对钾的吸收量才稍有减少。番茄对氮和钙的吸收规律基本相同，从定植至采收末期，氮和钙的累计吸收量呈直线上升，从第一穗果实膨大期开始，吸收速率迅速增大，吸氮量急剧增加。番茄对磷和镁的吸收规律基本相似，随着生育期的进展对磷、镁的吸收量也逐渐增多，但是与氮相比，累积吸收量都比较低。虽然苗期对磷的吸收量较小，但磷对以后的生长发育影响很大，供磷不足不利于花芽分化和植株发育。

## 二、番茄测土施肥配方

**1. 露地番茄根据土壤肥力推荐**　根据测定土壤硝态氮、有效磷、速效钾等有效养分含量确定番茄地土壤肥力分级见表 10-7，然后根据不同肥力水平推荐施肥量见表 10-8。有机肥、磷肥全部作基肥，氮肥和钾肥作基肥和追肥施用。

表 10-7　番茄地土壤肥力分级

| 肥力水平 | 硝态氮（毫克/千克） | 有效磷（毫克/千克） | 速效钾（毫克/千克） |
|---|---|---|---|
| 低 | <100 | <60 | <100 |
| 中 | 100～150 | 60～100 | 100～150 |
| 高 | >150 | >100 | >150 |

表 10-8　不同肥力水平露地番茄推荐施肥量（千克/亩）

| 肥力等级 | 施肥量 | | |
|---|---|---|---|
| | 氮 | 五氧化二磷 | 氧化钾 |
| 低肥力 | 19～22 | 7～10 | 12～15 |
| 中肥力 | 17～20 | 5～8 | 11～14 |
| 高肥力 | 15～18 | 5～7 | 10～12 |

**2. 设施番茄依据目标产量推荐**　不同产量水平设施番茄推荐施肥量参考表 10-9。

表 10-9　设施番茄不同产量水平推荐施肥量（千克/亩）

| 目标产量（千克/亩） | 施肥量 | | |
|---|---|---|---|
| | 氮 | 五氧化二磷 | 氧化钾 |
| 8 000～10 000 | 25～30 | 8～9 | 45～50 |
| 6 000～8 000 | 20～25 | 6～8 | 35～45 |
| 4 000～6 000 | 15～20 | 5～7 | 25～35 |

### 三、番茄施肥模式

**1. 施肥问题及施肥原则** 华北等北方地区多为日光温室,华中、西南地区多为中小拱棚,针对生产中存在氮、磷、钾化肥用量偏高,养分投入比例不合理,土壤氮、磷、钾养分积累明显,过量灌溉导致养分损失严重,土壤酸化现象普遍,土壤钙、镁、硼等元素供应出现障碍,连作障碍等导致土壤质量退化严重,养分吸收效率下降和蔬菜品质下降等问题,提出以下施肥原则:合理施用有机肥,调整氮、磷、钾化肥用量,非石灰性土壤及酸性土壤需补充钙、镁、硼等中微量元素;根据作物产量、茬口及土壤肥力条件合理分配化肥,大部分磷肥基施,氮、钾肥追施;生长前期不宜频繁追肥,重视花后和中后期追肥;与滴灌施肥技术结合,采用"少量多次"的原则,合理灌溉施肥;土壤退化的老棚需进行秸秆还田或施用高碳氮比(C/N)的有机肥,少施禽粪肥,增加轮作次数,达到除盐和减轻连作障碍的目的;蔬菜地酸化严重时应适量施用石灰等酸性土壤调理剂。

**2. 施肥建议** 菜田土壤 pH<6 时易出现钙、镁、硼缺乏,可基施石灰(钙肥)50~75 千克/亩、硫酸镁(镁肥)4~6 千克/亩,根外补施 2~3 次 0.1%硼肥。70%以上的磷肥作基肥条(穴)施,其余随复合肥追施,20%~30%氮、钾肥基施,70%~80%在花后至果穗膨大期分 4~8 次随水追施,每次追施氮肥(N)不超过 5 千克/亩。如采用滴灌施肥技术,每次施氮(N)量可降至 3 千克/亩。

**3. 灌溉追肥** 设施栽培番茄可与滴灌等设备结合进行灌水追肥。如果采取灌溉施肥,生产上常用氮、磷、钾含量总和为 50%以上的水溶性肥料进行灌溉施肥使用,选择适合设施番茄的配方主要有:16-20-14+TE、22-4-24+TE、20-5-25+TE 等水溶肥配方。不同设施栽培番茄灌溉施肥次数及用量可参考表 10-10、表 10-11、表 10-12、表 10-13。

**表 10-10 春早熟设施番茄灌溉施肥水肥推荐方案**(千克/亩)

| 生育期 | 养分配方 | 每次施肥量 | | 施肥次数 | 生育期总用量 | | 每次灌溉水量(米³) | |
|---|---|---|---|---|---|---|---|---|
| | | 滴灌 | 沟灌 | | 滴灌 | 沟灌 | 滴灌 | 沟灌 |
| 开花坐果 | 16-20-14+TE | 13~14 | 14~15 | 1 | 13~14 | 14~15 | 12~15 | 15~20 |
| 果实膨大 | 22-4-24+TE | 11~12 | 12~13 | 4 | 44~48 | 48~52 | 12~15 | 15~20 |
| 采收初期 | 22-4-24+TE | 6~7 | 7~8 | 4 | 24~28 | 28~32 | 12~15 | 15~20 |
| 采收盛期 | 20-5-25+TE | 10~11 | 11~12 | 8 | 80~88 | 88~96 | 12~15 | 15~20 |
| 采收末期 | 20-5-25+TE | 6~7 | 7~8 | 2 | 12~14 | 14~16 | 12~15 | 15~20 |

**表 10 - 11　秋延后设施番茄灌溉施肥水肥推荐方案（千克/亩）**

| 生育期 | 养分配方 | 每次施肥量 | | 施肥次数 | 生育期总用量 | | 每次灌溉水量（米³） | |
| --- | --- | --- | --- | --- | --- | --- | --- | --- |
| | | 滴灌 | 沟灌 | | 滴灌 | 沟灌 | 滴灌 | 沟灌 |
| 缓苗后 | 16 - 20 - 14 + TE | 6～7 | 7～8 | 1 | 6～7 | 7～8 | 12～15 | 15～20 |
| 果实膨大 | 22 - 4 - 24 + TE | 11～12 | 12～13 | 4 | 44～48 | 48～52 | 12～15 | 15～20 |
| 采收初期 | 22 - 4 - 24 + TE | 6～7 | 7～8 | 4 | 24～28 | 28～32 | 12～15 | 15～20 |
| 采收盛期 | 20 - 5 - 25 + TE | 10～11 | 11～12 | 8 | 80～88 | 88～96 | 12～15 | 15～20 |

**表 10 - 12　越冬长季设施番茄灌溉施肥水肥推荐方案（千克/亩）**

| 生育期 | 养分配方 | 每次施肥量 | | 施肥次数 | 生育期总用量 | | 每次灌溉水量（米³） | |
| --- | --- | --- | --- | --- | --- | --- | --- | --- |
| | | 滴灌 | 沟灌 | | 滴灌 | 沟灌 | 滴灌 | 沟灌 |
| 缓苗后 | 16 - 20 - 14 + TE | 6～7 | 7～8 | 1 | 6～7 | 7～8 | 12～15 | 15～20 |
| 开花坐果 | 16 - 20 - 14 + TE | 13～14 | 14～15 | 1 | 13～14 | 14～15 | 12～15 | 15～20 |
| 果实膨大 | 22 - 4 - 24 + TE | 11～12 | 12～13 | 4 | 44～48 | 48～52 | 12～15 | 15～20 |
| 采收初期 | 22 - 4 - 24 + TE | 6～7 | 7～8 | 4 | 24～28 | 28～32 | 12～15 | 15～20 |
| 采收盛期 | 20 - 5 - 25 + TE | 10～11 | 11～12 | 8 | 80～88 | 88～96 | 12～15 | 15～20 |
| 采收末期 | 20 - 5 - 25 + TE | 6～7 | 7～8 | 2 | 12～14 | 14～16 | 12～15 | 15～20 |

**表 10 - 13　越冬长季日光温室樱桃番茄灌溉施肥水肥推荐方案（千克/亩）**

| 生育期 | 养分配方 | 每次施肥量 | | 施肥次数 | 生育期总用量 | | 每次灌溉水量（米³） | |
| --- | --- | --- | --- | --- | --- | --- | --- | --- |
| | | 滴灌 | 沟灌 | | 滴灌 | 沟灌 | 滴灌 | 沟灌 |
| 缓苗后 | 16 - 20 - 14 + TE | 7～8 | 8～9 | 1 | 7～8 | 8～9 | 12～15 | 15～20 |
| 开花坐果 | 16 - 20 - 14 + TE | 14～15 | 15～16 | 1 | 14～15 | 15～16 | 12～15 | 15～20 |
| 果实膨大 | 22 - 4 - 24 + TE | 12～13 | 13～14 | 4 | 48～52 | 52～56 | 12～15 | 15～20 |
| 采收初期 | 22 - 4 - 24 + TE | 7～8 | 8～9 | 4 | 28～32 | 32～36 | 12～15 | 15～20 |
| 采收盛期 | 20 - 5 - 25 + TE | 11～12 | 12～13 | 4 | 88～96 | 96～104 | 12～15 | 15～20 |
| 采收末期 | 20 - 5 - 25 + TE | 7～8 | 8～9 | 2 | 14～16 | 16～18 | 12～15 | 15～20 |

# 任务四　辣椒测土配方施肥技术

　　辣椒，也称牛角椒、长辣椒、菜椒等，茄科辣椒属，一年或有限多年生草本植物。辣椒是我国主要的夏秋蔬菜之一。

## 一、辣椒的营养需求特点

辣椒为吸肥量较多的蔬菜类型，每生产1000千克鲜辣椒约需氮3.5～5.5千克、五氧化二磷0.7～1.4千克、氧化钾5.5～7.2千克、氧化钙2～5千克、氧化镁0.7～3.2千克。不同产量水平下，辣椒氮、磷、钾的吸收量见表10-14。

表10-14 不同产量水平下辣椒氮、磷、钾的吸收量

| 产量水平 (千克/亩) | 养分吸收量（千克/亩） | | |
| --- | --- | --- | --- |
| | N | P | K |
| 2 000 | 10.4 | 0.9 | 10.7 |
| 3 000 | 15.6 | 1.4 | 16.1 |
| 4 000 | 20.7 | 1.9 | 21.5 |

辣椒在各个不同生育期所吸收的氮、磷、钾等营养物质的数量也有所不同。从出苗到现蕾，由于植株根少叶小，干物质积累较慢，因而需要的养分也少，约占吸收总量的5%；从现蕾到初花植株生长加快，营养体迅速扩大，干物质积累量也逐渐增加，对养分的吸收量增多，约占吸收总量的11%；从初花至盛花结果是辣椒营养生长和生殖生长旺盛时期，也是吸收养分和氮素最多的时期，约占吸收总量的34%；盛花至成熟期，植株的营养生长较弱，这时对磷、钾的需要量最多，约占吸收总量的50%；在成熟果收摘后，为了及时促进枝叶生长发育，这时又需较大数量的氮肥。

## 二、辣椒测土施肥配方

**1. 露地辣椒依据土壤肥力与目标产量推荐** 根据测定土壤硝态氮、有效磷、交换性钾等有效养分含量确定辣椒地土壤肥力分级（表10-15），考虑到辣椒目标产量和当地施肥现状，辣椒的氮、磷、钾施肥量可参考表10-16。

表10-15 辣椒地土壤肥力分级

| 肥力水平 | 硝态氮（毫克/千克） | 有效磷（毫克/千克） | 交换性钾钾（毫克/千克） |
| --- | --- | --- | --- |
| 低 | <60 | <20 | <100 |
| 中 | 60～90 | 20～40 | 100～150 |
| 高 | >90 | >40 | >150 |

**表 10 - 16　依据土壤肥力和目标产量露地辣椒推荐施肥量（千克/亩）**

| 土壤肥力等级 | 目标产量（千克/亩） | 施肥量 | | |
| --- | --- | --- | --- | --- |
| | | 氮 | 五氧化二磷 | 氧化钾 |
| 低肥力 | 2 000～3 000 | 22～26 | 8～10 | 14～16 |
| 中肥力 | 3 000～4 000 | 18～22 | 6～8 | 12～14 |
| 高肥力 | 4 000～5 000 | 14～18 | 5～7 | 10～12 |

**2. 设施辣椒根据目标产量推荐**　考虑到辣椒目标产量和当地施肥现状，辣（甜）椒的氮、磷、钾施肥量可参考表 10 - 17。

**表 10 - 17　依据目标产量辣（甜）椒推荐施肥量（千克/亩）**

| 目标产量（千克/亩） | 施肥量 | | |
| --- | --- | --- | --- |
| | 氮 | 五氧化二磷 | 氧化钾 |
| 2 000～3 000 | 19～21 | 7～9 | 13～15 |
| 3 000～4 000 | 20～22 | 8～10 | 14～16 |
| 4 000～5 000 | 21～23 | 9～11 | 15～17 |

## 三、辣椒施肥模式

**1. 施肥存在问题与施肥原则**　辣椒生产中普遍存在重施氮肥，轻施磷、钾肥；重施化肥，轻施或不施有机肥，忽视中微量元素肥料等突出问题。施肥原则为因地制宜地增施优质有机肥；开花期控制施肥，从始花到分枝坐果时，除植株严重缺肥可略施速效肥外，都应控制施肥，以防止落花、落叶、落果；幼果期和采收期要及时施用速效肥，以促进幼果迅速膨大；辣椒移栽后到开花期前，促控结合，以薄肥勤浇；忌用高浓度肥料，忌湿土追肥，忌在中午高温时追肥，忌过于集中追肥。

**2. 施肥建议**　优质农家肥 2 000～4 000 千克/亩作基肥一次施用。氮肥总量的 20%～30%作基肥，70%～80%作追肥；磷肥全部作基肥；钾肥总量的 50%～60%作基肥，40%～50%作追肥。在辣椒生长中期注意分别喷施适宜的叶面硼肥和叶面钙肥产品，防治辣椒脐腐病。

**3. 辣椒滴灌施肥**　这里以华北地区日光温室早春茬辣椒滴灌施肥为例。表 10 - 18 在华北地区日光温室早春茬辣椒栽培经验基础上，总结得出的滴灌施肥方案，可供相应地区日光温室早春茬辣椒生产使用参考。

## 表 10 - 18 日光温室早春茬辣椒滴灌施肥方案

| 生育时期 | 灌水次数 | 每次灌水量 (米³/亩) | 每次灌溉加入的养分量 (千克/亩) | | | | 备注 |
|---|---|---|---|---|---|---|---|
| | | | N | $P_2O_5$ | $K_2O$ | 合计 | |
| 开花期 | 2 | 9 | 1.8 | 1.8 | 1.8 | 5.4 | 施肥 1 次 |
| 坐果期 | 3 | 14 | 3.0 | 1.5 | 3.0 | 7.5 | 施肥 2 次 |
| 采收期 | 6 | 9 | 1.4 | 0.7 | 2.0 | 4.1 | 施肥 5 次 |

说明：①该方案每亩栽植 3 000～4 000 株，目标产量为 4 000～5 000 千克/亩。②定植到开花期灌水 2 次，定植 1 周后灌水 1 次；10 天左右后再灌第二次进行施肥。③开花后至坐果期灌水 3 次，应适当控制水肥供应，以利于开花坐果。④进入采摘期，植株兑水肥的需求量加大，一般前期每 7 天滴灌施肥 1 次。

**4. 甜椒滴灌追肥** 根据滴灌系统要用水溶肥特点，建议营养生长早期使用 15 - 30 - 15 水溶肥配方，营养生长中后期使用 18 - 3 - 31 - 2 (MgO) 配方，直到收获完毕。早期每亩用 15 - 30 - 15 水溶肥配方 20 千克，中后期用 18 - 3 - 31 - 2 (MgO) 配方 76 千克。具体分配见表 10 - 19。

## 表 10 - 19 日光温室早春茬甜椒滴灌施肥分配方案

| 定植后天数 | 15 - 30 - 15 (千克/亩) | 18 - 3 - 31 - 2 (MgO) (千克/亩) |
|---|---|---|
| 初定植后 | 3 | |
| 定植后 6 天 | 3 | |
| 定植后 11 天 | 3 | |
| 定植后 16 天 | 3 | |
| 定植后 21 天 | 4 | |
| 定植后 26 天 | 4 | |
| 定植后 33 天 | | 5 |
| 定植后 40 天 | | 5 |
| 定植后 48 天 | | 6 |
| 定植后 56 天 | | 6 |
| 定植后 64 天 | | 8 |
| 定植后 72 天 | | 9 |
| 定植后 80 天 | | 9 |
| 定植后 88 天 | | 10 |
| 定植后 96 天 | | 10 |
| 定植后 104 天 | | 8 |
| 总量 | 20 | 76 |

# 任务五 芹菜测土配方施肥技术

芹菜是绿叶菜类速生蔬菜，伞形科二年生草本植物，适应性强，栽培面积大，可多茬栽种，是春秋冬季的重要蔬菜。

## 一、芹菜的营养需求特点

芹菜是需肥量大的蔬菜品种之一。根据多方面资料统计，每生产 1 000 千克芹菜需吸收纯氮 1.8～3.6 千克、五氧化二磷 0.7～1.7 千克、氧化钾 3.9～5.9 千克、钙 1.5 千克、镁 0.8 千克，吸收比例为 1∶0.43∶1.80∶0.56∶0.30。但实际生产中的应施肥量，特别是氮、磷量要比其吸收量高 2～3 倍，主要是因为芹菜的耐肥力较强而吸肥能力较弱，它需要在土壤养分浓度较高的条件下才能大量吸收营养。

芹菜的生长前期以发棵长叶为主，进入生长的中、后期则以伸长叶柄和叶柄增粗为主。芹菜在其生长期中吸收的养分是随着生长量的增加而增加的，各种养分的吸收动态呈 S 形曲线变化。在芹菜的营养生长阶段，以苗期和生长后期需肥较多，对各种养分的具体需求特点是前期主要以氮、磷为主，促进根系发达和叶片生长；到中期养分的吸收以氮、钾为主，氮、钾吸收比例平衡，有利于促进心叶的发育。随着生育天数的增加，氮、磷、钾吸收量迅速增加。芹菜生长最盛期（8 叶至 12 叶期）也是养分吸收最多的时期，其氮、磷、钾、钙、镁的吸收量占总吸收量的 84%以上，其中钙和钾高达 98.1%和 90.7%。

## 二、芹菜测土施肥配方

**1. 露地芹菜根据土壤肥力推荐** 根据测定土壤硝态氮、有效磷、速效钾等有效养分含量确定芹菜地土壤肥力分级见表 10-20，然后根据不同肥力水平推荐施肥量见表 10-21。有机肥、磷肥全部作基肥，氮肥和钾肥作基肥和追肥施用。

表 10-20 芹菜地土壤肥力分级

| 肥力水平 | 硝态氮（毫克/千克） | 有效磷（毫克/千克） | 速效钾（毫克/千克） |
|---|---|---|---|
| 低 | <60 | <40 | <90 |
| 中 | 60～90 | 40～60 | 90～120 |
| 高 | >90 | >60 | >120 |

表 10-21  不同肥力水平露地芹菜推荐施肥量（千克/亩）

| 肥力等级 | 施肥量 | | |
|---|---|---|---|
| | 氮 | 五氧化二磷 | 氧化钾 |
| 低肥力 | 15～18 | 6～7 | 8～11 |
| 中肥力 | 13～16 | 5～6 | 6～9 |
| 高肥力 | 11～14 | 4～5 | 5～8 |

**2. 设施芹菜根据目标产量水平推荐**  增施有机肥，增施并高效施用钾肥；磷肥做底肥一次性施入，氮肥和钾肥分期施用，并适当增加生育中期的施用比例。根据设施芹菜目标产量水平推荐的氮、磷、钾施肥量可参考表 10-22。

表 10-22  设施芹菜不同产量水平推荐施肥量（千克/亩）

| 目标产量<br>（千克/亩） | 施肥量 | | |
|---|---|---|---|
| | 氮 | 五氧化二磷 | 氧化钾 |
| ＜4 000 | 13～15 | 5～7 | 20～22 |
| 4 000～8 000 | 18～20 | 6～8 | 24～26 |
| ＞8 000 | 22～24 | 7～9 | 25～27 |

## 三、芹菜施肥模式

### 1. 培育壮苗

营养配制：用 3 年内未种过芹菜的园土与优质腐熟有机肥混合，其比例为 3～5：5～7，并配合适量芹菜专用配方肥 20 千克。育苗床土用 50% 多菌灵可湿性粉剂与 50% 福美双可湿性粉剂按 1：1 混合，或用 25% 甲霜灵可湿性粉剂与 70% 代森锰锌可湿性粉剂按 9：1 混合消毒，每平方米用药 8～10 克与 15～30 千克细土混合，取 1/3 撒在畦面上，播种后再把其余 2/3 药土盖在种子上。

苗床土保温保湿，适时分苗、炼苗，控制幼苗徒长。当幼苗 2～3 片真叶时，追施尿素 3～5 千克，促进幼苗生长。苗龄 50～60 天、5～6 片真叶即可定植。

### 2. 重施基肥  每亩施用优质腐熟有机肥 4 000～5 000 千克，芹菜专用配方肥 30～40 千克，缺硼地块底施硼砂 0.5～1 千克。施肥后深耕 20～30 厘米。定植后浇足水。

**3. 巧施追肥**　定植时或缓苗后还应少施速效性氮肥，每亩开沟追施硫酸铵 15～20 千克。蹲苗结束后，每隔 10 天追肥 1 次，结合浇水，以水冲肥法，每亩每次用腐熟人粪尿 1 000 千克，或芹菜专用冲施肥 15～20 千克。追肥 2～3 次，到收获前 15～20 天停止施肥。

**4. 根外追肥**　如发现心腐病，可用 0.3%～0.5%硝酸钙或氯化钙进行叶面喷洒。叶面喷施硼肥可在一定程度上避免茎裂的发生，每亩每次喷施 0.2% 硼砂或硼酸溶液 40～75 千克。

# 任务六　莴苣测土配方施肥技术

莴苣是菊科莴苣属之一年生或二年生草本植物。莴苣按食用部位可分为叶用莴苣和茎用莴苣两类，叶用莴苣又称生菜，茎用莴巨又称莴笋、香笋。莴苣的名称很多，在本草书上称作"千金菜""莴苣"和"石苣"。

## 一、莴苣的营养需求特点

据有关资料报道，莴苣每形成 1 000 千克产品，大约从土壤中吸收纯氮 2.5 千克，磷 1.2 千克、钾 4.5 千克，氮、磷、钾吸收比例大致为 1∶0.48∶1.8。而据卢育华研究，莴笋每形成 1 000 千克产品，大约从土壤中吸收纯氮 2.08 千克、磷 0.71 千克、钾 3.18 千克，氮、磷、钾吸收比例大致为 1∶0.34∶1.53。飞兴文等人研究，每形成 1 000 千克生物产量，大约从土壤中吸收氮 1.88 千克、磷 0.64 千克、钾 3.92 千克，氮、磷、钾吸收比例大约为 1∶0.34∶2.09。

莴苣为直根系，入土较浅，根群主要分布在 20～30 厘米的耕层中，适于有机质丰富、保水保肥力强的微酸性壤土中栽培。莴苣是需肥较多的蔬菜，在生长初期，生长量和吸肥量均较少，随着生长量的增加，对氮、磷、钾的吸收量也逐渐增大，尤其到结球期，吸肥量呈"直线"猛增趋势。其一生中对钾的需求量最大，氮居中，磷最少。莲座期和结球期氮对其产量影响最大，结球 1 个月内，吸收氮素占全生育期吸氮量的 84%。幼苗期缺钾对莴苣的生长影响最大。莴苣还需钙、镁、硫、铁等中量和微量元素。

## 二、莴苣测土施肥配方

**1. 根据土壤肥力推荐**　根据测定土壤硝态氮、有效磷、速效钾等有效养分含量确定莴苣地土壤肥力分级见表 10-23，然后根据不同肥力水平推荐施肥量见表 10-24。有机肥、磷肥全部作基肥，氮肥和钾肥作基肥和追肥施用。

**表 10 - 23 莴苣地土壤肥力分级**

| 肥力水平 | 硝态氮（毫克/千克） | 有效磷（毫克/千克） | 速效钾（毫克/千克） |
|---|---|---|---|
| 低 | <60 | <30 | <120 |
| 中 | 60~90 | 30~60 | 120~160 |
| 高 | >90 | >60 | >160 |

**表 10 - 24 不同肥力水平莴苣推荐施肥量**（千克/亩）

| 肥力等级 | 施肥量 | | |
|---|---|---|---|
| | 氮 | 五氧化二磷 | 氧化钾 |
| 低肥力 | 16~19 | 7~9 | 12~14 |
| 中肥力 | 14~17 | 6~8 | 11~13 |
| 高肥力 | 12~15 | 5~7 | 10~12 |

**2. 根据目标产量水平推荐** 根据莴苣目标产量水平推荐的氮、磷、钾施肥量可参考表 10 - 25。

**表 10 - 25 不同产量水平莴苣推荐施肥量**（千克/亩）

| 目标产量（千克/亩） | 施肥量 | | | |
|---|---|---|---|---|
| | 有机肥 | 氮 | 五氧化二磷 | 氧化钾 |
| 1 500~2 500 | 1 000 | 5~6 | 2~3 | 6~8 |
| 2 500~3 500 | 1 500 | 6~10 | 3~4 | 8~10 |
| >3 500 | 2 000 | 10~14 | 4~6 | 10~14 |

## 三、叶用莴苣施肥模式

**1. 基肥** 基肥充足是莴苣发好壮苗的关键，所以每亩施腐熟有机肥 4 000~5 000 千克，并掺入过磷酸钙 15 千克、草木灰 100 千克；或每亩施饼肥 150 千克、过磷酸钙 50 千克和硫酸钾 25 千克。也可用腐熟的农家肥每亩施 3 500 千克和磷酸二铵 15 千克。

**2. 叶用莴苣追肥** 定植后，要加大氮、磷肥供应的同时，控制好水分，以防外部叶片的徒长，整个生育期共追肥 3 次。第一次缓苗后 15 天左右进行，每亩施硫酸铵 15 千克或尿素 12 千克，促进幼苗发棵，生长敦实；第二次在结球初期进行；第三次在结球中期进行，使叶球充实膨大，每次每亩施硫酸铵 15 千克或尿素 12 千克，并用 0.3% 的磷酸二氢钾作叶面喷肥，有利于增产，喷肥时选在下午 3 时以后进行。结球生菜后期不要追肥、浇水、以免引起腐烂或裂球。

### 四、茎用莴苣（莴笋）施肥模式

**1. 基肥**　基肥充足是莴苣发好壮苗的关键，所以每亩施腐熟有机肥 4 000～5 000 千克，并掺入过磷酸钙 15 千克、草木灰 100 千克；或每亩施饼肥 150 千克、过磷酸钙 50 千克和硫酸钾 25 千克。也可用腐熟的农家肥每亩施 3 500 千克和磷酸二铵 15 千克。

**2. 春莴笋追肥**　播期在头年的 9 月以后，冬前停止生长一段时期。定植缓苗后施速效性氮肥，每亩用尿素 7.5 千克或硫酸铵 10 千克，促进叶数的增加及叶面积的扩大。深中耕后控制浇水、蹲苗，形成发达根系及莲座叶。在地冻以前，用马粪或圈粪盖在植株周围。次年返青后，叶面积迅速增大呈莲座状，应追施一次速效性氮肥，每亩施硫酸铵 10～15 千克或尿素 10 千克，追肥结合浇水进行。浇水以后，茎部肥大速度加快，需肥水量增加，一般每亩可施硫酸铵 15 千克或尿素 10 千克，并施磷酸二氢钾 10 千克。施肥也可少量多次进行，因茎部肥大期地面稍干就浇，所以施肥可少施、勤施，以防茎部裂口。

**3. 秋莴笋追肥**　一般在 6 月以后播种，生长期长达 3 个月左右。为防止秋莴笋抽薹，必须满足水肥的要求，使叶面积迅速扩大。除施足基肥外，定植后浅浇勤浇直至缓苗，缓苗后施速效性氮肥，每亩可施硫酸铵 10 千克或尿素 7.5 千克，团棵期施第二次肥，结合浇水每亩施尿素 10 千克、磷酸二铵 15 千克，以加速叶片的分化和叶面积的扩大。在将封垄前，茎部开始肥大时追第三次肥，结合浇水每亩施尿素 10 千克和 0.3% 磷酸二氢钾叶面喷施。

# 任务七　黄瓜测土配方施肥技术

黄瓜，又名胡瓜、刺瓜、王瓜、勤瓜、青瓜、唐瓜、吊瓜，葫芦科黄瓜属植物，一年生蔓生或攀缘草本。中国各地普遍栽培，现广泛种植于温带和热带地区。黄瓜喜温暖，不耐寒冷。

## 一、黄瓜的营养需求特点

黄瓜的营养生长与生殖生长并进时间长，产量高，需肥量大，喜肥但不耐肥，是典型的果蔬型瓜类作物。每 1 000 千克商品瓜约需氮 2.8～3.2 千克、五氧化二磷 1.2～1.8 千克、氧化钾 3.3～4.4 千克、氧化钙 2.9～3.9 千克、氧化镁 0.6～0.8 千克。氮、磷、钾比例为 1∶0.4∶1.6。黄瓜全生育期需钾最多，其次是氮，再次为磷。

黄瓜对氮、磷、钾的吸收是随着生育期的推进而有所变化的，从播种到抽蔓吸收的数量增加；进入结瓜期，对各养分吸收的速度加快；到盛瓜期达到最大值，结瓜后期则又减少。它的养分吸收量因品种及栽培条件而异。各部位养分浓度的相对含量，氮、磷、钾在收获初期偏高，随着生育时期的延长，其相对含量下降；而钙和镁则是随着生育期的延长而上升。

黄瓜茎秆叶片中的氮、磷含量高，茎中钾的含量高。当产品器官形成时，约 60% 的氮、50% 的磷和 80% 的钾集中在果实中。当采收种瓜时，矿质营养元素的含量更高。始花期以前进入植株体内的营养物质不多，仅占总吸收量的 10% 左右，绝大部分养分是在结瓜期进入植物体内的。当采收嫩瓜基本结束之后，矿质元素进入体内很少。但采收种瓜时则不同，在后期对营养元素吸收还较多，氮与磷的吸收量约占总吸收量的 20%，钾则为 40%。

## 二、黄瓜测土施肥配方

**1. 露地黄瓜根据土壤肥力与目标产量推荐** 根据测定土壤硝态氮、有效磷、速效钾等有效养分含量确定黄瓜地土壤肥力分级见表 10-26，考虑到黄瓜目标产量和当地黄瓜施肥现状，黄瓜的氮、磷、钾施肥量可参考表 10-27。

表 10-26 黄瓜地土壤肥力分级

| 肥力水平 | 硝态氮（毫克/千克） | 有效磷（毫克/千克） | 速效钾（毫克/千克） |
|---|---|---|---|
| 低 | <100 | <60 | <100 |
| 中 | 100~150 | 60~90 | 100~150 |
| 高 | >150 | >100 | >150 |

表 10-27 依据土壤肥力和目标产量露地黄瓜推荐施肥量（千克/亩）

| 土壤肥力等级 | 目标产量 | 施肥量 | | |
|---|---|---|---|---|
| | | 氮 | 五氧化二磷 | 氧化钾 |
| 低肥力 | 2 500~3 500 | 18~22 | 8~10 | 12~15 |
| 中肥力 | 3 500~4 500 | 16~20 | 6~8 | 10~13 |
| 高肥力 | 4 500~5 500 | 14~18 | 4~6 | 8~11 |

**2. 设施黄瓜依据目标产量推荐** 农业部科学施肥指导意见（2015 年）：设施黄瓜的种植季节分为秋冬茬、越冬长茬和冬春茬，考虑到设施黄瓜目标产量和当地施肥现状，设施黄瓜的氮、磷、钾施肥量可参考表 10-28。

表 10 - 28　依据目标产量设施黄瓜推荐施肥量（千克/亩）

| 目标产量 | 施肥量 | | |
|---|---|---|---|
| | 氮 | 五氧化二磷 | 氧化钾 |
| 4 000～7 000 | 20～28 | 5～8 | 25～30 |
| 7 000～11 000 | 28～35 | 8～13 | 30～40 |
| 11 000～14 000 | 35～40 | 13～16 | 40～50 |
| 14 000～16 000 | 40～50 | 15～20 | 50～60 |

3. 如果采用滴灌施肥技术，可减少 20% 的化肥施用量；如果大水漫灌，每次施肥则需要增加 20% 的肥料数量。设施黄瓜全部用有机肥和磷肥作基肥，初花期以控为主，全部的氮肥和钾肥按生育期养分需求定期分 6～8 次追施；每次追施氮肥数量不超过 5 千克/亩；秋冬茬和冬春茬的氮钾肥分 6～7 次追肥，越冬长茬的氮钾肥分 8～11 次追肥。如果采用滴灌施肥技术，可采取少量多次的原则，灌溉施肥次数在 15 次左右。

## 三、黄瓜施肥模式

**1. 施肥问题及施肥原则**　设施黄瓜的种植季节分为秋冬茬、越冬长茬和冬春茬，针对其生产中存在的过量施肥，施肥比例不合理，过量灌溉导致养分损失严重，施用的有机肥多以畜禽粪为主导致养分比例失调和土壤生物活性降低，连作障碍等导致土壤质量退化严重，养分吸收效率下降，蔬菜品质下降等问题，提出以下施肥原则：合理施用有机肥，提倡施用优质有机堆肥，老菜棚注意多施高碳氮比外源秸秆或有机肥，少施禽粪肥；依据土壤肥力条件和有机肥的施用量，综合考虑土壤养分供应，适当调整氮磷钾化肥用量；采用合理的灌溉施肥技术，遵循少量多次的灌溉施肥原则；氮肥和钾肥主要作追肥，少量多次施用，避免追施磷含量高的复合肥，苗期不宜频繁追肥，重视中后期追肥；蔬菜地酸化严重时应适量施用石灰等酸性土壤调理剂。

**2. 施肥建议**　育苗肥增施腐熟有机肥，补施磷肥，每 10 米² 苗床施用腐熟有机肥 60～100 千克、钙镁磷肥 0.5～1 千克、硫酸钾 0.5 千克，根据苗情喷施 0.05%～0.1% 尿素溶液 1～2 次。基肥施用优质有机肥 4 000 千克/亩。

如果采用滴灌施肥技术，可减少 20% 的化肥施用量；如果大水漫灌，每次施肥则需要增加 20% 的肥料数量。设施黄瓜全部用有机肥和磷肥作基肥，初花期以控为主，全部的氮肥和钾肥按生育期养分需求定期分 6～8 次追施；每次追施氮肥数量不超过 5 千克/亩；秋冬茬和冬春茬的氮钾肥分 6～7 次追肥，越冬长茬的氮钾肥分 8～11 次追肥。如果采用滴灌施肥技术，可采取少量多次的原则，灌溉施肥次数在 15 次左右。

**3. 滴灌追肥**　这里以华北地区日光温室冬春茬黄瓜滴灌施肥为例。表 10-29在华北地区日光温室冬春茬黄瓜栽培经验基础上，总结得出的滴灌施肥方案，可供相应地区日光温室冬春茬黄瓜生产使用参考。

**表 10-29　日光温室冬春茬黄瓜滴灌施肥方案**

| 生育时期 | 灌水次数 | 每次灌水量 (米³/亩) | 每次灌溉加人的养分量（千克/亩） | | | | 备注 |
| --- | --- | --- | --- | --- | --- | --- | --- |
| | | | N | $P_2O_5$ | $K_2O$ | 合计 | |
| 定植至开花 | 2 | 9 | 1.4 | 1.4 | 1.4 | 4.2 | 施肥 2 次 |
| 开花至坐果 | 2 | 11 | 2.1 | 2.1 | 2.1 | 6.2 | 施肥 2 次 |
| 坐果至采收 | 17 | 12 | 1.7 | 1.7 | 3.4 | 6.8 | 施肥 17 次 |

说明：①该方案每亩栽植 2 900~3 000 株，目标产量为 13 000~15 000 千克/亩。②定植到开花期灌水结合施肥两次，可采用黄瓜灌溉专用水溶肥（20-20-20）进行施肥。③开花后至坐果期灌水结合施肥两次，可采用黄瓜灌溉专用水溶肥（20-20-20）进行施肥。④进入采摘期，植株兑水肥的需求量加大，一般前期每 7 天滴灌施肥 1 次，可采用黄瓜灌溉专用水溶肥（15-15-20）进行施肥。

# 任务八　西葫芦测土配方施肥技术

西葫芦，又名占瓜、茄瓜、熊（雄）瓜、白瓜、窝瓜、小瓜、番瓜、角瓜、荀瓜等。西葫芦为一年生蔓生草本，有矮生、半蔓生、蔓生三大品系。

## 一、西葫芦的营养需求特点

西葫芦由于根系强大，吸肥吸水能力强，因而比较耐肥耐抗旱。对养分的吸收以钾为最多，氮次之，再次为钙和镁，磷最少。每生产 1 000 千克西葫芦果实，需要吸收纯氮（N）3.92~5.47 千克、磷（$P_2O_5$）2.13~2.22 千克、钾（$K_2O$）4.09~7.29 千克，其吸收比例为 1∶0.46∶1.21。每亩生产一茬西葫芦，大约需要从中吸收纯氮（N）18.8~32.9 千克、磷（$P_2O_5$）8.72~15.26 千克、钾（$K_2O$）22.76~39.83 千克。

西葫芦不同生育期对肥料种类、养分比例需求有所不同。出苗后到开花结瓜前需供给充足氮肥，促进植株生长，为果实牛长奠定基础。前 1/3 的生育阶段对氮、磷、钾、钙的吸收量少，植株生长缓慢。中间的 1/3 的生育阶段是果实生长旺期，随生物量的剧增而对氮、磷、钾的吸收量也猛增，此期增施氮、磷、钾肥有利于促进果实的生长，提高植株连续结果能力。而在最后 1/3 的生育阶段里，生长量和吸收量增加更显著。因此，西葫芦栽培中施缓效基肥和后期及时追肥对高产优质更为重要。

## 二、西葫芦测土施肥配方

**1. 露地西葫芦根据土壤肥力和目标产量推荐**　根据测定土壤硝态氮、有效磷、交换性钾等有效养分含量确定西葫芦地土壤肥力分级（表 10 - 30），考虑到西葫芦目标产量和当地西葫芦施肥现状，西葫芦的氮、磷、钾施肥量可参考表 10 - 31。

**表 10 - 30　西葫芦地土壤肥力分级**

| 肥力水平 | 硝态氮（毫克/千克） | 有效磷（毫克/千克） | 交换性钾（毫克/千克） |
|---|---|---|---|
| 低 | <100 | <60 | <100 |
| 中 | 100～150 | 60～100 | 100～150 |
| 高 | >150 | >100 | >150 |

**表 10 - 31　依据土壤肥力和目标产量露地西葫芦推荐施肥量**（千克/亩）

| 土壤肥力等级 | 目标产量（千克/亩） | 施肥量 | | |
|---|---|---|---|---|
| | | 氮 | 五氧化二磷 | 氧化钾 |
| 低肥力 | 3 000～4 000 | 17～21 | 11～13 | 14～16 |
| 中肥力 | 4 000～5 000 | 16～20 | 9～11 | 12～14 |
| 高肥力 | 5 000～6 000 | 15～19 | 7～9 | 10～12 |

**2. 设施西葫芦依据目标产量推荐**　考虑到设施西葫芦目标产量和当地施肥现状，设施西葫芦的氮、磷、钾施肥量可参考表 10 - 32。

**表 10 - 32　依据目标产量设施西葫芦推荐施肥量**（千克/亩）

| 目标产量（千克/亩） | 施肥量 | | |
|---|---|---|---|
| | 氮 | 五氧化二磷 | 氧化钾 |
| 3 000～4 000 | 16～20 | 8～10 | 11～13 |
| 4 000～5 000 | 17～21 | 9～11 | 13～15 |
| 5 000～6 000 | 18～22 | 11～13 | 15～17 |

## 三、西葫芦施肥模式

**1. 培育壮苗**　西葫芦主根生长快，而且断根后根系再生能力差，故以直播为主，也可采用设施提早育苗。露地直播采收期晚，效益差；设施育苗栽培可提早上市，效益好。实际生产中还是多以育苗移栽为主。

播种前先用清水选种，剔除漂浮在水面上的瘪粒，用 55℃ 温水浸泡 15 分钟，并不断搅拌，然后冷却水温至 30℃，浸泡 4～6 小时，捞出控水，再用 1% 高锰酸钾溶液浸种 20～30 分钟或用 10% 磷酸三钠溶液浸种 15 分钟。浸种消毒后捞出，晾晒至半干时用湿纱布包好，放在 25～30℃ 处催芽，出芽后即可播种。

播种用的营养土应在播前 20～30 天配制好。

营养土配制方法：选用未种过瓜类蔬菜的无病肥沃土壤和优质农家肥配制。即园田土 6 份，腐熟马粪或圈肥 4 份，每立方米营养土中加过磷酸钙 0.1～1.0 千克、草木灰 5～10 千克，将园土和粪肥过筛，混匀分装（铺）到营养钵或苗床上，浇透水，再播种。

**2. 重施基肥**　定植前先施肥整地。每亩施优质腐熟有机肥 3 000～5 000 千克，采用撒施与沟、穴施相结合的方法施入。耕翻，耙平起垄做畦。

**3. 巧施追肥**　定植后 1 周左右，要及时浇缓苗水，并结合浇水追 1 次催苗肥，每亩施 600 千克左右腐熟的饼肥稀释液，促进幼苗生长，为多结瓜、结大瓜打好基础。浇水施肥后应及时中耕松土，提高地温。缓苗后可开沟每亩追施 200 千克腐熟的饼肥稀液或腐熟的粪尿稀水，也可施 50 千克/亩的三元复合肥。瓜秧封垄后，在结瓜期间顺水每亩追施 1 000～1 500 千克腐熟的稀粪水或饼肥液，追肥 3～4 次。除注意肥水管理外，还应适时人工授粉和摘除第一个幼瓜，可提早上市，且可延长结果期，防止早衰，增加产量。

**4. 滴灌追肥**　这里以华北地区日光温室冬春茬和早春茬西葫芦滴灌施肥为例。表 10-33 在华北地区日光温室西葫芦栽培经验基础上，总结得出的滴灌施肥方案，可供相应地区日光温室西葫芦生产使用参考。

表 10-33　日光温室西葫芦滴灌施肥方案

| 生育时期 | 灌水次数 | 每次灌水量（米³/亩） | 每次灌溉加入的养分量（千克/亩） | | | | 备注 |
| --- | --- | --- | --- | --- | --- | --- | --- |
| | | | N | $P_2O_5$ | $K_2O$ | 合计 | |
| 定植—开花 | 4 | 10 | 1.0 | 1.0 | 1.0 | 3.8 | 施肥两次 |
| 开花—坐果 | 1 | 12 | 0 | 0 | 0 | 0 | 施肥 0 次 |
| 坐果—采收 | 12 | 15 | 1.0 | 0 | 1.5 | 2.5 | 施肥 8 次 |

说明：①该方案适宜冬春茬和早春茬西葫芦，每亩栽植 2 300 株，目标产量为 5 000 千克/亩。②定植到开花期滴灌 4 次，平均每 10 天滴灌 1 次。其中前两次滴灌不施肥。后两次可采用西葫芦灌溉专用水溶肥（20-20-20）进行施肥。③开花后至坐果期灌水 1 次，不施肥。④西葫芦坐瓜后 10～15 天开始采收，采收前每 7～8 天滴灌施肥 1 次，可采用黄瓜灌溉专用水溶肥（20-5-20）进行施肥。采收后期气温回升，每 6～7 天滴灌施肥 1 次。

# 任务九　萝卜测土配方施肥技术

萝卜为十字花科萝卜属二年生草本植物。起源于我国，广泛栽培于我国各地和世界各地。目前我国栽培的萝卜有两大类：一类是最常见的大型萝卜，分类上称为中国萝卜；另一类是小型萝卜，分类上称为四季萝卜。

## 一、萝卜的营养需求特点

萝卜对氮、磷、钾的需要量因栽培地区、产量水平及品种等因素而有差别。每生产 1 000 千克萝卜，需从土壤中吸收氮 2.1～3.1 千克、五氧化二磷 0.8～1.9 千克、氧化钾 3.8～5.6 千克、钙 0.8～1.1 千克、镁 0.3～0.3 千克，氮、磷、钾三者比例为 1∶0.2∶1.8。可见萝卜是喜钾的蔬菜，而不应过多施用氮肥。另外，萝卜对硼素比较敏感，在肉质根膨大前期和盛期采用叶面喷施硼肥，可有效提高萝卜的品质。

萝卜在不同生育期对氮、磷、钾的吸收量差别很大，一般幼苗期吸氮量较多，磷钾的吸收量较少；进入肉质根膨大前期，植株对钾的吸收量显著增加，其次为氮、磷；到了肉质根膨大盛期是养分吸收高峰期，此期吸收的氮占全生育期吸氮总量的 77.3%，吸磷量占总吸磷量的 82.9%，吸钾量占总吸钾量的 76.6%。因此，保证这一时期的营养充足是萝卜丰产的关键。

## 二、萝卜测土施肥配方

**1. 依据土壤肥力推荐**　根据测定土壤硝态氮、有效磷、交换性钾等有效养分含量确定萝卜地土壤肥力分级（表 10-34），然后根据不同肥力水平推荐萝卜施肥量如表 10-35。有机肥、磷肥全部作基肥，氮肥和钾肥作基肥和追肥施用。

表 10-34　萝卜地土壤肥力分级

| 肥力水平 | 硝态氮（毫克/千克） | 有效磷（毫克/千克） | 速效钾（毫克/千克） |
|---|---|---|---|
| 低 | <80 | <20 | <100 |
| 中 | 80～120 | 20～40 | 100～150 |
| 高 | >120 | >20 | >150 |

**2. 依据目标产量推荐**　考虑到萝卜目标产量和当地萝卜施肥现状，萝卜的氮、磷、钾施肥量可参考表 10-36。

表 10 - 35　不同肥力水平萝卜推荐施肥量（千克/亩）

| 肥力等级 | 施肥量 | | |
| --- | --- | --- | --- |
| | 氮 | 五氧化二磷 | 氧化钾 |
| 低肥力 | 15～18 | 7～9 | 10～12 |
| 中肥力 | 14～16 | 6～8 | 9～11 |
| 高肥力 | 13～15 | 5～7 | 8～10 |

表 10 - 36　依据目标产量水平萝卜推荐施肥量（千克/亩）

| 目标产量（千克/亩） | 有机肥 | 施肥量 | | |
| --- | --- | --- | --- | --- |
| | | 氮 | 五氧化二磷 | 氧化钾 |
| 1 000～2 500 | 1 500～2 000 | 4～6 | 2～4 | 5～8 |
| 2 500～4 000 | 2 000～3 000 | 6～10 | 3～5 | 8～13 |
| >4 000 | 3 000～4 000 | 10～14 | 4～6 | 13～15 |

## 三、萝卜施肥模式

**1. 施肥问题及施肥原则**　针对萝卜生产中存在的重氮磷肥、轻钾肥，氮磷钾比例失调，磷钾肥施用时期不合理，有机肥施用明显不足，微量元素施用的重视程度不够等问题，提出以下施肥原则：依据土壤肥力条件和目标产量，优化氮、磷、钾用量，特别注意适度降低氮、磷肥用量，增施钾肥；北方石灰性土壤有效锰、锌、硼、钼等微量元素含量较低，应注意微量元素的补充；南方蔬菜地酸化严重时应适量施用石灰等酸性土壤调理剂；合理施用有机肥料明显提高萝卜产量和改善品质，忌用没有充分腐熟的有机肥料，提倡施用商品有机肥及腐熟的农家肥。

**2. 施肥建议**　全部有机肥作基肥施用，氮肥总量的 40% 作基肥、60% 于莲座期和肉质根生长前期分两次作追肥施用；磷肥料全部作基肥施用，钾肥以追施为主，占总量的 60% 以上，主要在肉质根生长前期和膨大期追施。

对容易出现微量元素硼缺乏的地块，或往年已表现有缺硼症状的地块，可于播种前每亩基施硼砂 1 千克，或于萝卜生长中后期用 0.1%～0.5% 的硼砂或硼酸水溶液进行叶面喷施（也可混入农药一起喷施），每隔 5～6 天喷 1 次，连喷 2～3 次。

# 任务十　豇豆测土配方施肥技术

豇豆，俗称长豆角、角豆、裙带豆、带豆、挂豆角等。豇豆分为长豇豆和饭豇两。豇豆属豆科一年生缠绕、草质藤本或近直立草本植物，有时顶端缠绕状。茎有矮性、半蔓性和蔓性三种。原产于热带，汉代传入我国，在我国栽培历史悠久，栽培面积大，分布于南北各地。

## 一、豇豆的营养需求特点

据报道，每生产 1 000 千克豇豆产品，需要吸收纯氮 12.16 千克、五氧化二磷 2.53 千克、氧化钾 8.75 千克，但所需氮素仅有 4.05 千克是从土壤中吸收的，占所需氮素的 33.31%。据关佩聪等（2000）研究，豇豆对氮磷钾的吸收，以氮素最多，钾素次之，磷最少。蔓生型豇豆的吸收比例为（2.72～2.92）∶1∶（2.15～2.75），矮生型豇豆为 4.49∶1∶4.21。另据王卫平等（2013）研究，豇豆全生育期对氮磷钾的吸收比例为 3.10∶1∶2.52，对中微量元素吸收顺序为钙＞镁＞铁＞锌＞锰＞铜，吸收比例为 29.40∶6.00∶1.00∶0.32∶0.04∶0.02。

据关佩聪等（2000）研究，蔓生型豇豆营养生长期的氮磷钾吸收量微少，生殖生长期约占总吸收量的 98%；豆荚利用的氮磷钾逐渐增加，至结荚后期利用了氮、磷为 65%～70%，钾为 40%。矮生豇豆在营养生长期的吸收量约占 20%，生殖生长期约占 80%，豆荚只利用氮、磷的 35%～40%，钾为 30% 左右。

另据王卫平等（2013）研究，在豇豆的 4 个主要生育期（幼苗期、伸蔓期、结荚初期、结荚后期）中，养分需求最多的时期在结荚初期，其次在结荚后期。豇豆的养分总需求中，在营养生长期的氮磷钾吸收量较少，其吸收量约占 20.7%，生殖生长期约占总吸收量的 79.3%，至结荚后期利用了氮、磷总量的 82.2%，钾总量近 74.5%。

## 二、豇豆测土施肥配方

**1. 露地豇豆根据土壤肥力推荐**　根据测定土壤硝态氮、有效磷、交换性钾等有效养分含量确定豇豆地土壤肥力分级见表 10-37，然后根据不同肥力水平推荐豇豆施肥量如表 10-38。有机肥、磷肥全部作基肥，氮肥和钾肥作基肥和追肥施用。

**表 10 - 37　豇豆地土壤肥力分级**

| 肥力水平 | 硝态氮（毫克/千克） | 有效磷（毫克/千克） | 速效钾（毫克/千克） |
| --- | --- | --- | --- |
| 低 | <80 | <30 | <80 |
| 中 | 80～120 | 30～50 | 80～120 |
| 高 | >120 | >50 | >120 |

**表 10 - 38　不同肥力水平豇豆推荐施肥量**（千克/亩）

| 肥力等级 | 施肥量 | | |
| --- | --- | --- | --- |
| | 氮 | 五氧化二磷 | 氧化钾 |
| 低肥力 | 8～10 | 6～7 | 10～12 |
| 中肥力 | 7～9 | 5～6 | 8～10 |
| 高肥力 | 6～8 | 4～5 | 6～8 |

**2. 设施豇豆依据目标产量推荐**　考虑到设施豇豆目标产量和当地施肥现状，设施豇豆的氮、磷、钾施肥量可参考表 10 - 39。

**表 10 - 39　依据目标产量水平设施豇豆推荐施肥量**（千克/亩）

| | 有机肥 | 施肥量 | | |
| --- | --- | --- | --- | --- |
| | | 氮 | 五氧化二磷 | 氧化钾 |
| <1 500 | 2 500～3 000 | 8～10 | 5～7 | 9～11 |
| 1 500～2 500 | 2 000～2 500 | 19～12 | 6～8 | 11～13 |
| >2 500 | 1 500～2 000 | 12～14 | 7～9 | 13～15 |

## 三、豇豆施肥模式

豇豆的根系发达，具深根性，吸收能力强，叶面蒸腾小，因而较耐干旱，施肥原则是：一是施足基肥，实时追肥。二是增施磷钾肥，适量施氮肥。三是先控后促，防备徒长和早衰。

**1. 重施基肥**　豇豆忌连作，最好选择三年内未种过棉花和豆科植物的地块，基肥以施用腐熟的有机肥为主，配合施用适当配比的复合、混肥料，如15-15-15 含硫复合肥等类似的高磷、钾复合、混肥比较适合于作豇豆的基肥选用。值得注意的是在施用基肥时应根据当地的土壤肥力，适量的增、减施肥量。基肥充分，可促进根系生长和根瘤菌的活动，多构成根瘤，使后期茎蔓健壮生长，分化更多的花芽，为丰产打下根底。基肥普通每亩施高质量的无机肥 2 000～3 000 千克，过磷酸钙 25～30 千克，草木灰 50 千克。

**2. 巧施追肥**  定植后以蹲苗为主，控制茎叶徒长，促进生殖生长，以形成较多的花序。结痂后，结合浇水、开沟，追施腐熟的有机肥 1 000 千克/亩、含硫复合肥 5～8 千克/亩，以后每采收两次豆荚追肥 1 次，尿素 5～10 千克/亩、硫酸钾 5～8 千克/亩，或者追施 17-7-17 含硫复合肥等类似的复混肥料 8～12 千克/亩。为防止植株早衰，第一次产量高峰出现后，一定要注意肥水管理，促进侧枝萌发和侧花芽的形成，并使主蔓上原有的花序继续开花结荚。

除此之外，在生长盛期，根据豇豆的生长现状，适时用 0.3％的磷酸二氢钾进行叶面施肥，同时为促进豇豆根瘤提早共生固氮，可用固氮菌剂拌种。

程季珍，巫东堂，蓝创业.2013.设施无公害蔬菜施肥灌溉技术［M］.北京：中国农业出版社.

董印丽.2015.棚室蔬菜安全科学施肥技术［M］.北京：化学工业出版社.

关佩聪，刘厚诚，陈玉娣.2000.蔓生和矮生长豇豆氮磷钾吸收特性［J］.中国蔬菜，5：12-15.

黄凌云，黄锦法.2014.测土配方施肥实用技术［M］.北京：中国农业出版社.

姜存仓.2011.果园测土配方施肥技术［M］.北京：化学工业出版社.

鲁剑巍.2011.测土配方与作物配方施肥技术［M］.北京：金盾出版社.

林新坚.2009.新型肥料施用技术［M］.福州：福建科学技术出版社.

劳秀荣，魏志强，郝艳如.2011.测土配方施肥［M］.北京：中国农业出版社.

劳秀荣，陈宝成，毕建杰等.2011.粮食作物测土配方施肥技术百问百答［M］.北京：中国农业出版社.

劳秀荣，杨守祥，韩燕来.2008.果园测土配方施肥技术［M］.北京：中国农业出版社.

劳秀荣，杨守祥，李俊良.2010.菜园测土配方施肥技术［M］.北京：中国农业出版社.

李俊良，金圣爱，陈清，等.2008.蔬菜灌溉施肥新技术［M］.北京：化学工业出版社.

马玉兰.2008.宁夏测土配方施肥技术［M］.银川：宁夏人民出版社.

全国农业技术推广服务中心.2011.冬小麦测土配方施肥技术［M］.北京：中国农业出版社.

全国农业技术推广服务中心.2011.春小麦测土配方施肥技术［M］.北京：中国农业出版社.

全国农业技术推广服务中心.2011.单季稻测土配方施肥技术［M］.北京：中国农业出版社.

全国农业技术推广服务中心.2011.双季稻测土配方施肥技术［M］.北京：中国农业出版社.

全国农业技术推广服务中心.2011.夏玉米测土配方施肥技术［M］.北京：中国农业出版社.

全国农业技术推广服务中心.2011.春玉米测土配方施肥技术［M］.北京：中国农业出版社.

全国农业技术推广服务中心.2011.华北棉花测土配方施肥技术［M］.北京：中国农业出版社.

全国农业技术推广服务中心.2011.长江流域棉花测土配方施肥技术［M］.北京：中国农业出版社.

全国农业技术推广服务中心.2011.内陆棉花测土配方施肥技术［M］.北京：中国农业出版社.

全国农业技术推广服务中心.2011.黄淮大豆测土配方施肥技术［M］.北京：中国农业出版社.

全国农业技术推广服务中心.2011.东北大豆测土配方施肥技术［M］.北京：中国农业出版社.

全国农业技术推广服务中心.2011.花生测土配方施肥技术［M］.北京：中国农业出版社.

全国农业技术推广服务中心.2011.长江流域油菜测土配方施肥技术［M］.北京：中国农业出版社.

全国农业技术推广服务中心.2011.西北油菜测土配方施肥技术［M］.北京：中国农业出版社.

全国农业技术推广服务中心.2011.烟草测土配方施肥技术［M］.北京：中国农业出版社.

全国农业技术推广服务中心.2011.马铃薯测土配方施肥技术［M］.北京：中国农业出版社.

全国农业技术推广服务中心.2011.南方果树测土配方施肥技术［M］.北京：中国农业出版社.

全国农业技术推广服务中心.2011.北方果树测土配方施肥技术［M］.北京：中国农业出版社.

全国农业技术推广服务中心.2011.蔬菜测土配方施肥技术［M］.北京：中国农业出版社.

隋好林，王淑芬.2015.设施蔬菜栽培水肥一体化技术［M］.北京：金盾出版社.

宋志伟，张爱中.2013.肥料配方师［M］.郑州：中原农民出版社.

宋志伟，刘戈.2014.农作物秸秆综合利用新技术［M］.北京：中国农业出版社.

宋志伟，张爱中.2014.农作物实用测土配方施肥技术［M］.北京：中国农业出版社.

宋志伟，张爱中.2014.果树实用测土配方施肥技术［M］.北京：中国农业出版社.

宋志伟，张爱中.2014.蔬菜实用测土配方施肥技术［M］.北京：中国农业出版社.

宋志伟.2015.土壤肥料［M］.4版.北京：中国农业出版社.

王卫平，薛智勇，朱凤香，等.2013.豇豆对营养元素的吸收积累与分配规律研究［J］.水土保持学报，27（6）：158-161，171.

巫东堂，程季珍.2010.无公害蔬菜施肥技术大全［M］.北京：中国农业出版社.

张承林，邓兰生.2012.水肥一体化技术［M］.北京：中国农业出版社.

张福锁，陈新平，陈清，等.2009.中国主要作物施肥指南［M］.北京：中国农业大学出版社.

张洪昌，赵春山.2010.作物专用肥配方与施肥技术［M］.北京：中国农业出版社.

张洪昌，段继贤，王顺利.2014.果树施肥技术手册［M］.北京：中国农业出版社.

张洪昌，段继贤，王顺利.2014.蔬菜施肥技术手册［M］.北京：中国农业出版社.

赵永志.2012.粮经作物测土配方施肥技术理论与实践［M］.北京：中国农业科学技术出版社.

赵永志.2012.果树测土配方施肥技术理论与实践［M］.北京：中国农业科学技术出版社.

赵永志.2012.蔬菜测土配方施肥技术理论与实践［M］.北京：中国农业科学技术出版社.

**图书在版编目（CIP）数据**

测土配方施肥技术及应用／杨首乐，李平，黎涛主
编．—北京：中国农业出版社，2016.7（2020.4重印）
新型职业农民培育工程规划教材
ISBN 978-7-109-22294-6

Ⅰ.①测…　Ⅱ.①杨…　②李…　③黎…　Ⅲ.①土壤肥
力-测定-技术培训-教材②施肥-配方-技术培训-教
材　Ⅳ.①S158.2②S147.2

中国版本图书馆 CIP 数据核字（2016）第 260358 号

中国农业出版社出版
（北京市朝阳区麦子店街 18 号楼）
（邮政编码 100125）
责任编辑　王黎黎

北京万友印刷有限公司印刷　新华书店北京发行所发行
2016 年 7 月第 1 版　2020 年 4 月北京第 2 次印刷

开本：720mm×960mm　1/16　印张：16.25
字数：250 千字
定价：36.00 元
（凡本版图书出现印刷、装订错误，请向出版社发行部调换）